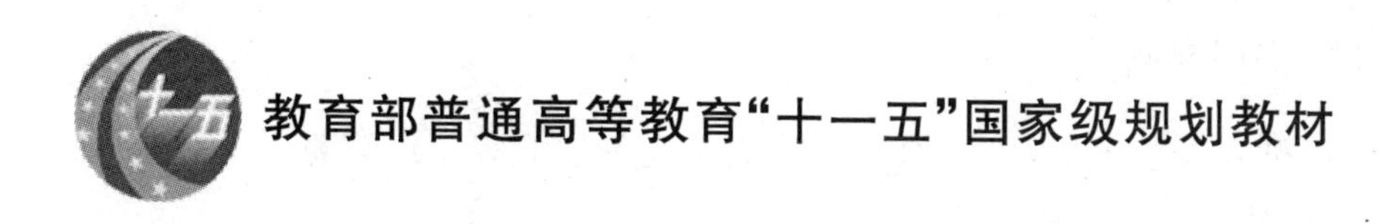

普通化学实验

（第3版）

北京大学化学与分子工程学院普通化学实验教学组　编著

图书在版编目(CIP)数据

普通化学实验/北京大学化学与分子工程学院普通化学实验教学组编著. —3版. —北京：北京大学出版社，2012.6
(北京大学化学实验类教材)
ISBN 978-7-301-16159-3

Ⅰ.①普… Ⅱ.①北… Ⅲ.①化学实验－高等学校－教材 Ⅳ.①O6-3

中国版本图书馆CIP数据核字(2009)第222789号

书　　　名：普通化学实验(第3版)
著作责任者：北京大学化学与分子工程学院普通化学实验教学组　编著
责 任 编 辑：郑月娥
标 准 书 号：ISBN 978-7-301-16159-3/O・0808
出 版 发 行：北京大学出版社
地　　　址：北京市海淀区成府路205号　100871
网　　　址：http://www.pup.cn　电子信箱：zye@pup.pku.edu.cn
电　　　话：邮购部 62752015　发行部 62750672　编辑部 62767347　出版部 62754962
印　刷　者：三河市北燕印装有限公司
经　销　者：新华书店
787毫米×980毫米　16开本　15.5印张　320千字
2012年6月第3版　2019年8月第3次印刷
定　　　价：35.00元

内 容 简 介

本书是北京大学化学类本科生一年级“普通化学实验”课程的教材，是在1990年出版的《普通化学实验(第二版)》基础上修改而成的。由于近年化学类本科生课程体系的调整和实验课学时的压缩，普通化学实验这门课程中所做的实验已经远远少于本书的内容。为了保持一本教材的完整性，同时也为了增加本书的受益面，书中仍选择了46个实验，并将实验按“基本操作实验”、“化学原理及化学平衡实验”、“元素性质及定性分析实验”、“综合性实验”等四部分分类编排。教学时可先安排一些“基本操作实验”，然后根据院校的理论课教学和实验室条件等实际情况，对“化学原理及化学平衡实验”、“元素性质及定性分析实验”部分的实验内容进行适当选择，使学生学会正确、规范的基本操作之后，再进行循序渐进的训练。“综合性实验”可安排在课程的后面部分进行。

本书的“实验基本操作”和“仪器和方法”部分详细介绍了普通化学实验课程涉及的基本操作、常用仪器的构造和使用方法，以及一些基本的实验方法，便于初学者规范其仪器使用和基本实验操作技能。每个实验前的“安全提示”可让学生进一步明确当次实验中应注意的个人和环境安全事项，从而强化学生的实验室安全意识。每个实验都设有“预习思考题”，可方便学生在预习时对实验内容进行有针对性的思考。而实验的“课后问题”则是在实验结束后，供学生写实验报告时进一步深入理解实验相关原理而设置，也可供教师组织学生进行课堂讨论之用。个别实验的“课后问题”中附有一些经典文献，提供给学有余力的学生进行选读，以深化对实验内容和相关原理的理解。本书还附有“水溶液中常见离子的分离和检出”、“特殊试剂的配制方法”、“普通化学实验室常用数据表”等内容，供使用者参考。

本书可作为普通高等学校及师范类院校化学、环境、生物、医学等专业的本科生实验课教材，也可供从事相关工作的技术人员学习、参考。

第三版前言

自1990年本书第二版出版至今，又经过了二十多年的教学实践。虽在2000年重新印刷时曾作过一些微小的修改，但第二版的整体内容一直保持并沿用至今。第三版根据目前北京大学普通化学实验教学的实际情况，重新编写了“仪器和方法”的大部分内容；在实验内容上作了一些增减和更新，增加了基本操作和综合性的实验，删除了与其他课程重复或较危险的内容，进一步强调基本操作的训练和学生综合能力的培养；在编排上，按“基本操作实验”、“化学原理及化学平衡实验”、“元素性质及定性分析实验”、“综合性实验”等四部分分类编排，有助于选择不同类型的实验进行循序渐进的训练；在每个实验前增加了“安全提示”，强化学生的实验室安全意识；将每个实验最后的“问题”分为“预习思考题”和“课后问题”两类，以使学生明确哪些问题是预习时需要回答的，哪些是在实验后需要搞清楚的。个别“课后问题”给出了一些经典文献供学生选读。“课后问题”的设置也便于在实验结束后组织学生进行讨论。

第三版新增的实验有：“本生灯的使用”、“体积测量和溶液密度的测定”、“铜的反应循环”、“糖精钴的制备和化学式的测定”等。删减的实验有：“分子与晶体结构”、“高锰酸钾的制备”、“砷、锑、铋”。此外，还对部分实验内容作了调整和补充。第三版共包括46个实验。

普通化学实验虽然是一门独立的课程，但在内容上与普通化学理论课密不可分。因此，北京大学出版社出版的华彤文、陈景祖等编著的《普通化学原理(第3版)》及严宣申、王长富编著的《普通无机化学(第二版)》是本教材的重要参考书。

在第三版的修订过程中，普通化学实验教学组的成员付出了大量的心血。李维红和田曙坚编写了新增的实验内容，重新编写了“仪器和方法”部分；杨展澜、卞祖强和王跃樊修改和补充了“预习思考题”及“课后问题”；张亚文对一些实验内容进行了修改。刘玉峰博士绘制了本书的绝大部分插图，高珍、李爱华、王海荭、马艳子、缪暑源等协助绘制或拍摄了部分图片。全书由李维红执笔整理并统一修订，由严宣申审阅定稿。

第三版是以由胡学复、严洪杰、刘淑珍执笔编写的第二版为蓝本，经增减更新而成。自第二版发行以来，在北京大学从事普通化学实验教学的胡学复、钟爱民、王颖霞、李维红等教师不断改进教学内容和教学方法，他们的教学经验也融入了本书的编写之中。历届使用本教材的学生，参与普通化学实验教学的老师、研究生助教和实验室工作人员也提出了许多有益的建议，对本书的修订帮助很大。另外，本书还得到北京大学教材建设委员会的立项支持。如果没有北京大学出版社郑月娥编辑的督促、宽容、耐心、理解和精心细致的修改，本书也难以顺利完成。在此表示衷心的感谢。

由于我们的水平有限，难免有错误和不妥之处，恳请读者批评指正。

普通化学实验教学组
2012.05

第二版前言

自1981年本书第一版问世以来，又经过将近10年的教学实践，第二版在实验内容上作了适当的增删、合并和更新，增加了无机制备和选做实验的比例，删掉了部分与后续课重复或较为陈旧的实验，并注意加强基本操作和基本技能的训练。在编写上，安排部分实验由学生自行设计方案，教材仅给予提示或启发，以引起学生的兴趣、调动学生的主观能动性，并有利于能力和科学思维方法的培养。

第二版新增的实验有：分子与晶体结构、草酸亚铁的制备及化学式测定、三草酸合铁（Ⅲ）酸钾的制备及酸根阴离子电荷数的测定、三种铬（Ⅲ）和草酸根配合物的制备及性质等。删减的实验有：$KClO_3$-KCl混合物中质量分数w（即百分含量）的测定、二氧化碳分子量的测定、胶体溶液、氯化二氯四水合铬（Ⅲ）的制备等。此外，还对部分实验内容作了调整和补充。第二版共包括45个实验。

普通化学实验是一门独立的课程，但在内容上又必须与课堂讲授紧密配合，相辅相成。因此，可以说本书和华彤文、杨骏英编著的《普通化学原理》(1989年，北京大学出版社)及严宣申、王长富编著的《普通无机化学》(1987年，北京大学出版社)两本课堂讲授教材是一套大学一年级化学课的组合式教材，用时可分可合。

本教研室有关的同志对第二版的修订和实验的改进或更新进行了大量的工作，并由胡学复、严洪杰、刘淑珍执笔整理，严宣申审阅定稿。

自第一版发行以来，兄弟院校的同行对本书提出过不少宝贵的意见，历届使用本教材的学生也提出许多有益的建议，对本书的修订帮助很大，在此表示衷心的感谢。由于我们的水平有限，错误和不妥之处恳请读者批评指正。

普通化学教研室
1990.02

第一版前言

在化学教学中，实验占有重要地位。大学一年级普通化学实验课的主要任务是：引导学生仔细观察实验现象，直接获得化学感性认识；测定实验数据并加以正确处理与概括；巩固并加深对所学理论知识的理解。训练学生正确掌握化学实验的基本方法和基本技能。培养学生严谨的科学态度、良好的实验作风以及分析问题解决问题的独立工作能力。

本书是大学一年级化学实验课的教材。其主要内容有：基本操作训练；基本概念的实验和若干物理化学数据的测定；无机化合物的制备和提纯；常见元素及其化合物性质的试验；水溶液中常见离子的分离和检出。

有关化学基本概念、基本定律的实验是普通化学实验课的重要内容。本书安排这方面实验时，尽量提出“定量”的要求。这样，既有利于基本操作的严格训练，又巩固了所学基本概念。为此，本书安排了测定反应热、活化能、电离常数、溶度积常数、配合物配位数等的实验。

有关元素及其化合物性质的试验是普通化学实验课的又一重要内容。本书力图克服繁琐、突出重点，引导学生通过对比和鉴别掌握这些知识。书中除安排了适量无机化合物制备和提纯实验外，鉴于硫化氢系统分析对学习元素基本性质有积极作用，本书将18种阳离子和11种阴离子的分离检出与元素性质试验穿插安排，以利于调动学生学习的积极性和主动性。

实验基本操作的训练和实验室安全知识教育是实验课的一个重要任务。本书把这些内容集中编排在前面，以便师生对这部分内容有较系统的了解。当然，其各项的具体要求则应结合实验反复练习，逐步掌握。

本书共有48个实验，其中有些是提供给学生课余选做的。课内实验应留有余地，以便使学生有充分时间仔细观察、深入思考。实验内容的选择和实验顺序的安排可视课程情况而定。

由于编者水平有限，本书缺点错误在所难免，恳请读者批评指正。

编　者

1981.04

目　　录

第二部分 化学原理及化学平衡实验

第三部分 元素性质及定性分析实验

第四部分　综合性实验

绪　论

（一）普通化学实验的目的和要求

化学是一门以实验为主的学科。普通化学实验是化学类本科生进入大学所接触的第一门实验课，也是后续实验课程的基础。它既是独立的课程，又与相应的理论课“普通化学”相互配合，也是连接高中与大学化学实验课程的桥梁。从内容上讲，涉及化学四大平衡的基础实验；元素及其化合物的基本性质；简单无机化合物制备、分离和提纯的基本方法；一些基本物理化学常数的测定，等等。普通化学实验课的主要目的是：使学生正确掌握化学实验的基本方法和基本技能，以及从事化学研究的基本思想方法；学会正确记录实验现象和数据，培养实事求是的科学态度和严谨细致的实验作风；巩固和加深对所学理论知识的理解，并运用所学理论知识对实验现象进行分析、推理和联想；初步学会查阅书籍和学术期刊的方法，并能运用文献中的知识解释实验中的问题；进一步培养学生对化学这门基础学科的兴趣。

为此，本课程对学生有如下基本要求：

1. 安全

（1）在实验课上必须穿实验服、长裤，佩戴防护眼镜。

（2）不允许穿拖鞋及其他暴露脚面的鞋子、轮滑鞋等进入实验室。

（3）实验过程中请将过肩长发束起，因为披散的长发可能会接触到化学试剂或本生灯的火焰，对身体造成伤害。

（4）实验过程中请勿佩戴隐形眼镜，因为有些化学溶剂可能会与隐形眼镜作用，进而损害眼睛。

（5）请尽早熟悉实验室的水、电、气的开关位置，熟悉紧急喷淋器和洗眼器的位置和使用方法。

（6）实验室内禁止吸烟、饮食。实验结束时请洗净双手后离开实验室。

（7）请将废弃试剂倒入指定的回收容器中。

（8）在安全方面有任何疑问，请及时询问教师。

2. 纪律

（1）请提前5分钟进入实验室。

（2）未经允许，不得在实验室内使用手机、电脑、iPad等设备。如有违反规定且不听劝告的行为，该次实验成绩按零分计。

（3）病假须有医院的有效病假条；事假须在课前向主讲教师提供有年级负责人签字

的书面说明。

(4) 无故旷课按学校相关规定处理。

(5) 本课程不提供补做实验的时间,在开课学期未做实验(包括请假和无故旷课)的学时超过总学时25%时,请办理缓修手续,该学期将无法获得成绩。

(6) 公共物品或试剂,用后应及时物归原位。

(二) 教学过程中对学生的考查

本课程主要从实验预习、实验过程、实验报告及课堂讨论等方面对学生进行考查。要求学生将预习报告、实验记录、实验报告合为一体,写到专用的实验记录本上。每次实验结束后,学生须由任课教师确认已完成所有实验内容,审阅实验记录本并在上面签字后方可离开实验室。

1. 实验预习

实验前要充分预习,明确实验目的和要求,了解实验所使用的仪器、试剂,初步理解实验内容、方法和基本原理,查阅必要的文献资料。在预习的基础上写出预习报告,其内容主要包括:实验名称;简明扼要的实验目的和原理;实验内容及步骤(对于制备实验和常数测定实验,要求写出实验步骤,设计好数据记录表格;对于元素性质实验,要求设计好包括实验内容、现象、反应方程式、解释、备注等项目在内的表格);回答预习思考题。另外,还需通过查阅书籍和文献,对实验的课后问题涉及的内容进行思考,提出初步的想法,以备在课堂上进行交流讨论。

对实验进行充分的预习是顺利进行实验的基本前提。因此,对未预习实验的学生,必须首先完成预习,经教师同意后方能进行实验。

2. 实验过程

实验请参照预习报告进行。实验中要仔细观察现象,并将实验现象、数据等填写在预习报告写好的表格中。养成边做实验边观察和记录的习惯,尊重实验事实,如实记录实验现象及数据。实验记录本不得撕页,不得在记录本以外任何地方记录数据。实验记录要准确、整齐、清楚,不得使用铅笔和红色笔做记录,不得随意涂改实验记录,如某个数据或现象确为误记,可用笔划去(不得涂黑或使用涂改液),并简单注明理由,便于检查。

3. 实验报告

每次实验完成后,需按要求写出实验报告。实验报告要求文字清楚整齐,语言简单明确。实验报告是在预习报告和实验记录的基础上整理而成。报告的内容包括:实验目的和原理、实验装置示意图、实验内容、原始数据和现象记录、对实验现象和结果的分析和解释、有关反应方程式、数据处理(计算、作图等)以及对所做实验的小结、实验中存在问题的讨论、改进意见等。

4. 课堂讨论

交流和讨论是社会活动(包括科学研究)中非常重要的环节,优美的书面表达能力和清晰且富有逻辑性的口头表达能力是需要培养并在社会中广泛运用的能力。课堂讨论主要围绕课后的讨论题展开，也可讨论实验中遇到的其他问题，目的在于培养学生正确表达自己观点的能力，并拓展实验相关领域的知识。在讨论过程中学生还应学会用实验事实证实自己的观点并说服别人，在相互交流中取长补短。课堂讨论的内容应整理后写在实验报告中。

(三) 化学实验安全守则

在进行化学实验时，经常要用到各种仪器、化学试剂和水、电、燃气。因此，重视安全操作，熟悉有关的安全知识是非常必要的。

注意安全是集体的事情。如果发生了事故，不仅损害个人的健康，还要危及周围的人们，使国家的财产受到损失，影响工作的正常进行。因此，首先要从思想上重视安全工作，绝不能麻痹大意。其次，在实验前应了解仪器的性能和化学试剂的性质以及本实验中的安全注意事项。在实验过程中，应集中注意力，认真小心地进行操作和观察现象，并严格遵守操作规程。

1. 普通化学实验室安全守则

(1) 必须熟悉实验室及其周围的环境，熟悉水阀、燃气阀、电闸的位置和使用方法。

(2) 用完本生灯后，或遇临时中断燃气供应时，应立即关闭燃气阀门。如有燃气泄漏，应停止实验，进行检查，排除问题后方可重新开始实验。

(3) 使用电器时，要谨防触电，不要用湿的手和物品接触电器。实验后，应将电器的电源关闭(特殊要求的除外)。

(4) 严禁在实验室内饮食。

(5) 实验完毕后，应清洁实验台，关闭实验台上的燃气总阀门。洗净双手后方可离开。

(6) 值日生负责整个实验室(包括实验台、试剂架、地面)的清洁，并断开总电闸。最后由实验室的工作人员负责检查。

2. 易燃的和具有腐蚀性的试剂及毒品的使用规则

(1) 绝对不允许把各种化学试剂任意混合，以免发生意外事故。

(2) 氢气与空气的混合气体遇火要发生爆炸，因此产生氢气的装置要远离明火。点燃氢气前，必须先检查氢气的纯度。进行产生大量氢气的实验时，应把废气通至室外，并要注意室内的通风。

(3) 浓酸和浓碱具有强腐蚀性，不要把它们洒在皮肤或衣物上。稀释浓硫酸时，切记必须把酸注入水中并搅拌，而不可把水注入酸中。废酸应倒入指定的回收容器中，但不要往其中倾倒碱液，以免因酸碱中和放出大量的热而发生危险。

(4) 强氧化剂(如氯酸钾)和某些还原剂混合后(如氯酸钾与红磷、碳、硫等的混合物)易发生爆炸，使用这些药品时应注意安全。

(5) 银氨溶液放久后会变成氮化银而引起爆炸，因此用剩的银氨溶液必须酸化后回收。

(6) 活泼金属钾、钠等不要与水接触或暴露在空气中,应将它们保存在煤油中,并用镊子取用。

(7) 白磷有剧毒,并能灼伤皮肤,切勿让它与人体接触。白磷在空气中易自燃,应保存在水内,并在水下进行切割,且用镊子取用。

(8) 使用易燃的有机溶剂(如乙醇、乙醚、苯、丙酮等)时,一定要远离明火。用后要把内瓶塞塞严,并旋紧外盖,放在阴凉的地方保存。

(9) 下列实验应在通风橱内进行:

- 制备具有刺激性、恶臭和有毒的气体(如氟化氢、硫化氢、氯气、一氧化碳、二氧化氮、二氧化硫、溴等),或进行能产生这些气体的反应。
- 加热或蒸发盐酸、硝酸、硫酸溶液。

(10) 可溶性汞盐、铬的化合物、氰化物、砷盐、锑盐、镉盐和钡盐都有毒,不得进入口内或接触伤口,其废液也不能倒入下水道,应统一回收并处理。

(11) 汞易挥发,它在人体内会积累起来,引起慢性中毒。因此,不要把汞洒落在桌上或地上,因为汞洒在地上不易收拾干净,它将要长年累月地散发有毒的蒸气,危害实验室工作人员的健康。如遇洒落时,必须尽可能地把汞收集起来,并用硫磺粉盖在洒落的地方,以便使汞转变为硫化汞。

3. 实验室中一般伤害的救护

(1) **割伤**　用清水将伤口处污物洗净,小伤口可直接用创可贴包扎,大的伤口需去医院进行处理。如被玻璃碎片扎伤,应先挑出伤口里的玻璃碎片再按上述程序处理。

(2) **烫伤**　先用大量冷水冲洗伤处(一般要20分钟左右,目的是冷却皮肤,防止伤情加重),再在伤口上抹烫伤药膏、獾油或万花油等。

(3) **受酸腐蚀**　先用洁净毛巾或面巾纸将酸轻轻拭去,然后用大量水冲洗,之后用5%碳酸氢钠溶液或稀氨水清洗伤处,最后再用水冲洗。注意所用碱的浓度不宜过大,清洗伤处时间不宜过长(20分钟以内),否则后期会导致脱皮现象。

(4) **受碱腐蚀**　先用大量水冲洗,然后用1%～2%醋酸溶液冲洗,最后再用水冲洗。

(5) **受溴腐蚀**　用大量水冲洗,至少15分钟。

(6) **受白磷灼伤**　立即用大量水冲洗,再用2%硝酸银溶液或2%硫酸铜溶液冲洗创面。

(7) **吸入氯气、溴蒸气、碘蒸气等刺激性气体**　立即到户外呼吸新鲜空气。

(8) **试剂进入眼睛**　如果试剂溅入眼中,应先用实验室配备的洗眼器冲洗眼部(必须翻开眼皮,冲洗时间不少于5分钟);如果溶液呈碱性,可再用硼酸溶液洗,之后用水冲洗。如果眼部仍有不适,应送医院治疗。

(9) **毒物进入口内**　用手指伸入喉部,促使呕吐;或以2%～4%的盐水或淡肥皂水内服,催吐;或取25～50 mL约5%的硫酸铜溶液内服,催吐。并送医院治疗。

4. 灭火常识

(1) **起火原因**　一般起火的原因有 4 种：

- 可燃的固态药品或液态药品因接触火焰或处在较高的温度下而燃烧。
- 能自燃的物质由于接触空气或长时间的氧化作用而燃烧(如白磷的自燃)。
- 化学反应(如金属钠与水的反应)引起的燃烧和爆炸。
- 电火花引起的燃烧(例如，电热器材因接触不良而出现火花，导致附近可燃气体着火)。

(2) **灭火**　要根据起火的原因和火场周围的情况，采取不同的扑灭方法。起火后不要慌乱，一般应立即采取以下措施：

- 为防止火势扩展，应立即关闭燃气阀；关闭通风橱及窗户，停止通风以减少空气(氧气)的流通；断开电闸切断电源以免引燃电线；把易燃、易爆的物质移至远处。
- 迅速扑灭火焰，一般的小火可用湿布、石棉布或沙土覆盖在着火的物体上(实验室都应备有沙箱和石棉布，放在固定的地方)；火势大时要用灭火器灭火。常用的灭火器及其使用如表 1 所示。

表 1　常用灭火器的类型、特点及适用范围

灭火器类型	药液主要成分	特点和适用范围
ABC 干粉灭火器	$NH_4H_2PO_4$，$(NH_4)_2SO_4$ 和 CO_2 或 N_2	灭火时靠容器中的加压气体驱动干粉喷出，形成的粉雾流与火焰接触、混合，发生一系列的物理和化学作用，迅速把火焰扑灭。 适用范围：扑灭 A、B 和 C 类火灾，及 130 V 以下带电设备的初起火灾，但不适用于 D 类火灾和发生在精密仪器、设备内部的 E 类火灾。
BC 干粉灭火器	$NaHCO_3$ 和 CO_2 或 N_2	
二氧化碳灭火器	液态 CO_2	以高压气瓶内储存的二氧化碳气体为灭火剂，通过降低可燃物温度、隔绝空气来阻止燃烧。CO_2 无腐蚀性，灭火不留痕迹，有一定绝缘性，灭火速度快，适宜扑救 A、B 和 E 类火灾，如图书档案、珍贵设备、精密仪器、少量油类和其他低压带电设备($\leqslant$600 V)等的火灾。但不能扑救 D 类火灾。
泡沫灭火器	$NaHCO_3$，$Al_2(SO_4)_3$	使用泡沫和二氧化碳降低温度、隔绝空气灭火，适用于扑灭 A、B 类火灾。但不能用于扑灭 D 类和 E 类火灾。
1211 灭火器	$CBrClF_2$	通过阻燃气体隔绝空气灭火，不留痕迹，绝缘性能好。特别适用于 B、C 和 E 类火灾。它的灭火原理是抑制燃烧的连锁反应，也适宜于扑救油类火灾。

火灾种类：

A 类：指固体有机物质，如木材、棉、毛、麻、纸张等燃烧引起的火灾。

B 类：指有机溶剂和可熔化的固体物质，如汽油、煤油、甲醇、乙醇、沥青、石蜡等燃烧引起的火灾。

C 类：指气体，如天然气、甲烷、乙烷、丙烷、氢气等燃烧引起的火灾。

D 类：指金属，如钾、钠、镁、钛、锆、锂、铝镁合金等燃烧引起的火灾，目前尚无有效灭火器。

E 类：指物体带电燃烧，如各种在使用中的仪器、设备火灾。

1 实验基本操作

1.1 普通化学实验室常用基本仪器

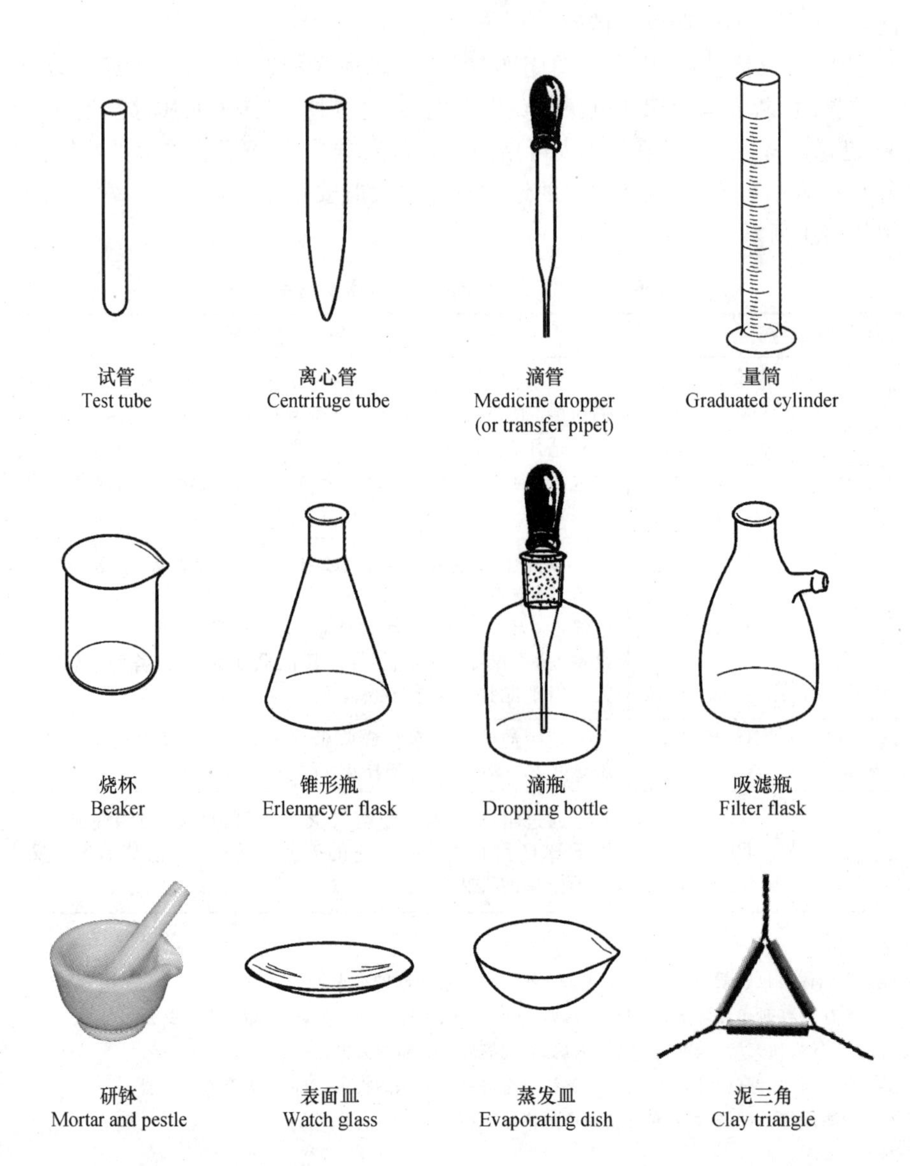

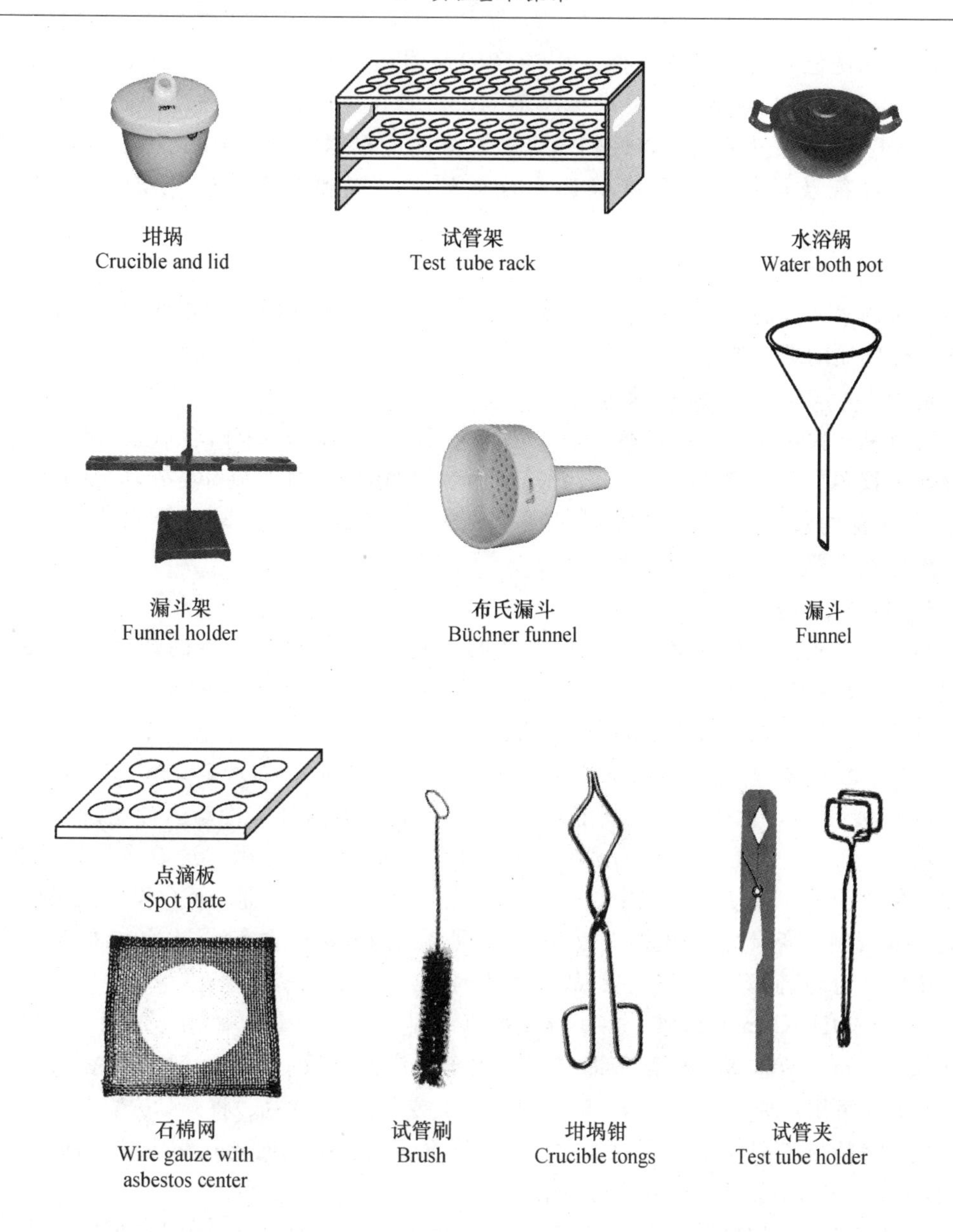

1.2 常用玻璃仪器的洗涤和干燥

（一）仪器的洗涤

化学实验室经常使用玻璃仪器和瓷质仪器，以下主要介绍玻璃仪器的洗涤和干燥，瓷质仪器的洗涤和干燥方法类似。用洁净的仪器进行实验是得到可靠实验结果的前提条件,但不同实验对洁净的要求标准不同。附着在玻璃仪器上的污物通常有水溶性物质、尘土、油污及其他水不溶性物质等。洗涤前应根据实验的要求、污物的性质和仪器的形状特征及被污染的程度等选择合适的洗涤剂和洗涤方法,实现洗净仪器的目的。

1. 用水冲洗

通过用水冲洗的方法洗去水溶性物质。这种方法通常适用于刚刚使用完,且只黏附有水溶性物质的玻璃仪器。

2. 用去污粉或合成洗涤剂刷洗

通过粘有去污粉的毛刷进行洗涤。去污粉和合成洗涤剂一样,含有表面活性剂,都能够除去仪器上非水溶性的油迹和污渍。去污粉中还含有白土和石英砂,刷洗时起摩擦作用,使洗涤的效果更好。经过去污粉或合成洗涤剂洗刷过的仪器,要用自来水冲洗,以除去附着在仪器上的去污粉及洗涤剂。

3. 用洗涤液洗

用洗涤液浸泡进行洗涤。在进行精确的定量实验时,因对仪器的洁净程度要求更高,且所用仪器容积精确、形状特殊,不能用刷子机械地刷洗。这时就要选用适当的洗涤液进行清洗。普通化学实验室中常用的洗涤液有:

(1) **铬酸洗液** 将5~10 g $K_2Cr_2O_7$ 固体用少量水润湿,加入100 mL浓 H_2SO_4,边加边搅拌,必要时可稍加热促使其溶解,得到棕红色油状液体。冷却后储于细口瓶中备用。铬酸洗液是一种酸性很强的强氧化剂,可重复使用。洗涤用的洗液应放回原瓶中,并尽量使之流尽。在使用过程中,Cr(Ⅵ)被还原成绿色的Cr(Ⅲ)离子,即失去氧化性。因此当洗液颜色变绿时,洗液即失效,应重新配制。因洗液中含有浓 H_2SO_4,能强烈吸收空气中的水分,从而降低洗涤效果,故不使用时,铬酸洗液应密封保存。

(2) **NaOH-$KMnO_4$ 洗液** 将10 g $KMnO_4$ 固体溶于少量水中,在搅拌下,慢慢向其中注入100 mL 10% NaOH溶液即成。它用于洗涤油脂及有机物。洗后留在器壁上的 MnO_2 沉淀可用还原性洗液(如浓HCl、$H_2C_2O_4$ 或 Na_2SO_3 溶液)将其除去。

(3) **酒精与浓 HNO_3 混合液** 它适于洗净滴定管。使用时先在滴定管中加入3 mL酒精,再加入4 mL浓 HNO_3 溶液即成。

使用洗液是一种化学处理方法,这里只介绍了3种洗液,而实际问题可能是多种多样的,如盛过奈斯勒(Nessler)试剂的瓶子常有碘附着在瓶壁上,用上述几种洗液均很难洗净,这时可用1 mol/L KI溶液洗涤,效果较好。总之,选用洗液要有针对性,要根据具体条件,充分运用已有的化学知识来处理实际问题。

用洗液洗涤仪器时,先往仪器内加少量洗液(其用量约为仪器总容量的1/5)。然后将仪器倾斜并慢慢转动,使仪器的内壁全部为洗液润湿,这样反复操作,最后把洗液倒回原瓶内,再用水把残留在仪器上的洗液洗去。如果用洗液把仪器浸泡一段时间,则效果更好。

使用洗液时,必须注意以下几点:

(1) 使用洗液前,应先用水刷洗仪器,尽量除去其中的污物。

(2) 应该尽量把仪器内残留的水倒掉,以免水把洗液冲稀。

(3) 有些洗液(如铬酸洗液)用后应倒回原来瓶内,可以重复使用多次。

(4) 多数洗液具有很强的腐蚀性,会灼伤皮肤和破坏衣物。如果不慎把洗液洒在皮肤、衣物和实验桌上,应立即用水冲洗(铬酸洗液应先用纸巾拭去后再用水冲洗)。

(5) 六价铬严重污染环境,清洗残留在仪器上的铬酸洗液时,第1～2遍的洗涤水不要倒入下水道,应回收到指定容器中统一处理。

用以上各种方法洗涤后的仪器,经自来水冲洗后,往往还残留有 Ca^{2+}、Mg^{2+}、Cl^- 等离子。如果这些离子的存在干扰实验结果,则应该用去离子水把它们洗去。用去离子水洗涤时,应遵循"少量多次"的基本原则,这样既保证了高洗涤效率,又节约了水资源。

已洗净的仪器的器壁上不应附着有不溶物或油污。仪器的器壁应该可以被水润湿,即水洗后器壁上只留下一层既薄又均匀的水膜,并且无水珠附在上面。

(二) 仪器的干燥

洗净的仪器如需干燥,可采用以下方法:

1. 烘干

洗净的仪器可以放在电热干燥箱(也叫烘箱)内干燥,但放进去之前应尽量把水倒净。放置仪器时,应注意使仪器的口朝下(倒置后不稳的仪器则应平放)。可以在电热干燥箱的最下层放一个搪瓷盘,以接收从仪器上滴下的水珠,不使水滴到电炉丝上,以免损坏电炉丝。

2. 晾干

洗净的仪器可倒置在干净的实验柜内(倒置后不稳定的仪器如量筒等,则应平放)或仪器架上晾干。

3. 吹干

用气流烘干器(图1.2.1)或吹风机把仪器吹干。此种干燥方法(特别是对小口容器)比烘箱法干燥效率更高。把洗净的玻璃容器(尽量控干水分)套在气流烘干器的出气管口,打开气流烘干器的风扇开关,再打开加热开关,几分钟内即可将容器吹干。

图1.2.1 气流烘干器

4. 用有机溶剂干燥

有些有机溶剂可以和水互相混溶并挥发,利用这个特点,可用有机溶剂带走仪器中的水分,实现干燥的目的。最常用的溶剂是酒精和丙酮。在仪器内加入少量酒精或丙酮,把仪器倾斜,转动仪器,器壁上的水即与酒精或丙酮混合,然后将溶剂倒出。仪器内的剩余溶剂挥发后仪器即干燥。

带有刻度的计量仪器不能加热,因为加热会影响这些仪器的精度。常用晾干的方法对它进行干燥,必要时采用有机溶剂干燥的方法。但应注意,移液管、滴定管、容量瓶等定量分析仪器不宜使用溶剂法进行干燥,因为这会使容器产生严重的挂壁现象,影响实验结果。

注意:用布或纸擦干仪器后,会将纤维附着在器壁上而将洗净的仪器弄脏,所以不应采用这一方法。

1.3 基本度量仪器及其使用方法

(一) 液体体积的度量仪器

液体体积量器根据其使用方法的不同分为“量出”和“量入”式两种类型。量出式量器用于测量自量器内排出的液体的体积,用符号“Ex”表示,移液管、吸量管、滴定管等属于量出式量器;量入式量器用于测量注入量器(内壁干燥)内液体的体积,用符号“In”表示,容量瓶属于量入式量器。而量筒分为量出式和量入式两种类型,使用时应加以区分。

1. 量筒

常用量筒的容量有10 mL、25 mL、50 mL、100 mL等,可根据需要来选用。量取液体时,要使视线与量筒内液体弯月面的最低处保持水平,偏高或偏低都会导致读数不准确,从而造成较大的误差。图1.3.1中正确读数为25.0 mL,视线偏高或偏低时,会误读为26.0 mL或24.0 mL。

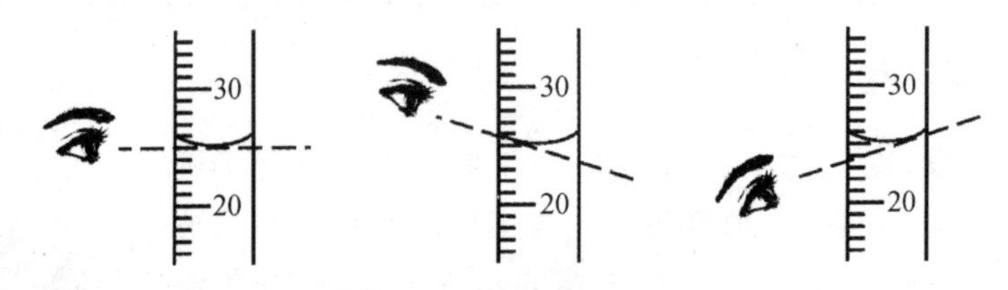

图1.3.1 观看量筒内液体的容积

2. 移液管和吸量管

要求准确地移取一定体积的液体时,可用各种不同容量的移液管或吸量管。移液管是中间有一膨大部分(称为球部)的玻璃管(图1.3.2a),球部以上的管颈上刻有一标线;

吸量管是带有分度的玻璃管(图 1.3.2b)。常用的移液管规格有 5 mL、10 mL、25 mL、50 mL 等,实验室中最常用的是 25 mL 移液管。常见的吸量管规格有 1 mL、2 mL、5 mL、10 mL 等。

吸量管只在量取非固定体积的溶液时使用,如果需要量取固定体积的溶液,则应该用相应的移液管,而不要用吸量管。

移液管使用之前应依次用洗液、自来水、去离子水洗涤,洗净的移液管内壁应不挂水珠。如需使用刚洗净的移液管,则还应用被移取的溶液润洗移液管,润洗次数不少于 3 次(每次用量不必太多,吸液体至刚进球部即可),以避免溶液被残留在移液管内壁的去离子水所稀释。

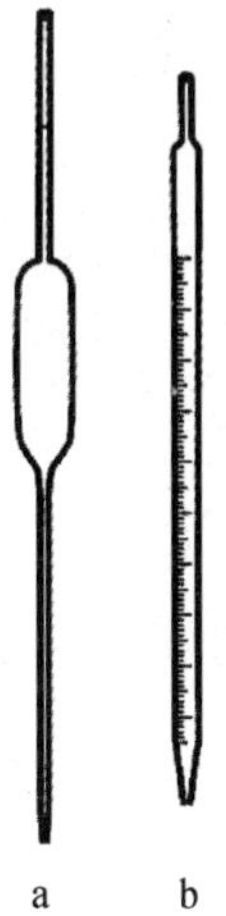

移液管的洗涤方法如下:

(1) 先以铬酸洗液洗涤:

用铬酸洗液洗涤时通常有两种方法。如果移液管内没有明显的"挂壁"现象或污渍,可用润洗的方法:把移液管的下口插入铬酸洗液中,用洗耳球吸取少量洗液至球部,立即用食指按紧上口,小心将管横置,另一只手捏住移液管下端的细管处。松开食指,转动移液管,使洗液与移液管内表面(下口至刻线以上 1~2 cm 处)充分接触,并稍停留。然后小心将洗液从移液管下口放回洗液瓶中,并用洗耳球将移液管中的洗液尽量吹出。

a　b

图 1.3.2　移液管(a)和吸量管(b)

如果移液管明显"挂壁"或有污渍,则用浸洗的方法:用洗耳球吸取洗液至移液管标线以上 2~3 cm,用食指按住管口,并将一个滴管用的胶头套在移液管的上口,然后将移液管竖立在洗液瓶中,放在可靠的位置,静置 5~10 分钟后把洗液放回瓶中。

(2) 再依次以自来水、去离子水洗涤:

全部用润洗的方法。注意,第 1~2 次用自来水润洗的废液应倒入指定回收容器中。

移液管的使用方法如下:

把移液管的尖端伸入要移取的液体中,但不要接触容器底部,一手拇指及中指拿住管颈标线以上的地方,另一手拿洗耳球,将其排除空气后,尖端紧按在移液管上口,缓慢松开握洗耳球的手,借吸力使液面慢慢上升,同时移液管的尖端应随容器中液面降低而下降,至液面升至标线以上(图 1.3.3a)。迅速拿走洗耳球,以食指按住管口(食指最好要潮而不湿),用滤纸拭干移液管下口外壁的溶液,将移液管下口靠着容器内壁,保持移液管竖直,容器倾斜约 30°,稍微放松食指,用拇指及中指轻轻转动移液管,使液面平稳下降,直到液体弯月面与标线相切,即按紧食指,使液体不再流出(图 1.3.3b),取出移液管。

把移液管的下口尖端靠在接收容器的内壁上,保持移液管竖直,接收容器倾斜约 30°,放松食指令液体自由流出(图 1.3.3c)。待液体不再流出时,还要等 15 秒后,再把移液管拿开,此时移液管尖端还会剩余少量液体(图 1.3.3d)。移液管是量出式量器,大多数移液管在标定移液管的体积时,并未把这部分液体计算在内,所以不应用外力使这点液体进入接收容器内。吹出式移液管会在管体标明"吹",需要将最后一滴残留的溶液一次吹出。

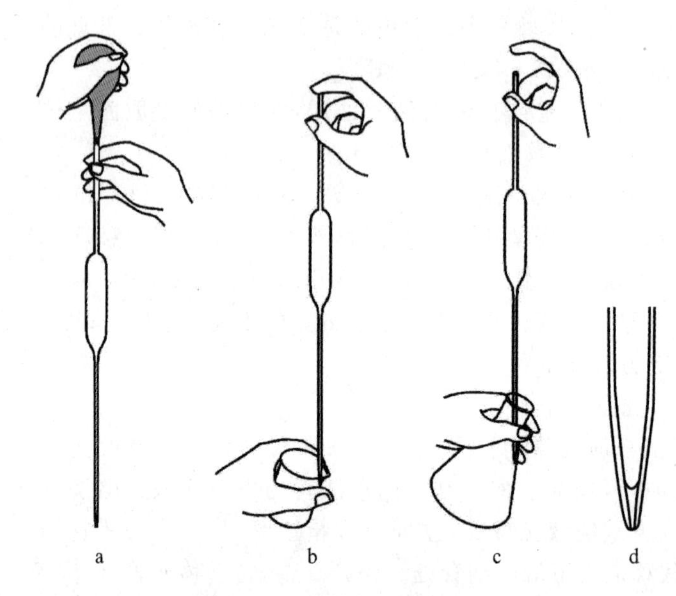

图1.3.3 移液管的使用方法

用以上操作,从移液管中自由流出的液体正好是移液管上标明的体积。如果实验所要求的准确度较高,还需要对移液管进行校正。

吸量管的操作方法基本上与移液管相同,通常从最高标线放出溶液,放液时食指不能完全抬起,要一直轻按在管口,以免溶液流出过快以致达到要求的刻度时来不及按住。当液面降至所需分度线以上几毫米时,按紧管口停止排液15秒,再将液面放至所需分度线。

3. 容量瓶

容量瓶是带细颈的平底瓶,瓶口配有磨口玻璃塞或塑料塞。容量瓶的颈部刻有标线,并在瓶上标明使用温度和容量(表示在标明的温度下液体充至标线时的容积)。容量瓶用来配制准确浓度的溶液,常和移液管配合使用。

容量瓶的使用方法如下:

(1) 使用前应检查容量瓶是否漏水。为此,在瓶内加水,塞好瓶塞,一手拿瓶,一手顶住瓶塞,将瓶倒立,观察瓶塞周围是否有水漏出。如不漏,把塞子旋转180°,塞紧,倒置,再次试验是否漏水。容量瓶的瓶塞有标准口和非标准口两种规格,前者瓶塞可以互换,后者不能互换,使用时应注意区别。使用后者时,配套的瓶塞要用小绳系在瓶颈上,以免打碎、弄混或遗失。

(2) 如果用固体物质配制溶液,要先在烧杯里把固体溶解,再把溶液转移到容量瓶中(图1.3.4),然后用去离子水洗涤烧杯3～4次,洗涤液也倒入容量瓶中,再慢慢往瓶中加水至颈部的标线。当瓶内溶液体积达到容积的2/3时,应将容量瓶沿水平方向摇动使溶液初步混合,然后加去离子水至标线,塞好瓶塞,用一只手的食指按住瓶塞,其他四指拿住瓶颈,用另一只手的手指托住瓶底(图 1.3.5)(较小的容量瓶,不必用手指托住瓶底),将瓶倒转,使气泡上升到顶,此时将瓶水平摇动几周,再倒转过来,仍使气泡上升到顶,如此反复10～20 次才能使溶液混合均匀。

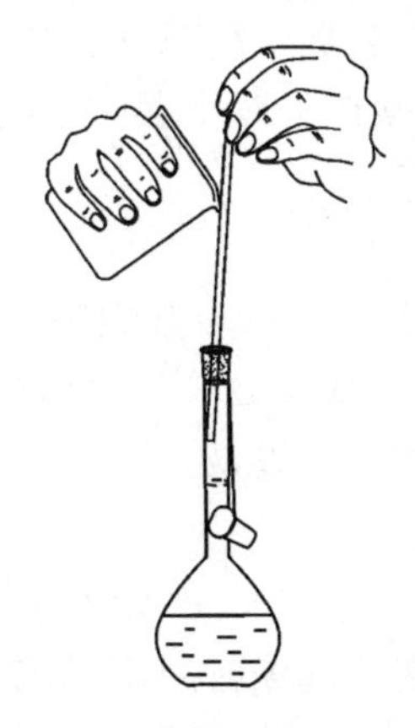

图 1.3.4 转移溶液到容量瓶中

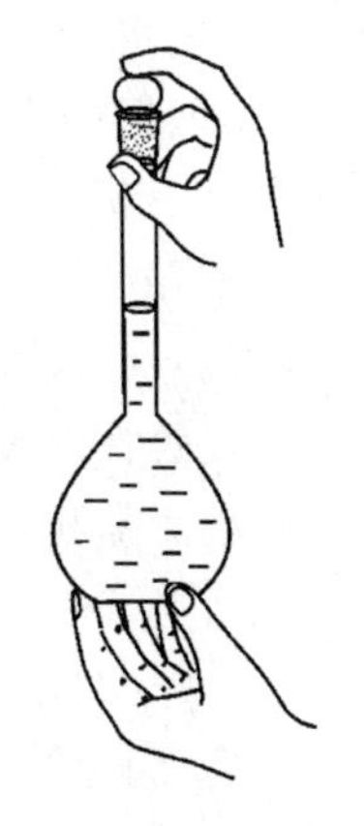

图 1.3.5 容量瓶的拿法

(3) 热溶液要冷至室温才能倾入容量瓶中。

必要时,容量瓶的体积也应进行校正。

4. 滴定管

滴定管分为酸式和碱式两种(图 1.3.6),除了碱性溶液应放在碱式滴定管中外,其他溶液都使用酸式滴定管。滴定管的使用方法如下:

(1) 酸式滴定管的下端为一玻璃活塞,开启活塞,液体即自管内滴出。

在使用酸式滴定管之前应首先检查该滴定管是否漏水,方法是:关闭滴定管活塞,将滴定管中注满水,夹在滴定台上,把滴定管外壁用干净的抹布擦干,10 分钟后观察是否渗漏;将活塞转动 180°再试一次。试漏方法:用小片滤纸放在滴定管的活塞处,如果滤纸潮湿,表明滴定管漏水,则该滴定管活塞处需要重新涂油。

涂油的方法是:将滴定管中的水倒掉,平放在实验台上,抽出活塞,卷上一小片滤纸再插入塞槽中,转动活塞几次,再带动滤纸一起转动几次,这样可以擦去活塞表面及活塞槽中的水和油污,再换 1～2 次滤纸反复擦拭。将最后一张滤纸暂时留在塞槽中(防止在活塞涂油时滴定管中的水溶液再次润湿塞槽内表面),抽出活塞,均匀

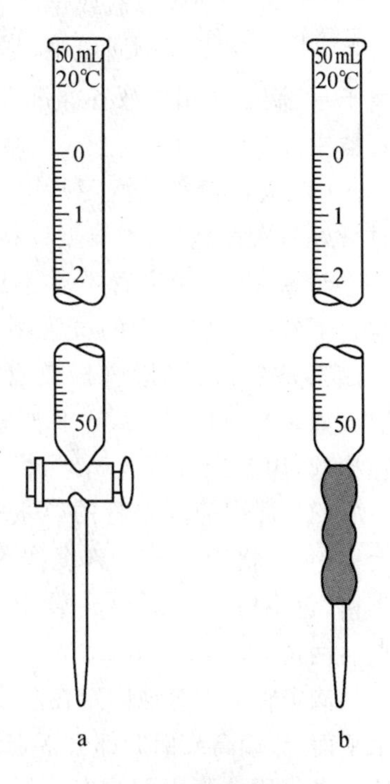

图 1.3.6 酸式滴定管(a)和碱式滴定管(b)

地涂上很薄的一层凡士林,随后取出塞槽中的滤纸并迅速将活塞插入塞槽中,沿同一方向旋转几次活塞至活塞部位透明。

若是酸式滴定管活塞孔或出口管孔被凡士林堵住,可以取下活塞用细铜丝通出活塞孔中的凡士林;或者先将水充满全管,然后将出口管浸在热水中温热片刻后,打开活塞,使管内水突然冲下,即把熔化的凡士林带出。如果上述操作仍然不能除去堵塞物,可以用丙酮、氯仿、甲苯等有机溶剂浸溶,然后再用洗涤剂洗涤。

酸式滴定管不得用于装碱性溶液。

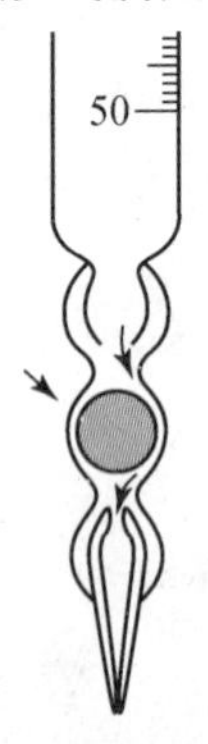

图 1.3.7 碱式滴定管下端的结构

碱式滴定管的下端用乳胶管连接一支一端有尖嘴的小玻璃管。乳胶管内装一个玻璃圆球(图 1.3.7),以代替玻璃活塞(碱溶液会与玻璃活塞和塞槽作用,久之,活塞即打不开,所以碱式滴定管不能用玻璃活塞)。

(2) 滴定管在使用前依次用洗液、自来水、去离子水清洗。洗净后,滴定管的内壁上不应"挂壁"。用洗液洗涤时须用浸洗的方法,即:酸式滴定管先关闭活塞,碱式滴定管要先将玻璃球向上推至与滴定管下口相接触(以阻止洗液与乳胶管接触),然后往滴定管中加入铬酸洗液直至"0"刻线以上 1~2 cm 处,把滴定管夹在滴定管夹上,下口用洗液瓶或干燥容器如小烧杯承接,静置 10 分钟,将洗液从滴定管的上口倒回瓶中,尽量沥干。之后用少量(约用滴定管容积的 1/5)自来水、去离子水、滴定所用溶液各润洗 3 遍。注意,第一次用自来水润洗的废液应倒入指定回收容器中。

(3) 将溶液加到滴定管中至"0"刻线以上,开启活塞或挤压玻璃球,调节零点。滴定时最好每次都从"0"刻线处或接近"0"刻线的任一准确刻度开始,这样可以减小误差。

必须注意,滴定管下端不应留有气泡,特别是碱式滴定管下端的橡皮管内的气泡不易被察觉。为此,在滴定管充满溶液后,对光检查橡皮管内及尖嘴玻璃管内有无气泡。如果有,可按图 1.3.8 所示的方法,把尖嘴玻璃管轻轻抬起,用手指挤压玻璃球,将气泡赶出。

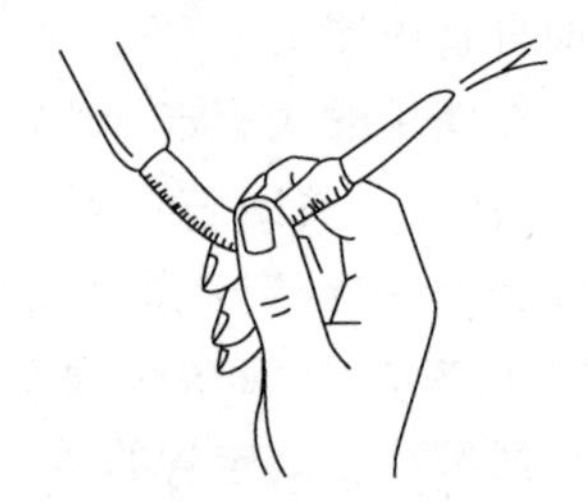

图 1.3.8 碱式滴定管排气泡法

(4) 常用的滴定管的容量为 50 mL,它的刻度分为 50 大格(每大格为 1 mL,刻度线为整圈)。每大格又分为 10 小格,每小格为 0.1 mL。管中液面位置的读数可读到小数点后两位,如 15.26 mL、27.91 mL 等。

滴定管应垂直地固定在滴定架上,读数时,视线应与弯月面下部的最低点保持在同一水平面上,偏高或偏低都会带来误差。为了便于观察和读数,可在滴定管后衬一"读数卡",读数卡可用一张中间涂有一黑长方形(约 3 cm×1.5 cm)的白卡片。读数时,手持读数卡放在滴定管背后,使黑色部分在弯月面下约 1 mm 左右,则弯月面就反射成黑色(图1.3.9),

读此黑色弯月面的最低点(25.37 mL)。另外,也可以衬一张全白色的卡片,读取弯月面的最低点。颜色太深的溶液(如高锰酸钾溶液),则读取液面的最高点。

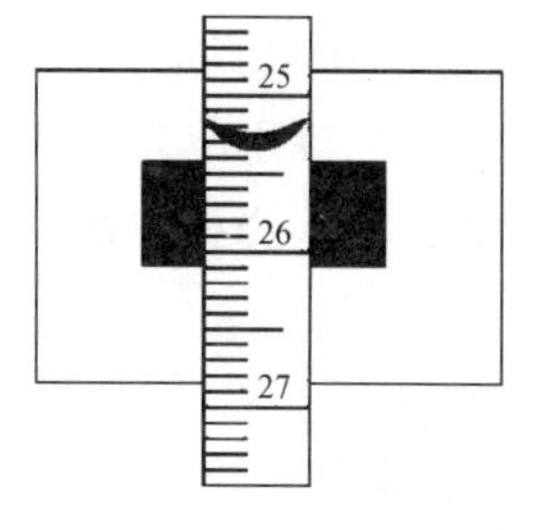

图 1.3.9 读数卡的使用

(5) 使用酸式滴定管时,必须用左手拇指、食指及中指控制活塞(图 1.3.10),旋转活塞的同时应稍稍向里(左方)用力,以使玻璃塞保持与塞槽的密合,防止溶液漏出。必须学会慢慢地旋开活塞以控制溶液的流速。

使用碱式滴定管时,必须用左手拇指和食指捏住橡皮管中的玻璃球上部,轻轻地往一边挤压玻璃球外面的橡皮管,使橡皮管与玻璃球之间形成一条缝隙(如图 1.3.7 所示),溶液即自滴定管中滴出,要能掌握缝隙的大小以控制溶液流出的速度(注意,手指不要捏玻璃球下部的橡皮管,否则在放手时,会在尖嘴玻璃管中出现气泡)。

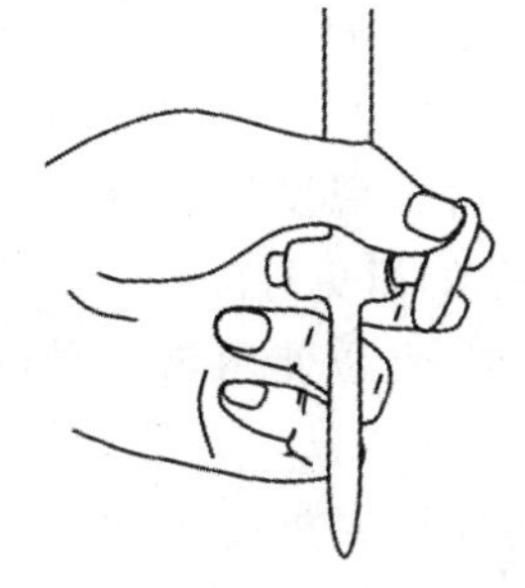
图 1.3.10 左手旋转活塞

滴定时,将滴定管垂直地夹在滴定管夹上,下端伸入锥形瓶口约 1 cm,锥形瓶下放一块白瓷板,以便于观察溶液颜色的变化。左手按上述方法操作滴定管,右手拇指、食指和中指拿住锥形瓶颈,沿同一方向按圆周摇动锥形瓶(图 1.3.12),不要前后振动。开始滴定时无明显变化,液滴流出的速度可以快一些(呈串珠状),随后,滴落点周围出现暂时性的颜色变化,但摇动锥形瓶后颜色迅速复原。当接近终点时,颜色复原较慢,这时就应逐滴加入,每加 1 滴后把溶液摇匀,临近终点时应微微转动活塞(或轻轻挤压玻璃球外的橡皮管),使溶液悬在出口尖嘴上,但不落下,形成半滴,用锥形瓶内壁把液滴沾下来,用洗瓶中的水冲洗锥形瓶内壁,摇匀。如此重复操作,直到刚刚出现达到终点时应有的颜色,并保持半分钟不消失时,即为滴定终点。

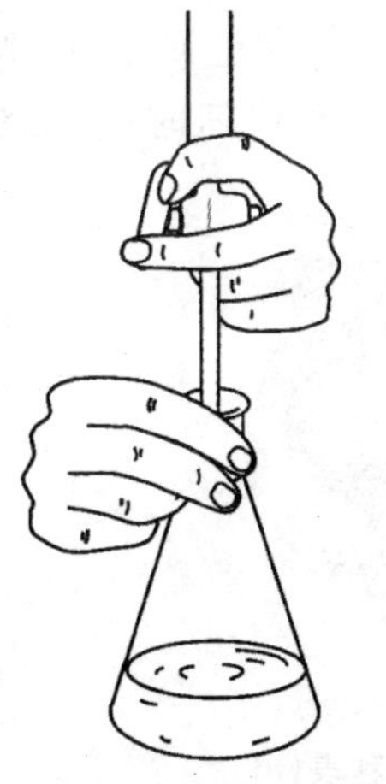
图 1.3.11 在锥形瓶中进行滴定

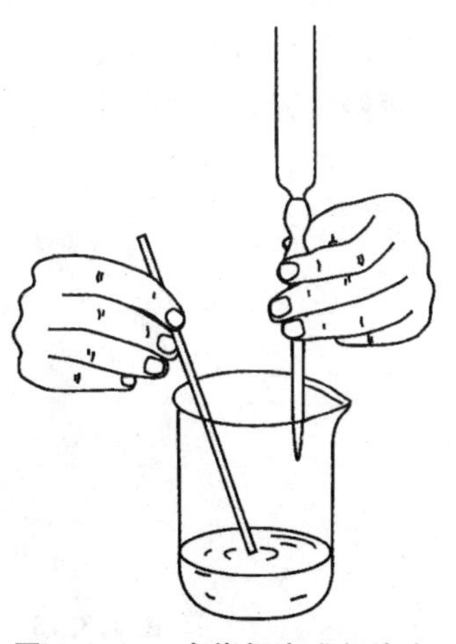
图 1.3.12 在烧杯中进行滴定

在烧杯中滴定时,所用的滴定方法与在锥形瓶中基本相同,滴定过程中需均匀地搅拌溶液,搅棒不应碰到烧杯底或壁。滴定近终点加半滴时,应用搅棒接触悬着的液滴,将其沾下,浸入烧杯中搅匀。

(二) 温度计的使用

实验室中最常用的测量温度的仪器是水银温度计和酒精温度计。一般常用的水银温度计有3种规格——100℃、250℃、360℃。另有刻度为0.1℃的温度计比较精密,可测准至0.01℃。

测量正在加热的液体的温度时,最好把温度计悬挂起来,并使水银球完全浸没在液体中。还要注意使温度计在液体内处于适中的位置,不要使水银球靠在容器的底部或壁上。

温度计不能作搅棒使用,以免把水银球碰破。刚测量过高温物体的温度计不能立即用冷水去洗,以免水银球炸裂。使用温度计时,要轻拿轻放,不要甩动,以免打碎。

所测体系的温度不得高于温度计的最大量程。如果要测量高温,可以使用热电偶和高温计。

(三) 秒表的使用

秒表是准确测量时间的仪器。它有各种规格,实验室常用的秒表有指针式和数字式两种。前者为机械表,使用发条为动力;后者为电子表,使用电池为动力。

指针式秒表通常有两个针,长针为秒针,短针为分针,表盘上也相应地有两圈刻度,分别表示秒和分的数值,其秒针转一周为60 s,分针转一周为60 min(图1.3.13a)。这种表可读准到0.1 s。表的上端有柄头,用它旋紧发条、控制表的启动和停止。使用时先旋紧发条,用手握住表体,用拇指或食指按柄头,按一下,表即走动。需停表时,再按柄头,秒针、分针就都停止,便可读数。第三次按柄头时,秒针、分针即返回零点,恢复原状。有的秒表有暂停装置,需暂停时推动暂停钮,表即停止;退回暂停钮时,表继续走动,连续计时。

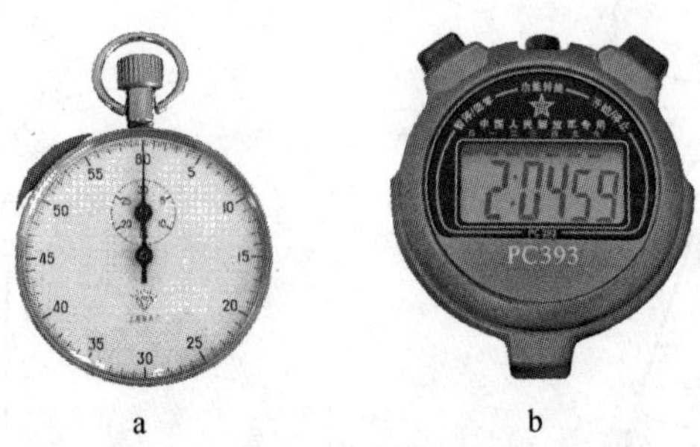

a　　　　b

图1.3.13　指针式秒表(a)和数字式秒表(b)

数字式秒表(图 1.3.13b)的使用方法与指针式秒表基本相同,最小测量值可以达到0.01 s。

使用秒表的注意事项如下:

(1) 使用前应检查零点(即检查秒针是否正好指向零),如不准,则应记下差值,对读数进行校正。

(2) 按柄头时,有一段空档。在开动或停止秒表时应先按过空档,作好准备。到正式按时,秒表才会立即开动或停止,不然会因空档而引起误差。

(3) 用完后,指针式秒表应继续走动,使发条完全放松。数字式秒表清零即可(电子秒表不能关闭)。

(4) 要轻拿轻放,切勿碰摔敲击,以免震坏。不要与有腐蚀性的化学试剂或磁性物质放在一起。

(5) 使用后应保存在干燥处。

1.4　试剂及其取用

常用的化学试剂根据其纯度不同,分成不同的规格。我国生产的试剂一般分为 4 种规格,见表 1.4.1。

表 1.4.1　我国生产的试剂的规格

试剂规格	名　称	代　号	瓶签颜色	使用要求
一级	保证试剂 或优级纯试剂	G. R.	绿色	用做基准物质,主要用于精密的研究和分析鉴定
二级	分析试剂 或分析纯试剂	A. R.	红色	主要用于一般科研和定量分析鉴定
三级	化学纯试剂	C. P.	蓝色	用于要求较高的有机和无机化学实验,也常用于要求较低的分析实验
四级	实验试剂	L. R.	棕、黄色或 其他颜色	主要用于普通的化学实验和科研,有时也用于要求较高的工业生产

此外还有一些特殊要求的试剂,如指示剂、生化试剂、超纯试剂(如电子纯、光谱纯)等。这些在瓶签上都有注明。应当根据实验的要求,分别选用不同规格的试剂。

固体试剂装在广口瓶内,液体试剂则盛在细口瓶或滴瓶中。见光容易分解的试剂(如硝酸银、高锰酸钾等)应装在棕色的试剂瓶内。装碱液的瓶子不应使用玻璃塞,而要使用软木塞或橡皮塞。每一个试剂瓶上都贴有标签,以标明试剂的名称和规格(液体试剂还应注明浓度)。如果是个人配制溶液,还应标明配制日期。

取用试剂时,不能用手接触化学试剂。应根据用量取用试剂,不必多取,这样既可以节约药品,也能取得好的实验结果。对于公用试剂,取完后一定要及时把瓶塞盖严,并将试剂瓶放回原处。

(一) 液体试剂的取用

(1) 从滴瓶中取液体试剂时,要用滴瓶中的滴管,不要用其他滴管。取出后,不要使滴管与接收容器的器壁接触,更不应把滴管伸入到其他液体中。如需从没有配滴管的试剂瓶中取少量液体试剂时,应用公用滴管,使用前滴管一定要洁净、干燥。

使用滴管时主要应注意不要洒落溶液。溶液洒落的主要原因有两个:一是滴管的胶头老化开裂,已经无法使滴管密封而产生泄漏;二是滴管折断,滴管口变粗,如果溶液的表面张力较小(如各种有机溶剂),也易发生洒落。为防止滴管的胶头老化,滴管不应横置,横置易使溶液进入胶头,加速胶头的老化、龟裂。如有溶液洒落,应分析原因并及时更换滴管或滴管胶头。

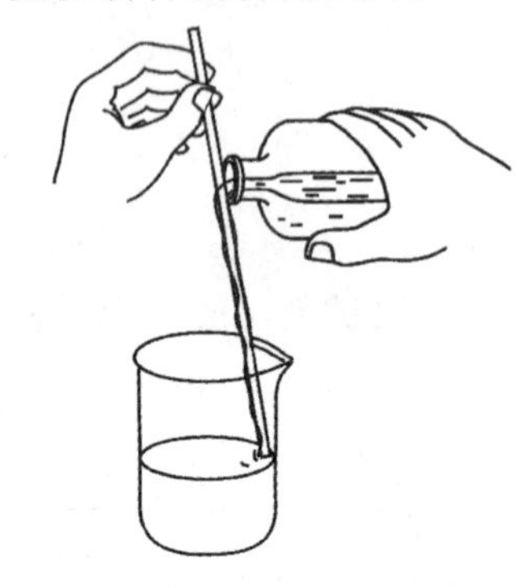

图 1.4.1 液体试剂倒入烧杯

(2) 用倾注法取液体试剂时,应将试剂瓶的标签朝向手心,瓶塞倒置于桌面上,以免沾污。倒出的试剂应沿一干净的玻璃棒流入容器或沿器壁流下(图 1.4.1)。取出所需的量后,慢慢竖起试剂瓶,溶液不流后再使玻璃棒离开瓶口。

已取出的试剂不能再倒回试剂瓶。倒入容器的液体不应超过容器容量的 2/3;往试管中加入液体时,则以不超过试管容量的 1/2 为宜。

(3) 在进行某些实验(如在试管里进行反应)时,无须准确地量取试剂,所以不必每次都用量筒,只要学会估计从瓶内取用的液体的量即可。为此必须知道,1 mL 液体相当于多少滴,3 mL 液体占一个试管的容量的几分之几,等等。学生应该反复练习估量液体的操作,直到熟练掌握为止。

(4) 如需准确地量取试剂,则应根据准确度的要求选用量筒、移液管[使用方法见 1.3 节中“(一) 液体体积的度量仪器”]。

(二) 固体试剂的取用

(1) 固体试剂应用干净的试剂匙取用,每种试剂专用一个试剂匙。否则用过的试剂匙须洗净、擦干后才能再用,以免沾污试剂。

(2) 常用试剂匙的材质为塑料、牛角和不锈钢。塑料匙和牛角匙的两端分别为大小两个匙,取大量试剂时用大匙,取小量试剂时用匙柄的小匙部分,不要多取试剂。取出试剂后,一定要把瓶盖盖严,注意不要混淆不同试剂的瓶盖,并将试剂瓶及时放回原处。

(3) 要求取一定质量的固体时,可把固体放在纸上或表面皿上,在台秤上称量。具有腐蚀性或易潮解的固体不能放在纸上,而应放在玻璃容器内进行称量。

(4) 要求准确称取一定质量的固体试剂时,可直接称量,也可用称量瓶按减重法进行称量,即称取试剂的量是由两次称量的差来计算的。操作步骤是:取一个洗净并干燥的称量瓶,在台秤上粗称其质量,将比需要量稍多的试剂放进称量瓶,然后在分析天平上精确称量,称准至 0.1 mg。再自天平中取出,将它拿到准备盛放试样的烧杯上方,打开瓶盖,使称量瓶倾斜,用瓶盖轻轻敲击瓶口上部,使试剂慢慢落入烧杯中(图 1.4.2)。当估计倾出的试剂已够量时,仍在烧杯上方,一边轻轻敲击瓶口,一边将瓶竖起,使粘在瓶口的试剂落入瓶中或烧杯中,然后盖好瓶盖,再在天平上准确称量(如果倒出试剂不足量,则重复上述操作,直到符合要求为止)。两次质量之差值即烧杯中试剂的质量。

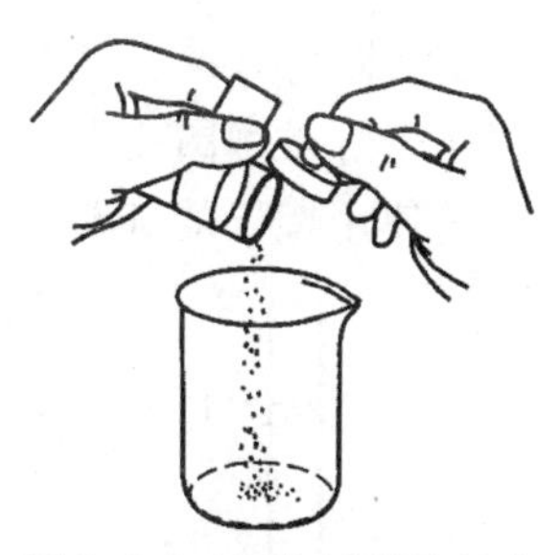

图 1.4.2 固体试剂的倒出

在使用称量瓶时要注意不能直接用手拿取,因为手的温度高而且有汗,会使称量结果不准确,因此在拿取称量瓶和瓶盖时应先用洁净的纸条叠成两三层厚的纸带,分别将它们套在称量瓶和瓶盖上,再用手捏住纸条操作(图 1.4.2)。

1.5 加热的方法

(一) 加热用的仪器

1. 酒精灯

酒精灯是玻璃制品,其盖子带有磨口。酒精易燃,使用时应特别注意安全。要用火柴点燃酒精灯(图 1.5.1),绝对不要用另外一个燃着的酒精灯来点火,这样做,会把灯内的酒精洒在外面,使大量酒精着火引发事故。酒精灯不用时应盖上盖子,使火焰熄灭(注意:酒精灯盖上盖子熄灭火焰之后,应把盖子再打开一次,然后再盖严,以免因盖内的热空气冷却使其中压力降低,再次使用时盖子难以打开),不要用嘴吹灭。盖子要盖严,以免酒精挥发。

当需要往灯内添加酒精时,应把火焰熄灭,然后借助于漏斗把酒精加入灯内(图1.5.2)。

图 1.5.1 点燃酒精灯

图 1.5.2 往酒精灯内添加酒精

2. 本生灯

本生灯是德国化学家本生(R. W. Bunsen)1855 年为装备海德堡大学化学实验室而发明的使用燃气的加热器具。燃气可为天然气、液化石油气或混合气。在本生灯发明前,所用天然气灯的火焰很明亮,但温度不高,是因燃气燃烧不完全造成的。本生将其改进为先让燃气和空气在灯内充分混合,从而使燃气燃烧完全,得到无光高温火焰。本生灯是化学实验室最常用的加热器具,它的式样虽多,但构造原理和使用方法基本相同。

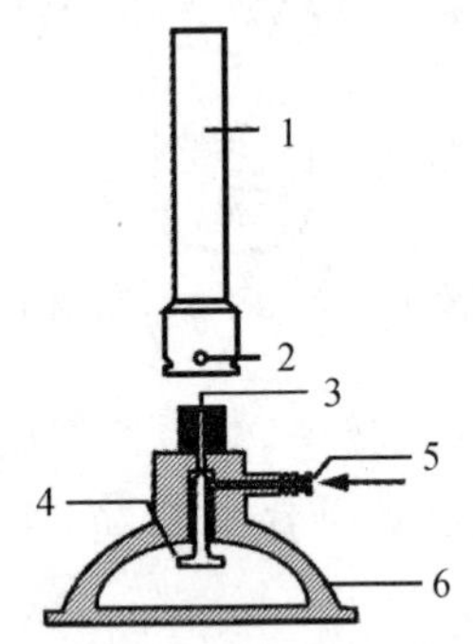

图 1.5.3　本生灯的构造

1. 灯管;2. 空气入口;3. 燃气出口;4. 螺旋针;5. 燃气入口;6. 灯座

(1) **本生灯的构造**　如图 1.5.3 所示,它由灯座和金属灯管两部分组成。金属灯管的下部有螺丝扣,可与灯座相连,灯管下部有几个圆孔,为空气的入口。旋转灯管,即可关闭或不同程度地开启圆孔,以调节空气的进入量。灯座侧面有燃气的入口,可用橡皮管把它和燃气的阀门相连,把燃气导入灯内。下方(或另一侧面)有一螺旋针,用以调节燃气的进入量。松开螺旋针,灯座内燃气进入的孔道放大,燃气的进入量即增加;反之,即减少。

(2) **本生灯的点燃及火焰的调节**　旋转金属灯管,关闭空气入口,擦燃火柴,打开燃气阀门,把燃气点着(注意:一定是先点燃火柴,再开燃气门;绝不可先开燃气门,后点燃火柴)。通过灯下方的针型阀调节燃气的流量,使火焰保持适当的高度。这时燃气燃烧不完全,并且部分分解产生碳粒,其火焰呈黄色(系碳粒发光所产生的颜色),温度不高。

表 1.5.1　本生灯正常火焰各部位的说明

名　称	火焰颜色	温　度	燃烧反应
焰心	无色	小于 300℃	燃气与空气进行混合
还原焰	淡蓝色	约 500℃	燃气不完全燃烧
氧化焰	淡紫色	800～900℃	燃气完全燃烧

旋转金属灯管,调节空气的进入量使燃气燃烧完全,这时火焰分为 3 层,称为正常火焰(图1.5.4a)。正常火焰的最高温度区在火焰顶端上部的氧化焰中,温度可达 800～900℃。

实验时,一般都用氧化焰来加热,可根据需要调节火焰的大小。

当空气或燃气的进入量调节得不合适时,会产生不正常的火焰。当空气的进入量很大时,火

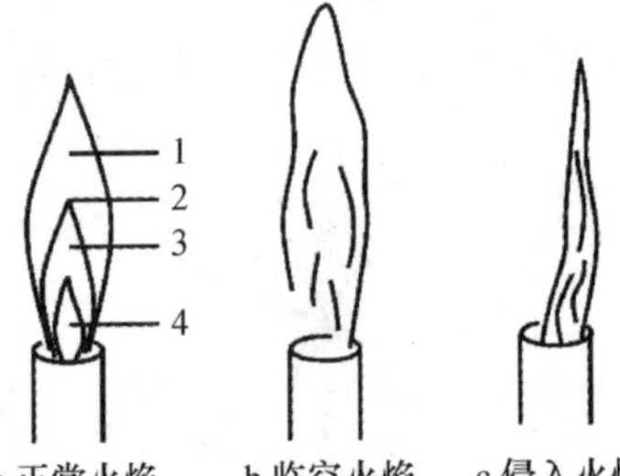

图 1.5.4　正常火焰与不正常火焰

1. 氧化焰;2. 最高温区;3. 还原焰;4. 焰心

焰会脱离金属灯管的管口而临空燃烧，这种火焰称为临空火焰(图 1.5.4b)。临空火焰极易熄灭，如不及时发现，会导致燃气泄漏。

当空气的进入量大，燃气的进入量很小或者中途燃气供应量突然减小时，都会使燃气在金属灯管内燃烧(有时在管口上有细长的火焰)，这种火焰称为侵入火焰(图 1.5.4c)。侵入火焰常使金属灯管烧得很热，此时切勿用手去摸金属灯管，以免烫伤。

遇到产生临空火焰或侵入火焰时，均应及时把燃气门关闭，重新调节并点燃本生灯。

(3) **防风本生灯的原理和使用方法**　本生灯的缺点是防风能力较差，当进入灯内空气量较小时，火焰易被风吹离被加热物体，降低加热效率。当灯内空气量较大时，较小的风速就能使火焰脱离灯口而熄灭。此种情况可以通过在灯管外再加防风套管(图 1.5.5)来解决。

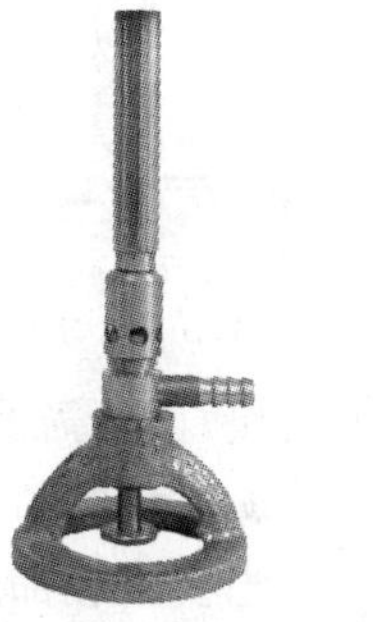

图 1.5.5　防风本生灯

本生灯的工作原理是利用燃气喷出时的射流作用和空气的对流作用，使燃气在灯管中与空气进行预混合。但这种混合的量较小，不足以支持燃气进行正常燃烧，需要上述混合气在灯口与空气进行二次混合后才能进行正常、稳定的燃烧。如果所用燃气为天然气(燃烧速度约 0.3 米/秒)，当风速大于其燃烧速度时，火焰就会被吹离灯口，进而熄灭。但如果混合气能在灯管内燃烧，空气的流动就很难影响到火焰。因此，只要能让混合气在灯口内的某个适当区域燃烧，就可以大大提高本生灯火焰的抗风能力。

防风本生灯就是利用上述原理，在灯管外加设了一个套管，增加了燃气与空气混合的次数，形成 3 次混合过程，即第一次混合在灯管内，第二次混合在套管内，第三次混合在灯口。要想达到防风的目的，关键是要控制第二次混合的程度。混合程度太高，燃烧将完全在灯口和套管口内进行，会将套管烧红，以至发生危险；混合程度太低，则套管完全不起作用。要想混合适度，主要是控制套管和灯管的间隙以及套管口到灯管口的距离。间隙过大、距离过长，均会造成二次混合过度；反之，会造成二次混合作用基本消失。通常情况下，套管和灯管的间隙不应大于 1 mm，套管口的高度要高于灯口约 20 mm。此时燃烧将在套管口内 1～2 mm 的区域进行，既不致烧红套管，也不致被风吹熄，提高了本生灯的防风性能。

3. 水浴和蒸汽浴

当要求被加热的物质受热均匀且温度不超过 100℃时，可用水浴加热。实验对温度的稳定性要求不高时，可用本生灯加热水浴锅进行水浴。水浴锅上可放置大小不同的套圈，以承受各种直径的器皿。选用套圈时，应注意尽可能增大器皿的受热面积(图 1.5.6)。

使用水浴时应注意以下四点：

(1) 水浴锅内水的量应在其容量的 1/2～2/3 之间。长时间加热时，应注意往水浴锅中补充少量的热水，以保持其水量。

(2) 应尽量保持水浴的严密性。

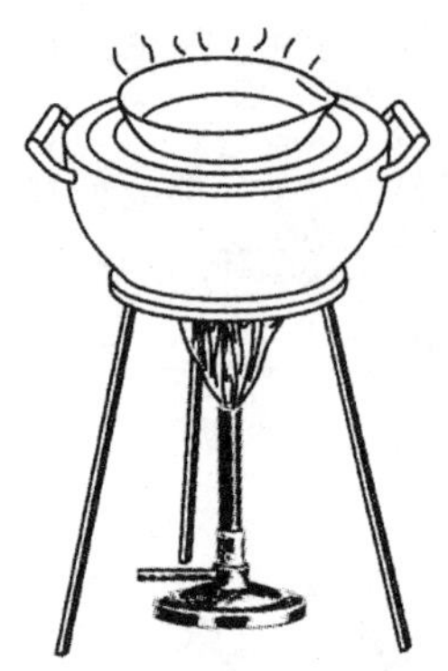
图 1.5.6 水浴加热

(3) 当不慎把铜质水浴锅中的水烧干时(此时本生灯上的火焰呈绿色),应立即停止加热,等水浴锅冷却后,再加水继续使用。

(4) 加热时不要让容器接触水浴锅的锅底,否则会使容器受热不均匀,可能造成容器破裂。

在用水浴加热试管、离心管中的物质时,常用 250 mL 烧杯内盛去离子水做水浴以便于观察实验现象,用本生灯加热至所需的温度。

蒸汽浴与水浴的不同仅在于,前者将水加热至沸腾,然后使用水蒸气加热物体,被加热物体不与水接触;后者使用水加热,被加热物体必须浸泡在水中。使用蒸汽浴时加热温度较高,蒸发速度较快,因此需要较快蒸发速度时可以使用蒸汽浴。

4. 油浴和沙浴

当要求被加热的物质受热均匀且温度又需高于 100℃时,可使用油浴或沙浴。用油代替水浴中的水,即是油浴。油浴的温度受油的沸点限制,一般不超过 200℃,油温过高会产生较大的油蒸气而污染环境。沙浴是一个铺有一层均匀细沙的铁盘,用本生灯加热,被加热的器皿放在沙上。若要测量沙浴的温度,可把温度计插入沙中。沙浴的温度一般可高达 250～300℃。

5. 电加热

根据需要,实验室还常用盘式电炉、电热套、管式电炉和马弗炉等电加热设备(图 1.5.7)进行加热。前二者加热温度的高低可通过调节电压来控制,利用热电偶测量温度并通过控制器控制温度。使用电炉丝、镍铬、镍硅热电偶和高铝保温材料的加热炉可加热到 1000℃,使用碳硅棒、铂铑热电偶和氧化铝保温材料的加热炉可加热到 1350℃,使用硅钼棒、双铂铑热电偶和氧化铝纤维保温材料的加热炉可加热到 1600℃。

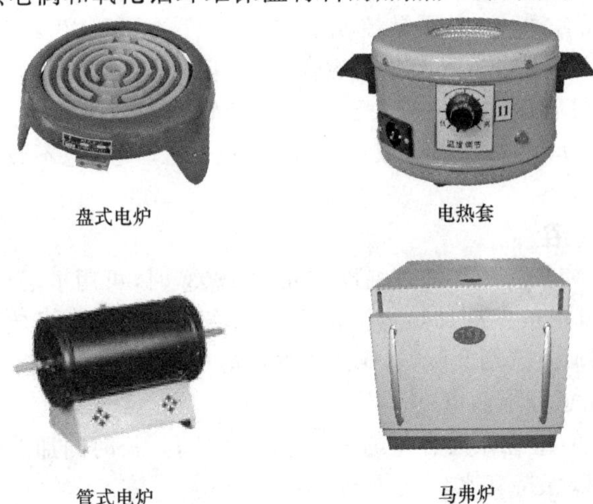

图 1.5.7 电加热设备

(二) 液体的加热

1. 在水浴上加热

适用于在 100℃以上易变质的溶液或纯液体。

2. 直接加热

适用于在较高温度下不分解的溶液或纯液体。一般把装有液体的器皿放在石棉网上,用本生灯加热。

试管中的液体一般可直接放在火焰上加热(图 1.5.8),但是易分解的物质仍应放在水浴中加热。在火焰上加热试管中的液体时,应注意以下四点:

(1) 应该用试管夹夹住试管的中上部,不能用手拿着试管加热。

(2) 试管应稍微倾斜,管口向上。

(3) 应使液体各部分受热均匀,先加热液体的中上部,再慢慢往下移动,然后不时地上下移动。不要集中加热某一部分,这样做容易引起暴沸,使液体冲出管外。

(4) 不要把试管口对着别人或自己的脸部,以免发生意外。

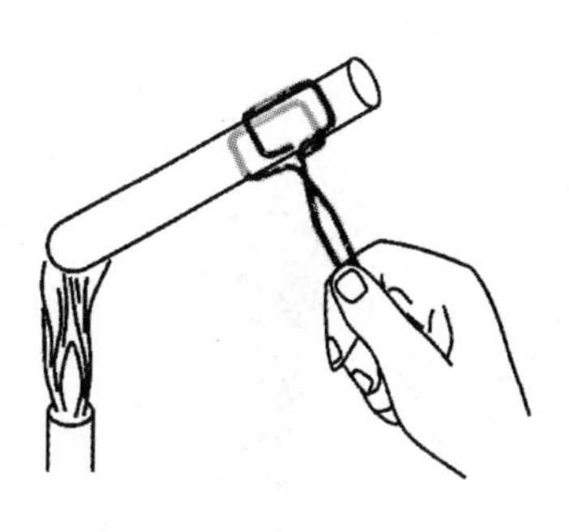

图 1.5.8　加热试管内的液体

(三) 含沉淀溶液的加热

含沉淀的溶液可用水浴加热,加热方法同"(二) 液体的加热",也可以直接加热,但在直接加热时需不停地搅拌或使用电磁搅拌。因为容器底部的沉淀能明显阻隔热的传导,如不搅拌,易导致溶液局部暴沸,暴沸严重时能使容器在热台上"跳起"甚至翻倒,造成实验事故甚至人身事故。

(四) 固体的加热

1. 在试管中加热

试管中所盛固体药品不得超过容量的 1/3。块状或粒状固体,一般应先研细,并尽量将其在管内铺平。加热的方法与在试管中加热液体时相同,必要时可把盛固体的试管固定在铁架台上加热(图 1.5.9),但是必须注意,应使试管口稍微往下倾斜,以免凝结在管口的水珠流回至灼热的管底,使试管炸裂。先来回将整个试管预热,然后用氧化焰集中加热。一般随着反应进行,灯焰从试管内固体药品的前部慢慢往后部移动。

2. 在蒸发皿中加热

加热较多的固体时,可把固体放在蒸发皿中进行。但应注意充分搅拌,使固体受热均匀。

3. 在坩埚中灼烧

当需要在高温加热固体时,可以把固体放在坩埚中灼烧(图1.5.10)。开始时,应先用小火加热,让坩埚均匀地受热,然后逐渐加大火焰。特别是当坩埚内物品比较潮湿时,开始就用大火会导致水分快速挥发而产生爆裂现象。加热时应用氧化焰加热坩埚,将坩埚烧至红热。灼烧一定时间后停止加热,让坩埚在泥三角上稍冷后,再用坩埚钳夹持放在保干器内。

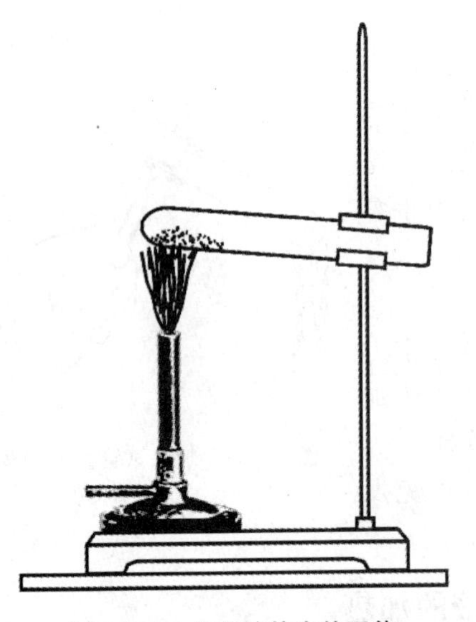

图1.5.9 加热试管内的固体

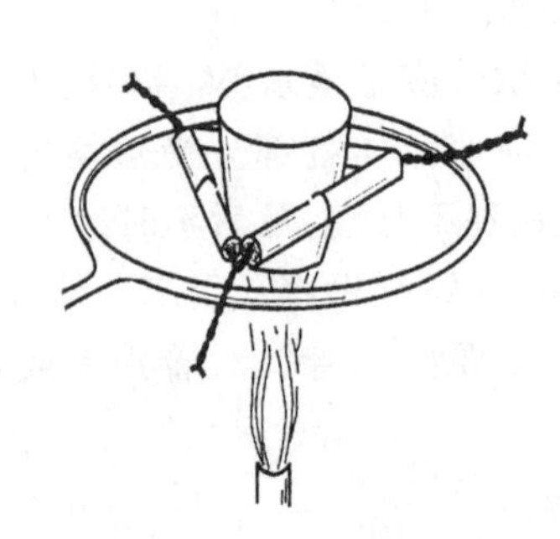

图1.5.10 灼烧坩埚

要夹持处在高温下的坩埚时,必须先把坩埚钳放在火焰上预热一下,以防冷坩埚钳碰到灼热的坩埚而致坩埚炸裂。坩埚钳使用后应将其尖端向上平放在石棉网上冷却。

在直接加热的过程中,应避免将刚刚加热过的坩埚、玻璃棒、试管、石棉网、坩埚钳等灼热物品直接放到实验台面上。

1.6 气体的发生、净化和收集

(一) 气体的发生

实验室中常用启普发生器来制备氢气、二氧化碳和硫化氢等气体,反应如下:

$$Zn + 2HCl = ZnCl_2 + H_2\uparrow$$

$$CaCO_3 + 2HCl = CaCl_2 + CO_2\uparrow + H_2O$$

$$FeS + 2HCl \longrightarrow FeCl_2 + H_2S\uparrow$$

启普发生器由一个球形漏斗和葫芦状的玻璃容器组成(图 1.6.1)。块状固体药品放在中间圆球内,可以在固体下面放些玻璃棉来承受固体,以免固体掉至下球内。酸从球形漏斗加入。使用时,只要打开活塞 K,酸即进入中间球内,与固体接触而产生气体。停止使用时,只要把活塞 K 关闭,产生的气体就会把酸从中间球内压入下球及球形漏斗内,使固体与酸不再接触而停止反应。再次使用时,只要重新打开活塞 K,又会产生气体。启普发生器的优点之一就是使用起来甚为方便。

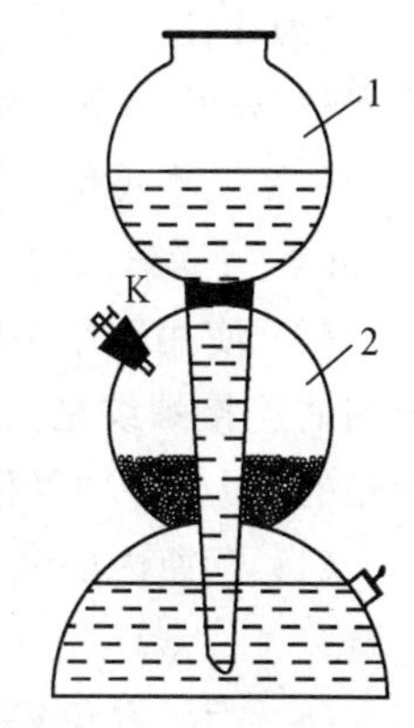

图 1.6.1 启普发生器

1. 球形漏斗;
2. 葫芦状的玻璃容器

启普发生器中的酸液长久使用后会变稀,此时可把下球侧口的橡皮塞(有的是玻璃塞)拔下,倒掉废酸,塞好塞子,再向球形漏斗中加酸。需要更换或添加固体时,可把装有玻璃活塞的橡皮塞取下,由中间圆球的侧口加固体。

启普发生器虽然使用方便,但它不能加热,而且装在发生器内的固体必须是块状的。当固体试剂的颗粒很小甚至是粉末时,或者当反应需要在加热情况下进行时,例如下列反应:

$$2KMnO_4 + 16HCl \xlongequal{\triangle} 2MnCl_2 + 2KCl + 5Cl_2\uparrow + 8H_2O$$

$$NaCl + H_2SO_4 \xlongequal{\triangle} NaHSO_4 + HCl\uparrow$$

$$Na_2SO_3 + 2H_2SO_4 \xlongequal{\triangle} 2NaHSO_4 + SO_2\uparrow + H_2O$$

$$MnO_2 + 4HCl \xlongequal{\triangle} MnCl_2 + Cl_2\uparrow + 2H_2O$$

就不能用启普发生器,而要采用像图 1.6.2 那样的仪器装置。在此装置中,固体加在蒸馏瓶内,酸加在分液漏斗中。使用时,打开分液漏斗下面的活塞,使酸液滴加在固体上,以产生气体(注意酸不宜加得太多)。当反应缓慢或不产生气体时,可以微微加热。如果加热后仍不起反应,则需要更换固体药品。

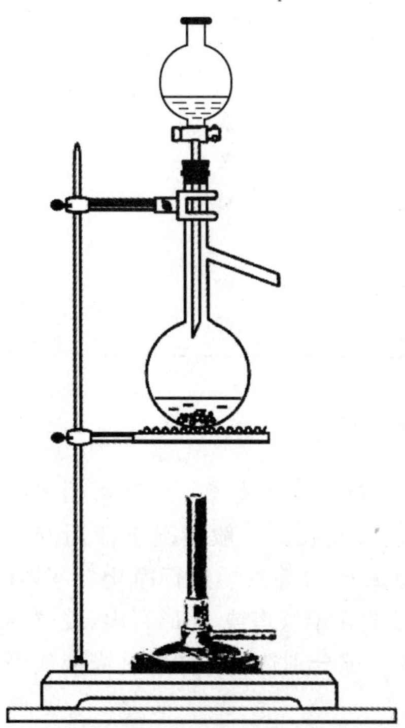
图 1.6.2 产生气体的装置

在实验室中,目前主要使用气体钢瓶直接获得各种气体。气体钢瓶是储存压缩气体、液化气体的特制耐压钢瓶,使用时通过减压阀(气压表)有控制地放出气体。由于钢瓶的内压很大(有的高达 15.2 MPa),而且有些气体易燃或有毒,所以在使用钢瓶时一定要注意安全,操作要特别小心。

使用气体钢瓶时的注意事项:

(1) 钢瓶应存放在阴凉、干燥、远离热源(如暖气、炉火)的地方。要固定好以保证放置平稳,防止倒下或受到撞击。

(2) 绝不可使油或其他易燃性有机物沾在钢瓶上(特别是气门嘴和减压阀)。不得用棉、麻等物堵漏,以防引起事故。

(3) 使用钢瓶中的气体时,要用减压阀。可燃性气体(如氢气、乙炔气)的钢瓶,其减压阀的连接螺纹是反扣的,不燃或助燃性气体(如氮气、氧气)钢瓶减压阀的连接螺纹是正扣的,因此各种气体的减压阀不得混用。

(4) 钢瓶内的气体绝不能全部用完,应按规定留有剩余压力,以防重新灌气时发生危险。

(5) 为了避免将各种钢瓶混淆而用错气体(这样会发生很大事故),通常在钢瓶外面涂以特定的颜色加以区别,并在钢瓶上写明瓶内气体的名称。我国气体钢瓶常用的标记如表1.6.1所示。

表1.6.1 实验室常用气体钢瓶的标记

气体类别	瓶身颜色	标字颜色
氮气	黑	黄
氧气	天蓝	黑
氢气	深绿	红
压缩空气	黑	白
氨气	黄	黑
二氧化碳气	黑	黄
氯气	黄绿	黄
乙炔气	白	红
其他一切可燃气体	红	白
其他一切不可燃气体	黑	黄

(二) 气体的干燥和净化

实验室中制得的气体常带有酸雾和水汽,有时要进行净化和干燥。酸雾可用水或玻璃棉除去;水汽可用浓硫酸、无水氯化钙、分子筛或硅胶吸收。一般情况下使用洗气瓶(图1.6.3)、干燥塔(图1.6.4)或带支管的U形管(图1.6.5)等仪器进行净化。液体(如水、浓硫酸)装在洗气瓶内,无水氯化钙、分子筛和硅胶装在干燥塔或U形管内,玻璃棉装在U形管内。气体中如还有其他杂质,则应根据具体情况分别选用不同的洗涤液或固体吸收。

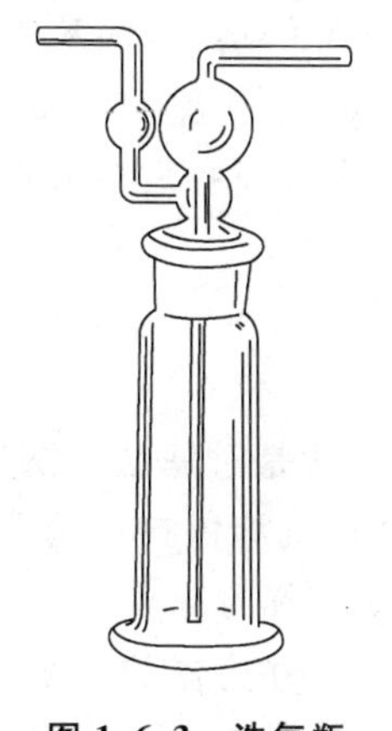

图 1.6.3 洗气瓶

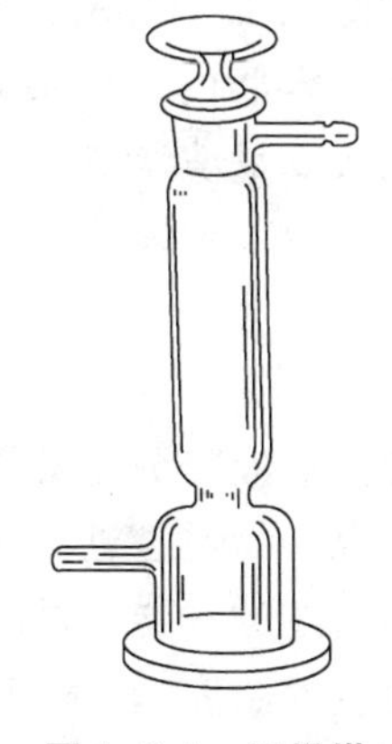

图 1.6.4 干燥塔

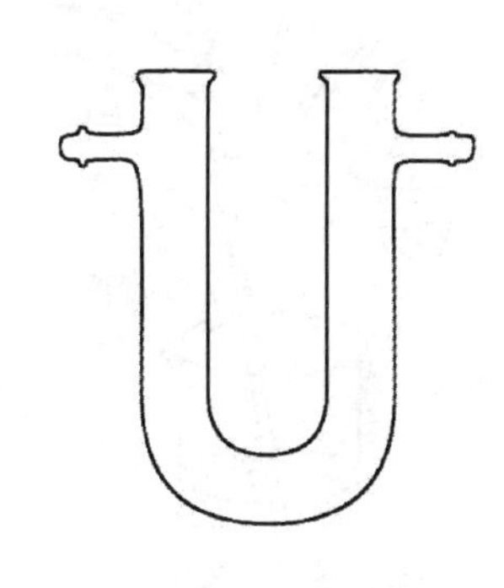

图 1.6.5 U 形管

(三) 气体的收集

(1) 在水中溶解度很小的气体(如氢气、氧气),可用排水集气法(图 1.6.6)收集。

(2) 比空气轻的气体(如氨气),可按图 1.6.7a 所示的排气集气法收集。

(3) 比空气重的气体(如氯气、二氧化碳),可按图 1.6.7b 所示的排气集气法收集。

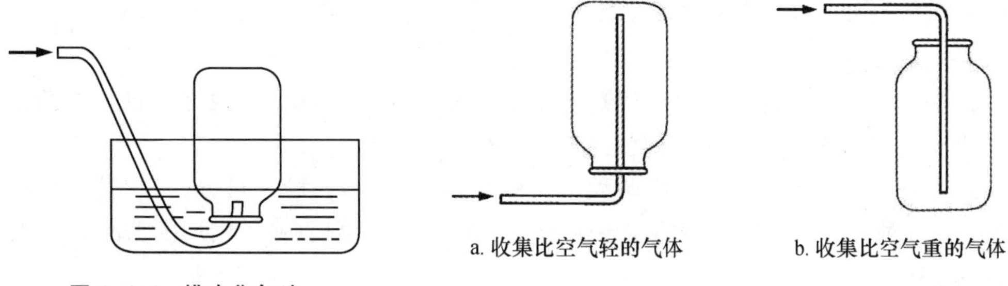

图 1.6.6 排水集气法

图 1.6.7 排气集气法

1.7 溶液与沉淀的分离

实验室常用的溶液与沉淀的分离方法有 3 种:倾析法、过滤法和离心分离法。

(一) 倾 析 法

当沉淀的比重较大或结晶的颗粒较大,静置后能较快沉降至容器底部时,可用倾析法进行沉淀的分离和洗涤。

图 1.7.1 倾析法

按图 1.7.1 所示,直接把沉淀上部的溶液(简称母液)倾入另一容器内。如果需要洗涤沉淀,即往盛有沉淀的容器内加入少量洗涤液(如去离子水),充分搅拌后令其沉降,倾去洗涤液。一般需要重复洗涤 2～3 次。

(二) 过 滤 法

分离溶液与沉淀最常用的操作方法是过滤法。溶液和沉淀的混合物通过过滤器(如滤纸)时,沉淀留在过滤器上,溶液则通过过滤器。过滤后所得的溶液称为滤液。

溶液的温度、黏度,过滤时的压力,过滤器的孔隙大小和沉淀物的性质都会影响过滤的速度。热溶液比冷溶液容易过滤。溶液的黏度愈大,过滤愈慢。减压过滤比在常压下过滤快。至于过滤器的孔隙大小,应该从两方面来考虑:孔隙较大,固然可以加快过滤的速度,但是,小颗粒的沉淀也会通过过滤器,造成"穿滤";孔隙较小,沉淀的颗粒易被滞留在过滤器上,并在上面形成一层密实的滤渣,堵塞滤器的孔隙,使过滤难于有效进行。另外,胶状沉淀能够穿过一般的过滤器(如滤纸),应先设法把沉淀的胶状破坏(例如用加热保温的方法)。总之,选用不同的过滤方法时,应综合考虑以上因素。

常用的过滤方法有下列 3 种:

1. 常压过滤

此法最为简便和常用。它使用玻璃漏斗和滤纸进行过滤。玻璃漏斗锥体的角度应为 60°(但有的不是 60°,使用时应注意)。

滤纸分定性滤纸和定量滤纸两种。按照孔隙的大小,滤纸又可分为"快速"、"中速"和"慢速"3 种。应该根据实际的需要选用不同规格的滤纸(注意,在使用滤纸前,应把手洗净、擦干)。

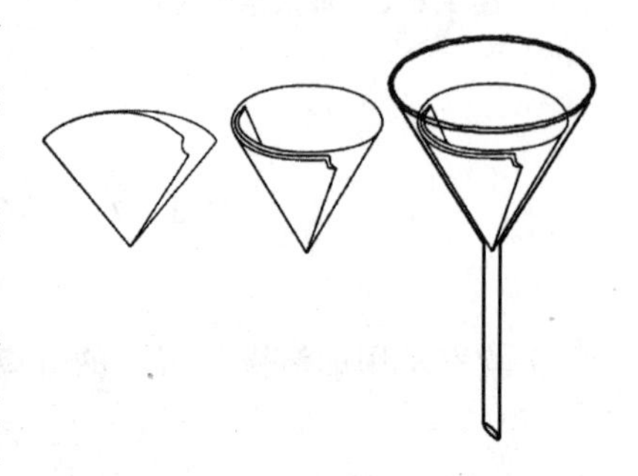

图 1.7.2 滤纸的折叠方法与放置

过滤时,先按图 1.7.2 所示,把圆形滤纸或四方滤纸折叠成 4 层(方滤纸折叠后还要剪成扇形)。然后将滤纸撕去一角,放在漏斗中(见图 1.7.2)。为保证滤纸与漏斗密合,第二次折叠时先不要折死,把滤纸展开成锥形,用食指把滤纸按在玻璃漏斗的内壁上(此时漏斗应干净且干燥),稍微改变滤纸的折叠程度,直到滤纸与漏斗密合为止。滤纸的边缘应略低于漏斗的边缘。用水润湿滤纸,并使它紧贴在玻璃漏斗的内壁上,这时如果滤纸和漏斗壁之间仍有气泡,应该用手指轻压滤纸,把气泡赶掉,然后向漏斗中加去离子水至几乎达到滤纸边。随着水的渗漏,漏斗颈应全部被水充满,而且当滤纸上的水已全部流尽后,漏斗颈中的水柱仍能保留。如这样做不成水柱,可以用手指堵住漏斗下口,稍稍掀起滤纸的一边,向滤纸和漏斗间加水,直到漏斗颈及锥体的大部分全被水充满,且颈内气泡完全排出。然后把纸边按紧,再放开下面堵住出口的手指,此时水柱即可形成。在全部过滤过程中,漏斗颈必须一直被液体所充满,这样过滤才能迅速。

过滤时的注意事项:

(1) 漏斗应放在漏斗架上,并须调整漏斗架的高度和位置,使漏斗的出口靠在接收容器的内壁上,以便溶液能够顺着器壁流下,不致四溅(见图 1.7.3)。

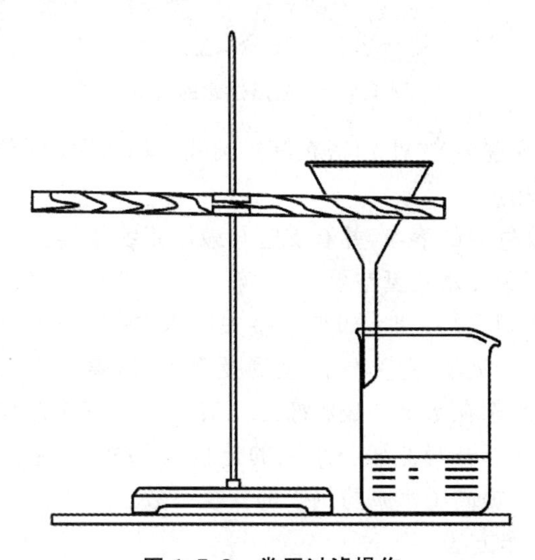

图 1.7.3 常压过滤操作

(2) 先转移溶液,后转移沉淀。这样就不会因为沉淀堵塞滤纸的孔隙而减慢过滤的速度;但如果沉淀颗粒较大,则应将沉淀和溶液搅拌起来一并转移。

(3) 转移溶液和沉淀时,均应使用搅棒。

(4) 转移溶液时,应把溶液滴在 3 层滤纸处,以防液滴把单层滤纸冲破。

(5) 加入漏斗中的溶液不能超过圆锥滤纸的总容积的 2/3。加得过多,会使溶液未通过滤纸,而是由滤纸和漏斗内壁间的缝隙中流入接收容器内,这样就失去了滤纸的过滤作用。

2. 减压过滤(或称抽吸过滤,简称抽滤)

减压不仅可以加快过滤速度,还可以最大限度地减少沉淀中的溶剂,使得后续干燥更加容易。但是胶状沉淀在过滤速度很快时会透过滤纸,因此不能用减压过滤法。颗粒很细的沉淀会因为减压抽吸而在滤纸上形成一层密实的沉淀,使溶液不易透过,反而达不到加速的目的,因此也不宜用减压过滤法,可用离心分离法。

(1) **减压过滤用的装置** 包括布氏漏斗、吸滤瓶、水泵、安全瓶等(见图 1.7.4)。

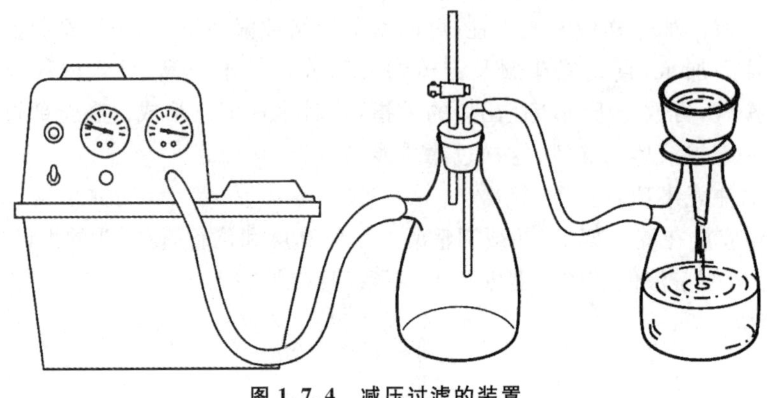

图1.7.4 减压过滤的装置

布氏漏斗(或称瓷孔漏斗) 上面密布等径圆孔,可在下端颈部装上橡皮塞或使用抽滤垫,以与吸滤瓶密封相连。

吸滤瓶 用来接收过滤的溶液,并有支管与减压系统相连。

水泵 实验室常用循环水式真空泵。

安全瓶 减压过滤操作结束时,如果直接关闭水泵,会由于吸滤瓶内压力低于外界压力而使水泵中的水溢入吸滤瓶中,即产生倒吸现象,污染产物。为减少错误操作导致倒吸而带来的损失,一般都在水泵和吸滤瓶之间装上一个安全瓶作为缓冲。如果不用安全瓶,在过滤时应切记先断开吸滤瓶与水泵的连接,再关闭水泵。较新型的水泵在抽气口处安装了倒吸逆止阀,提高了水泵防倒吸的安全系数。

(2) **减压过滤的操作方法**

使用布氏漏斗的操作方法 使用布氏漏斗过滤,首先应选用合适的滤纸。如果是定量分析,应选定量滤纸;如果是定性实验,应选定性滤纸。可优先选用圆形标准滤纸(直径分别为42.5,55,70,90,110,125,150,185,240,320 mm)。如果没有合适的标准滤纸,可将滤纸剪成比布氏漏斗的内径略小,但又能覆盖全部瓷孔的圆形。把滤纸放在漏斗内,用少量溶剂(通常是水)润湿滤纸,开启水泵,减压,待滤纸与漏斗贴紧后,再将溶液沿着玻璃棒倾入漏斗中,加入的液量不要超过漏斗容积的2/3。持续减压,直至将沉淀抽干。如果沉淀较多,可在沉淀基本抽干后用玻璃棒将沉淀压实,以尽量减少沉淀中的水分。过滤完毕后,先开启安全瓶上的活塞(或拔掉吸滤瓶上与水泵相连的橡皮管),后关水泵。用玻璃棒轻轻揭起滤纸边,以取下滤纸和沉淀,滤液由吸滤瓶的上口倾出。吸滤瓶的侧口只作连接减压装置用,不要从其中倾出溶液,以免弄脏。洗涤沉淀的方法与使用玻璃漏斗时相同,但不要使洗涤液过滤得太快,以免沉淀不能洗净。

使用布氏漏斗过滤的注意事项:

第一,为避免减压时滤液被吸入吸滤瓶侧口,布氏漏斗下口锥尖部应在吸滤瓶侧管的对面。

第二,减压过滤时应随时观察水泵压力表的显示,在保持吸滤瓶内负压的情况下向布氏漏斗内倾注液体。如水泵压力表没有变化，则应检查抽滤垫(或橡皮塞)、连接橡胶管、安全瓶活塞等部分是否漏气，及时修理或更换损坏部件后再使用。

使用玻璃砂漏斗的操作方法　如果被过滤的溶液具有强酸性或强氧化性，溶液会和滤纸作用而把滤纸破坏，这时可以选用玻璃砂漏斗来过滤。过滤作用是通过熔接在漏斗中部的具有微孔的烧结玻璃片进行的。玻璃砂漏斗的规格根据烧结玻璃片的孔隙的大小不同分为1～6号，其中1号孔隙最大(1～6号的孔隙分别为80～120 μm，40～80 μm，15～40 μm，5～15 μm，2～5 μm，小于2 μm)。可根据不同需要选用相应的玻璃砂漏斗。过滤的操作与减压过滤的操作方法相同。

由于碱会与玻璃作用而使烧结玻璃片的微孔堵塞，所以玻璃砂漏斗不适用于过滤碱性溶液。

玻璃砂漏斗使用后要及时用水洗去可溶物，然后在6 mol/L HNO_3 溶液中浸泡一段时间，再用水洗净。一般不要用 H_2SO_4、HCl 或洗液去洗涤玻璃砂漏斗，否则可能生成不溶性的硫酸盐和氯化物，堵塞烧结玻璃片的微孔。

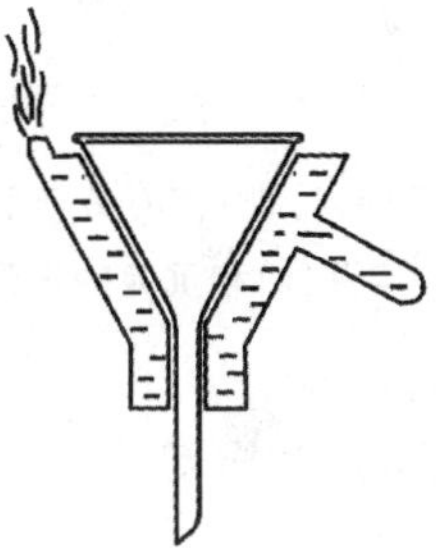

3. 热过滤

如果溶液中的溶质在冷却后会析出，而我们又不希望这些溶质在过滤的过程中析出，这时就需要趁热过滤。为此，在过滤前把漏斗放在蒸汽浴上用水蒸气预热或放在烘箱中预热，减压过滤时需要先把布氏漏斗和吸滤瓶同时预热，然后趁热过滤，这样热的溶液在过滤时就不至于冷却了。常压热过滤时还可用铜质的热漏斗(图1.7.5)。

图1.7.5　热过滤用漏斗

(三) 离心分离法

当被分离的沉淀的量很少时，用一般方法过滤后，沉淀会粘在滤纸上，难以取下；如果沉淀颗粒很小，可能导致难以过滤或者穿滤。遇到上述情况，都可以选用离心分离法进行固液分离。

将盛有沉淀和溶液的离心管放在离心机中高速旋转时，由于受到离心作用，沉淀向离心管的底部移动，而聚集在管底尖端，上面则是澄清溶液。

图1.7.6　台式电动离心机

实验室常用的离心仪器是台式电动离心机(图1.7.6)，转速一般为1～4000 r/min。使用时，将装试样的离心管放在离心机的套管中。为了使离心机旋转时保持平衡，几个离心管要放在对称的位置上；如果只有一个试样，则在对称的位置也要放一支离心管，管内装等量的水。放好离心管后，应把离心机的盖子盖上。操作之前应把变速器放在最低挡，离心时再逐级加速；停止时，也应逐级减小转速直至最小，然后任其自然停止，决不可用手强制停止。

离心机的离心套管一般为塑料制品,管底应有一个橡胶垫,使用前应检查该垫是否存在。另外,热的离心管应在稍冷却后再进行离心分离,以免温度过高造成套管强度下降而导致损坏。

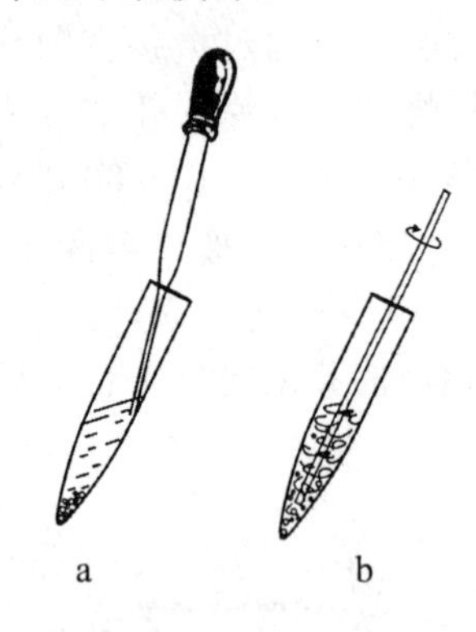

图1.7.7 离心分离后吸出溶液(a)和沉淀的洗涤(b)

离心沉降后需将沉淀和溶液分离时,则用一手斜持离心管,一手拿吸管,用手压吸管的胶头以排除其中的空气,然后按图1.7.7a所示,把吸管伸入离心管,使吸管的末端恰好进入液面。这时慢慢减小对胶头的挤压力量,清液即进入吸管。随着离心管中的清液的减少,吸管应逐渐下移,至全部清液吸入吸管为止。在吸管的末端接近沉淀时,操作要特别小心。最后取出吸管,将清液放入接收容器中。沉淀和溶液分离后,沉淀中仍带有少量溶液,必须经过洗涤,才能得到纯净的沉淀。为此,往盛沉淀的离心管中加入适量的去离子水或其他做洗涤用的溶液,用玻璃棒充分搅拌后(如图1.7.7b),再进行离心沉降。之后用吸管将上层清液吸出。通常需要洗涤2~3次。洗涤时,每次洗涤剂的用量约为沉淀体积的2~3倍。

(四) 沉淀的洗涤

沉淀和溶液分离后一般需要洗涤。因为通过过滤分离固体和溶液后,往往有少量溶液仍存留于沉淀中。如果过滤的目标物是溶液,那么部分溶液存在于沉淀中将降低实验的收率;如果过滤的目标物是沉淀,那么部分母液存留在沉淀中,会使母液中的杂质离子吸附在沉淀上,将降低产物的纯度。因此,沉淀和溶液分离后一般都需要进行洗涤。

洗涤之前需明确以下三点:

(1) **洗什么** 即明确沉淀中包含何种杂质离子或溶液中有哪些成分。

(2) **用什么洗** 即洗涤剂的选择。如果分离的目的是保留沉淀,则要洗去杂质,因此应选用只溶解杂质但不溶(或微溶)沉淀的溶剂做洗涤剂;如果分离的目的是保留溶液,则要尽可能多地回收被沉淀吸附的溶液,因此应选与母液互溶但基本不溶沉淀的溶剂。

(3) **怎么洗** 在选定洗涤剂后,一般采用少量多次的洗涤方法。

为确保洗涤的效果,通常要对滤液用特定的方法进行定性检验。例如,沉淀中要被洗涤的是Cl^-,那么就可以选择$AgNO_3$溶液来检验洗涤的程度;如果被洗涤的是SO_4^{2-},那么可以用$BaCl_2$来检验洗涤的程度。

1.8 溶解与结晶

(一) 固体的溶解

固体的颗粒较大时,在溶解前应先进行粉碎。固体的粉碎应在干燥、洁净的研钵中进行。研钵中所盛固体的量不要超过研钵容量的 1/3。

溶解固体时,常用搅拌、加热等方法加快溶解速度。加热时应注意被加热物质的稳定性,选用不同的加热方法。

(二) 蒸发与浓缩

蒸发浓缩一般在水浴上进行,若溶液太稀,也可先放在石棉网上直接加热蒸发,再放在水浴上加热蒸发。蒸发速度的快慢不仅与温度的高低有关,而且与被蒸发液体的表面大小及浓度有关。常用的蒸发容器是蒸发皿,它能使被蒸发的液体有较大的表面,有利于蒸发的进行。蒸发皿内所盛液体的量不应超过其容量的 2/3。当溶液中有大量溶质析出时,还应该用玻璃棒不停地进行搅拌,以免溶液飞溅,并不断把在蒸发皿壁上的结晶转移到溶液中。

随着水分的不断蒸发,溶液逐渐被浓缩,浓缩到什么程度,则取决于溶质溶解度的大小及结晶时对浓度的要求。如果溶质的溶解度较小或其溶解度随温度变化较大,则蒸发到一定程度即可停止;如果溶解度较大,则应蒸发得更浓一些。另外,如结晶时希望得到较大的晶体,就不宜浓缩得太浓。

(三) 重 结 晶

重结晶是提纯固体物质的重要方法之一。它主要是利用不同化合物在某溶剂中溶解度不同,达到分离提纯的目的。一般是选用适当的溶剂,使温度升高时产品在其中溶解度增大,温度降低时产品溶解度减小,而杂质在其中不论温度高低溶解度都较大,或者不溶。把待提纯的物质溶解在适当的溶剂中,滤去不溶物后,进行蒸发浓缩。浓缩到一定浓度的溶液,经冷却就会析出溶质的晶体。析出晶体颗粒的大小与条件密切相关。一般情况下,结晶速度越快结晶颗粒越小,反之则结晶颗粒越大。导致结晶速度快的原因有:溶液的过饱和度较高、溶质的溶解度较小、冷却速度较快、搅拌溶液、摩擦器壁等,这些因素都能使析出的晶体较小。如果溶液浓度刚刚超过过饱和度,投入一小粒晶种后静置溶液,缓慢冷却(如放在温水浴上冷却),就可能得到较大的晶体。

晶体颗粒的大小要适当。颗粒较大且均匀的晶体挟带母液较少,易于洗涤。晶体太小且大小不匀时,能形成稠厚的糊状物,挟带母液较多,不易洗净;只得到几粒大晶体时,母液中剩余的溶质较多,影响产率。所以,结晶颗粒大小适宜且较为均匀有利于物质的提纯。如果剩余母液太多,还可再次进行浓缩、结晶,但这次所得晶体的纯度不如第一次高。

当结晶一次所得物质的纯度不合要求时,可以重新加入尽可能少的溶剂溶解晶体,经蒸发后再进行结晶。这样可以提高晶体的纯度,当然产率会降低一些。

1.9 试纸的使用

在实验室经常使用试纸来定性检验一些溶液的性质或某些物质是否存在。试纸操作简单,使用方便。

(一) 试纸的种类

试纸的种类很多,实验室常用的有:pH试纸、醋酸铅试纸和碘化钾-淀粉试纸。

1. pH试纸

pH试纸在实验室中用来检验溶液的pH。一般有两类:一类是广泛pH试纸,变色范围在pH=1~14,用来粗略检验溶液的pH。另一类是精密pH试纸,这种试纸在pH变化较小时就有颜色的变化。它可用来较精细地检验溶液的pH。这一类试纸有很多种,如变色范围在pH=2.2~4.7,3.8~5.4,5.4~7.0,6.9~8.4,8.2~10.0,9.5~13.0等等。

2. 醋酸铅试纸

用以定性地检验反应中是否有H_2S气体产生(即溶液中是否有S^{2-}离子存在)。试纸曾在$Pb(Ac)_2$溶液中浸泡过。使用时要用去离子水润湿试纸,将待测溶液酸化。如有S^{2-}离子,则生成H_2S气体逸出,遇到试纸,即溶于试纸上的水中,然后与试纸上的$Pb(Ac)_2$反应,生成黑色的PbS沉淀:

$$Pb(Ac)_2 + H_2S \xlongequal{} PbS\downarrow + 2HAc$$

使试纸呈黑褐色并有金属光泽(有时颜色较浅,但一定有金属光泽,这是很特征的)。若溶液中S^{2-}的浓度较小,用此试纸就不易检出。

3. 碘化钾-淀粉试纸

用以定性地检验氧化性气体,如Cl_2、Br_2等。试纸曾在碘化钾-淀粉溶液中浸泡过。使用时要用去离子水将试纸润湿。氧化性气体溶于试纸上的水后,将I^-氧化为I_2:

$$2I^- + Cl_2 \xlongequal{} I_2 + 2Cl^-$$

I_2随即与试纸上的淀粉作用,使试纸变为蓝紫色。

要注意的是,如果氧化性气体的氧化性很强且气体浓度较大,则有可能将I_2继续氧化成IO_3^-,而又使试纸褪色。这时不要误认为试纸没有变色,以致得出错误结论。

(二) 试纸的使用方法及注意事项

1. 试纸的使用方法

(1) **pH 试纸** 将一小块试纸放在点滴板上,用沾有待测溶液的玻璃棒点试纸的中部,试纸即被待测溶液润湿而变色。不要将待测溶液滴在试纸上,更不要将试纸泡在溶液中。试纸变色后,应尽快与色阶板或比色卡比较,得出 pH 或 pH 范围。

注意:广泛 pH 试纸和不同范围的精密 pH 试纸均采用不同的标准色阶板。

(2) **醋酸铅试纸与碘化钾-淀粉试纸** 将一小块试纸润湿后粘在玻璃棒的一端,然后用此玻璃棒将试纸放到试管口,如有待测气体逸出则变色。有时逸出的气体较少,可将试纸伸进试管,但要注意,勿使试纸接触管壁和溶液。

2. 使用各种试纸的注意事项

使用试纸时要注意节约,应将试纸剪成小块,每次用一块。

取出试纸后,应将装试纸的容器盖严,以免被实验室内的一些气体污染而失效。

1.10 其 他

(一) 保干器的使用

已干燥但又易吸水或需要长时间保持干燥的固体,应放在保干器内。保干器(或称干燥器)的下部装有干燥剂(常用的有变色硅胶、无水氯化钙、分子筛等),其上放置一个带孔的圆形瓷板,以承放装固体的容器。保干器的口与盖均带有磨口,使用时在磨口上涂一层很薄的凡士林,可以使盖子更加密封,以防止外界的水汽进入保干器内。打开保干器时,应以一只手轻轻扶住保干器,另一只手沿水平方向移动盖子,以便把它打开或盖上(图 1.10.1)。不能向上拉开,用力过猛可能把保干器内样品打翻。

图 1.10.1 保干器的使用

温度很高的物体(如灼热的坩埚),应稍微冷却(但不必冷至室温)再放进去。放入后,一定要在短时间内再把保干器的盖子打开一两次,一方面防止因保干器内空气受热膨胀崩开盖子,另一方面避免因保干器内的热空气冷却使其中压力降低,而使盖子难以打开。

(二) 点滴板的使用

点滴板是一块上釉的白瓷板,板上有若干个凹槽。

实验中可用点滴板进行点滴反应，即将溶液和试剂滴在凹槽内，观察颜色的变化或有色沉淀的产生。也可将小块的pH试纸放在点滴板上或凹槽内，试验溶液的pH。

使用点滴板时要将其洗净，并用去离子水冲洗。洗后应尽量吹干或晾干，以免进行点滴反应时冲稀溶液。

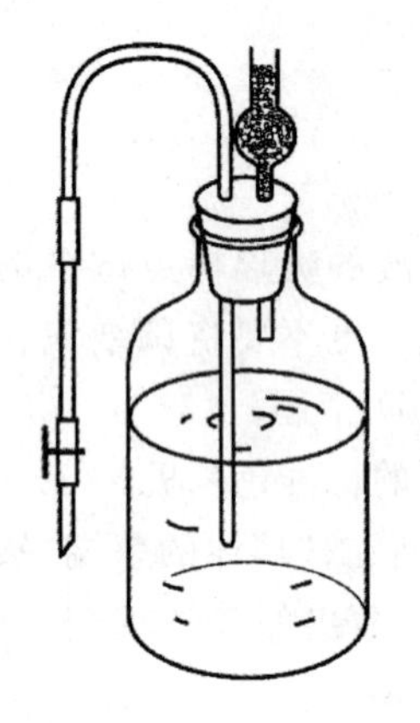

图1.10.2 干燥管的使用

(三) 干燥管的使用

为使仪器内部既与大气相通，又防止空气中的CO_2与水蒸气进入(例如在实验室需较长时间使用NaOH溶液，又要防止其吸收CO_2和水汽)时，常在仪器口装一干燥管，管中装碱石灰[①](图1.10.2)。

① 碱石灰又称钠石灰，是在浓NaOH溶液中加入固体CaO共热而成。

2 仪器和方法

2.1 台秤与分析天平

实验室常用的称量仪器是台秤和分析天平，现分别介绍如下。

(一) 台　　秤

台秤用于粗略的称量。台秤有机械类台秤和电子类台秤两种形式。机械台秤利用杠杆平衡原理，而电子台秤利用压力传感器原理。最大载荷为 100 g 的机械台秤，能称准至 0.1 g(即感量为 0.1 g)；最大载荷为 200 g 的机械台秤，能称准至 0.2 g(即感量为 0.2 g)；最大载荷为 500 g 的机械台秤，能称准至 0.5 g(即感量为 0.5 g)。与机械台秤相比，电子台秤有更大的常量范围(几十克至几公斤)，且具有响应时间快(<1 s)、平衡时间短、称量准确度高(可称准至 0.01 g)等优点，目前在实验室中常使用电子台秤。

1. 机械台秤使用方法

机械台秤的横梁架在台秤座上(见图 2.1.1)，横梁左右有两个称盘，横梁中部的上面有指针(有的在下面)。根据指针在刻度盘前摆动的情况，可看出台秤的平衡状态。称量前，要先校准台秤的零点(即未放物体时，台秤的指针指在零点)。如果指针未指零点，可用两边(也有在中间)的平衡调节螺丝来调节。称量时，把被称物品放在左盘上，砝码放在右盘上。添加 10 g 以下的砝码时，可移动标尺上的游码。当指针最后的停点(即达到平衡时指针在刻度盘上指示的位置)与零点符合时(可以偏差 1 小格以内)，砝码的质量就是要称量物品的质量。

图 2.1.1　机械台秤

2. 电子台秤使用方法

(1) **电子台秤的面板结构**　一般电子台秤的面板如图 2.1.2 所示。称量时常用的键有开启键(ON)、关闭键(OFF)和清零键(TARE)。

(2) **电子台秤操作**　以 JA21002 型电子天平为例，其他型号类似。具体操作如表 2.1.1 所示。

图 2.1.2　电子台秤

1. 称盘；2. 显示屏；3. ON：开启键；4. OFF：关闭键；5. T(或 TARE)：除皮/调零键；6. CAL：校准键；7. PRT：打印键；8. ASD：灵敏度调整键；9. INT：积分时间调整键；10. COU：点数功能键

表 2.1.1　JA21002 型电子天平的操作流程

项　目	操　作	显　示	说　明
开机	接通电源		
	调整水平		
	按“ON”键	8.8.8.8.8.8.	自校
		—21002—	显示天平型号
		0.00 g	显示称量模式
校准*	按“T”键	0.00 g	使天平回到零状态
	按“CAL”键	—1000—	闪烁，校准准备状态
	将 1000 g 标准砝码放上称盘	------	天平正在校准状态
		1000.00 g	校准完毕
	移去砝码	0.00 g	已进入称量状态
称量	测量样品质量		须等显示器左下角的“o”消失才可读数
关机	按“T”键	0.00 g	使天平回到零状态
	按“OFF”键		关机

* 仪器的校准通常由实验室技术人员操作，学生实验时一般只做开机、称量和关机的操作。

(3) **电子台秤使用注意事项**

● 称量固体药品不能直接放在托盘上，要放在称量用纸上；称量潮湿或具有腐蚀性的药品时，应放在玻璃容器(表面皿、称量瓶、锥形瓶等)中。

● 不能称量热的物品。

● 称量完毕后，应按“T”键(或“TARE”键)清零。

● 应经常保持台秤的整洁，洒落的试剂应用毛刷及时清除。

- 称量物品时须轻拿轻放,以免造成台秤的损坏。
- 实验结束时应拔去电源插头,在拔去电源时称量盘上必须保持空载。

(二) 分析天平

分析天平是进行准确称量时最常用的仪器,也可分为机械类和电子类。前者可再细分为普通分析天平、空气阻尼天平、半自动电光天平、全自动电光天平、单盘天平等。这些天平在构造和使用方法上有所不同,但基本原理是相同的,都是利用杠杆平衡原理。普通化学实验室常用的分析天平的最大载荷一般为200～220 g,感量为0.0001 g,能满足一般定量分析的准确度要求。机械天平的最大优点是构造直观、较易察错,缺点是操作较繁杂、费时长。

电子天平(如图2.1.3所示)种类也很多,按传感器可划分为电磁传感器、电感式传感器、电容式传感器、应变片传感器4种类型。前三种类型的电子天平都采用了现代电子技术,利用电磁平衡的原理进行称量。电磁类传感器性能最好,常用于高准确度电子天平(准确度达到二百万分之一);电感式传感器常用于制作中高准确度电子天平;应变片和电容式传感器常用于中低准确度电子天平。电子天平按其称量准确度,可分为千分之一天平(感量为0.001 g)、万分之一天平(感量为0.0001 g)和十万分之一天平(感量为0.00001 g)。它们的最高载重量一般为2～200 g。与机械天平相比,电子天平具有响应时间快、平衡时间短等优点。电子天平的最大优点是操作简便、快捷;缺点是不易察错。

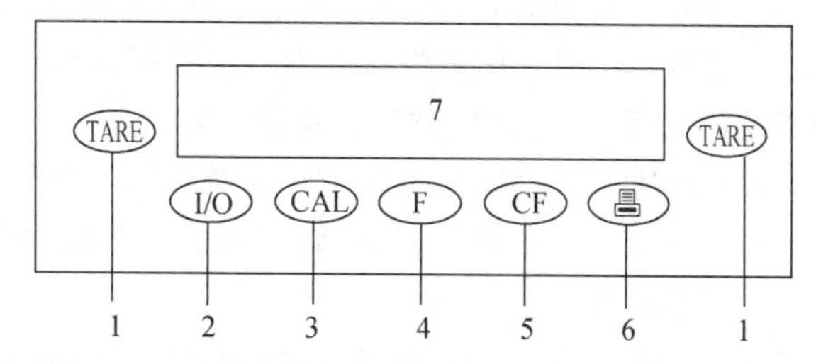

图 2.1.3 电子天平

1. 除皮/调零键;2. 开关键;3. 调校键;4. 功能键;5. 清除键;6. 打印键;7. 显示器;8. 水平仪(天平后面)

目前机械天平正逐步被电子天平所取代。下面以BS224S型电子天平为例介绍其工作原理和使用方法。

1. 工作原理

电磁传感器电子天平主要由电源、电磁传感器、键盘和显示器、控制电路等几部分组成,其中的核心部件是传感器。天平空载时,电磁传感器处于平衡状态,加载后传感器的电磁性能发生改变。该变化量经微处理器处理后,可控制电磁线圈的电流大小,使电磁传感器重新处于平衡状态,同时,微处理器将使电磁传感器平衡的电流变化量转变为质量数字信号,在显示屏上显示出来。

为进一步提高天平的可靠性和可操作性,现代电子天平还附加了许多功能,如除皮、自动校准、四级防震、动态温度补偿、超载保护、全自动故障诊断等,并增加了计数称量、动物称量、百分比称量、净质量求和、19种单位换算等多种应用程序。这些功能使称量准确性更高、速度更快、读数更稳、温度影响更小。

2. 面板结构

一般电子天平的面板结构如图2.1.3所示。称量时常用的键为开关键(I/O)和除皮/调零键("TARE"键)。

3. 称量操作

(1) **天平水平调节** 调整天平下部底座螺栓的高度,使水平仪内的气泡位于中央。

(2) **开机** 接通电源,按开关键。

(3) **预热** 天平在初次接通电源时或长时间断电后,至少应预热20分钟。

(4) **称量** 按下"TARE"键,将样品置于天平称量台上,关闭天平门,观察天平显示屏,待显示屏上出现提示符号"g"时,记录样品质量。打开天平门,取出样品,关闭天平门,观察显示屏,此时显示屏应显示回零。

(5) **关机** 天平清零后,按下开关键,即关闭天平,关机后应将天平电源插头拔下。注意,电子天平可以长时间工作,且需要预热,因此电子天平不宜频繁开、关机。实验开始时打开,实验全部结束后关机,中间不要关机。

4. 称量方法

用天平进行称量时,一般可采用直接法、差减法、增量法及减量法。

(1) **直接法** 用来称量没有吸湿性的试样,如金属片、合金片等。称量时将试样放在洁净干燥的表面皿上或称量纸上,直接读数。

(2) **差减法** 取适量样品置于一洁净干燥的容器(对固体试样常用称量瓶,液体试样可用滴瓶),在天平上准确称量后,转移出欲称样品,再次准确称量,两次称量读数之差即为所称取样品的质量。

(3) **增量法** 洁净干燥的容器放在天平上,待显示平衡后按"TARE"键扣除皮重,并显示零点,然后往容器中缓慢加入试样,至达到所需质量。

(4) **减量法** 当用不干燥的容器称取样品时,不能用增量法。可将盛有样品的器皿放在天平上,显示稳定后,按"TARE"键使显示为零,转移出一定量样品后,再放在天平上称量,所显示质量(不管"-"号)达到要求,即可记录称量结果。

5. 注意事项

(1) 称量样品时,应当把一侧天平门完全打开,以免手或物品碰到天平门发生物品的洒落。

(2) 在读数时应关闭所有天平门,以免影响读数的稳定性。

(3) 如果发生试剂洒落,应用毛刷清扫称量台及天平内部。

(4) 不能将潮湿的样品和容器放入天平称量。如需称量溶液,则必须使用密闭容器进行称量。

6. 天平的维护

(1) 天平室应不受阳光直射,保持干燥,并不受腐蚀性气体的侵蚀。

(2) 天平台应坚固而不受振动。

(3) 应定期对天平进行清扫,及时清除洒落的物品。

(4) 如天平出现问题,应立即与教师联系,不要擅自处理。

2.2 PHS-3B 型酸度计

酸度计(也称 pH 计)是测量溶液 pH 最常用的仪器,其优点是使用方便、测量迅速。普通化学实验室常用的酸度计有雷磁 25 型、PHS-2 型和 PHS-3 型等。它们的原理相同,结构略有差别。下面主要介绍 PHS-3B 型酸度计。

(一) 基本原理

酸度计是利用电位测定法进行测量的,除测量 pH 外,还可以测量电池的电动势(V)。它由测量电极、参比电极和电动势测量系统所组成。现在常用的复合电极就是由测量电极和参比电极复合而成。pH 的测量是将测量电极与参比电极一起浸在被测溶液中,组成一个原电池:

测量电极|待测溶液‖参比电极

由于在一定温度下参比电极的电极电势是定值,且不随溶液 pH 的变化而改变,而测量电极(这里是玻璃电极)的电极电势随溶液 pH 的变化而改变,所以它们组成的电池的电动势就只随溶液的 pH 而变化。设电池电动势为 E,则 25℃时,

$$E = \varphi_{参比} - \varphi_{玻璃} = \varphi^{\ominus}_{参比} - \varphi^{\ominus}_{玻璃} - 0.0591\lg[H^+]$$
$$= \varphi^{\ominus}_{参比} - \varphi^{\ominus}_{玻璃} + 0.0591\mathrm{pH}$$

式中 $\varphi^{\ominus}_{玻璃}$ 是玻璃电极的仪器常数,随玻璃膜和膜内 H^+ 浓度不同而异。在用酸度计测量前,先用已知 pH 的标准缓冲溶液通过仪器的“定位”补偿器进行定位校准。这样上式可写成

$$E = 常数 + 0.0591\mathrm{pH}$$

在测量时可以通过酸度计上的显示器直接读出所测溶液的 pH。

(二) 仪器的构造

1. 参比电极

参比电极有很多种,最常用的是饱和甘汞电极(SCE)(图2.2.1a)。它由金属汞、固体甘汞(Hg_2Cl_2)、氯化钾饱和溶液组成,其电极反应是

$$Hg_2Cl_2+2e = 2Hg+2Cl^-$$

饱和甘汞电极的电极电势不随溶液pH的改变而变化。在一定温度下,它的电极电势是不变的,如25℃时为0.241 V。

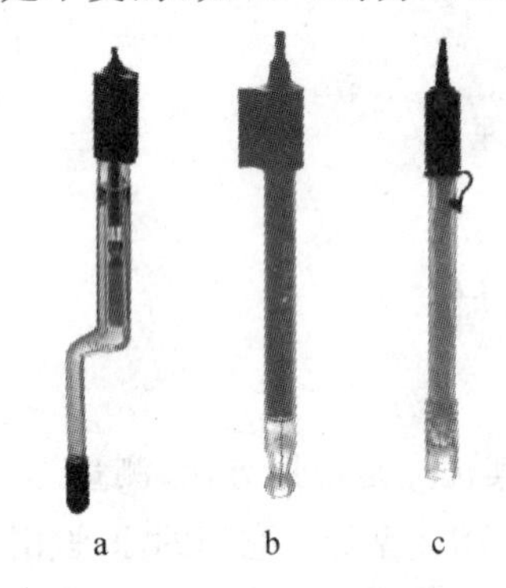

图2.2.1 饱和甘汞电极(a)、玻璃电极(b)和pH复合电极(c)

2. 玻璃电极

玻璃电极(图2.2.1b)是pH计的H^+浓度指示电极。它的主要部分是头部的球泡,由对H^+特殊敏感的玻璃薄膜组成,薄膜厚度约为0.2 mm,玻璃球泡内部装有pH一定的缓冲溶液(通常pH=1),其中插入一根表面镀有AgCl的Ag电极(又称Ag-AgCl电极)。将它浸入被测溶液时,由于玻璃膜内外两侧溶液的pH不同,即产生一定的膜电势。当球泡内部溶液的pH固定时,则膜电势随球泡外溶液的pH不同而变化。

玻璃电极具有以下优点:

(1) 使用方便。

(2) 可用于测量有颜色的、混浊的或胶体溶液的pH。

(3) 测量时,pH不受氧化剂或还原剂的影响。

(4) 所用溶液较少,测量时不破坏溶液本身,测量后溶液仍能使用。

它的缺点是头部球泡非常薄,容易破损。使用时应注意避免与烧杯等容器发生机械碰撞,切不可以把玻璃电极当做搅棒使用。

3. 复合电极

pH复合电极是将pH玻璃电极与外参比电极结合在一起的新型酸度计电极(图2.2.1c),实验室最常用的是E-201C-Q9型塑壳可充式pH复合电极。电极使用后应立即用去离子水清洗,并浸泡在3 mol/L KCl溶液中存放。复合电极具有使用方便、响应快速的特点。

复合电极的使用及维护应注意以下事项:

(1) 复合电极较长时间(几周内)不用时,应浸泡在3 mol/L的KCl溶液中;如很长时间不用(几个月以上),应用去离子水清洗后,套上电极保护帽存放。

(2) 长时间不用的电极在重新使用之前,请先将电极浸泡在3 mol/L的KCl溶液中10小时以上,使电极恢复活性。

(3) 复合电极的旋转插头是高阻抗部件,禁止被水等液体浸泡或蒸汽等潮湿空气侵

蚀,必须保持清洁和干燥,绝对禁止输出两端短路。

4. 仪器构造

PHS-3B 型酸度计及其后面板的构造示意图见图 2.2.2。

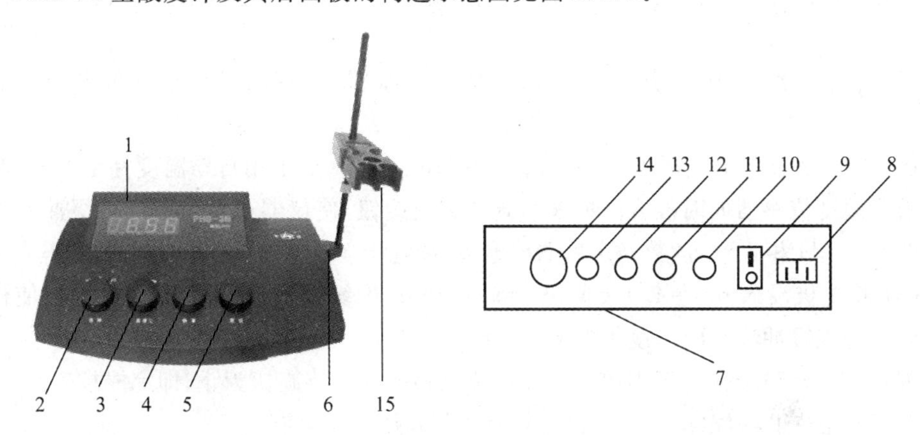

图 2.2.2 PHS-3B 酸度计

1. 显示屏;2. 选择开关旋钮(pH、mV、℃);3. 温度补偿调节旋钮;4. 斜率补偿调节旋钮;5. 定位调节旋钮;6. 电极梗插座;7. 仪器后面板;8. 电源插座;9. 电源开关;10. 保险丝;11. 手动、自动转换开关;12. 测温传感器插座;13. 参比电极接口;14. 测量电极插座及短路插头;15. 电极夹

(三) 仪器的操作方法

1. 仪器的安装

将复合电极接头旋入酸度计后面板的电极插座上,调节电极夹到适当的位置,把电极固定在电极夹上。

将电极插头和电源线插入相关插座(图 2.2.2 中 8,14)。

2. 仪器的准备

(1) **开机** 按下电源开关(9),电源接通后,预热 30 分钟。

(2) **自动温度补充的使用** 将后面板转换开关(11)置于自动位置,仪器就进入 pH 自动温度补偿状态。此时手动温度补偿不起作用。

(3) **手动温度补偿的使用** 将温度传感器拔去,后面板转换开关(11)置于手动位置,将仪器选择开关(2)置于"℃",调节温度调节旋钮(3),使数字显示值与被测溶液中温度计显示值相同,仪器将该温度信号送入 pH-t 混合电路进行运算,从而达到手动温度补偿的目的。

(4) **溶液温度的测量** 将温度传感器插入溶液,选择开关(2)置于"℃",数字显示值即为温度传感器所测量的温度值。

3. 校正

酸度计使用前先要校正。一般说来,仪器在连续使用时,每天只校正一次即可。

(1) 将仪器后面的转换开关置于手动位置，将仪器选择开关置于“℃”，调节温度旋钮，使面板数字显示值为室温。

(2) 将选择开关旋钮调节到 pH 挡，斜率调节旋钮顺时针旋到底(即调到 100%位置)。

(3) 取下电极保护套，用去离子水冲洗电极球部，之后用滤纸小心将电极上的水吸干。

(4) 将清洗过的电极浸入 pH=6.86 的缓冲溶液中(如采用自动温度补偿方式，则需将电极及温度传感器同时浸入缓冲液)，调节定位旋钮，使仪器显示读数与该缓冲溶液当时温度下的 pH 相一致，读数稳定后取出电极，冲洗干净并将水吸干。

(5) 将电极浸入 pH=4.00(或 pH=9.18)的标准缓冲溶液中，调节斜率旋钮使仪器显示读数与该缓冲液当时温度下的 pH 一致。

重复(4)～(5)步骤直至不用再调节定位或斜率两调节旋钮为止，即完成校正。

注意：经校正后，定位调节旋钮及斜率调节旋钮不应再有变动。

校正的缓冲溶液第一次应该用 pH=6.86 的溶液。第二次应该用接近被测溶液 pH 的缓冲液，如被测溶液为酸性时，缓冲溶液应选 pH=4.00；如被测溶液为碱性时则选 pH=9.18 的缓冲溶液。缓冲溶液的 pH 与温度的对照关系见表 2.2.1。

表 2.2.1　缓冲溶液的 pH 与温度关系对照表

温度/℃ \ pH \ 缓冲溶液种类	酸性缓冲溶液	中性缓冲溶液	碱性缓冲溶液
5	4.01	6.95	9.39
10	4.00	6.92	9.33
15	4.00	6.90	9.27
20	4.01	6.88	9.22
25	4.01	6.86	9.18
30	4.02	6.85	9.14
35	4.03	6.84	9.10
40	4.04	6.84	9.07
45	4.05	6.83	9.04
50	4.06	6.83	9.01
55	4.08	6.84	8.99
60	4.10	6.84	8.96

4. 测量

用去离子水将电极清洗干净，用滤纸轻轻将电极上的水吸干，然后将电极浸入待测溶液中，轻摇烧杯，待读数稳定后，读取溶液的 pH。测量后，将电极清洗干净，并立即浸泡在 3 mol/L 的 KCl 溶液中。

5. 注意事项

(1) 仪器的各个输入和输出端都必须保持干燥清洁。仪器不用时，将短路插头插入插座，防止灰尘及水汽侵入。在环境温度较高的场所使用时，应把电极插头用干净纱布擦干。

(2) 温度传感器采用 Pt100 线性热敏电阻，切勿敲击或摔碰。

(3) 旋转各种旋钮时切勿用力过大，以防止移动紧固螺丝位置，造成误差。

(4) 电极在测量前必须用已知 pH 的标准缓冲溶液进行校正，所用标准缓冲溶液的 pH 应与被测溶液相近。

(5) 使用时，应避免电极的玻璃泡与任何硬物接触，即使是滤纸的摩擦也会使电极失效。

(6) 测量时，电极的引入导线应保持静止，否则会引起测量不稳定。

(7) 测量后，应及时将装有 3 mol/L KCl 溶液的电极保护套套在清洗过的电极上。

(8) 电极应尽量避免与各种有机物接触。

(9) 电极应避免长期浸泡在去离子水及待测液中。

(10) 电极外壳是用聚碳酸树脂制成的，其溶解后极易污染敏感玻璃球泡，从而使电极失效，因此，不能使用复合电极测量四氯化碳、三氯乙烯、四氢呋喃等能溶解聚碳酸树脂的溶液。

2.3 722 型分光光度计

根据物质对光的选择性吸收的原理来测定物质浓度的仪器即分光光度计，它有许多种，其中单光束分光光度计有 72 型分光光度计、721 型分光光度计、722 型分光光度计、751 型紫外-可见分光光度计等。本书着重介绍普通化学实验室常用的 722 型分光光度计，它的优点是灵敏度较高，操作简便、快速。

(一) 基本原理

光线通过有色溶液时，溶液中的吸光物质(溶质)能吸收其中一部分光。物质对光的吸收是有选择性的，一种物质对不同波长的光吸收程度不同。设 I_0 为入射光强度，I_t 为透过光强度，则 I_t/I_0 为透光率。一般将 $\lg(I_0/I_t)$ 定义为吸光度，以 A 表示。

朗伯-比尔(Lambert-Beer)定律指出：一束单色光通过溶液时，溶液的吸光度 A 与溶液的浓度、液层厚度成正比。即

$$A=\varepsilon cl$$

式中 c 为溶液浓度;l 为液层厚度;ε 为摩尔吸光系数,它取决于入射光波长与吸光物质的性质。当入射光波长一定时,某吸光物质的 ε 值就是一个定值。因此,由上式可以看出,当液层厚度一定时,吸光度只与溶液浓度成正比。

分光光度法就是以朗伯-比尔定律为基础建立起来的分析方法。它用玻璃棱镜或光栅将白光散射开来,再通过狭缝得到不同波长的单色光,将单色光通过待测溶液,并使透过光照射在光电池(或光电管)上进行光电转换,即可在检流计上直接读出吸光度或透光率。一般在测定样品前,常测量一系列已知准确浓度的标准溶液的吸光度,画出吸光度-浓度曲线,称为标准曲线或工作曲线。测量样品的吸光度,就可在标准曲线上找到相应的浓度。

由于吸光物质对不同波长的光具有选择性吸收,所以实验时要选定吸收最大的波长,以此波长的光为入射光可以提高测定的灵敏度和准确度。

(二) 仪器的构造

1. 仪器的组成部分

722型分光光度计由稳压电源(现一般与控制电路集成在一起)、光源(碘钨灯)、分光系统(光栅)、样品室、光电检测及放大系统(光电转换及放大)、数据输出系统(屏幕显示和打印)等6部分组成。光源发出的光经分光系统分光后获得单色光,单色光穿过样品,透过光被光电检测系统接收、转换和放大,最后输出检测数据。

2. 仪器的光学系统

722型分光光度计的光路如图2.3.1所示。

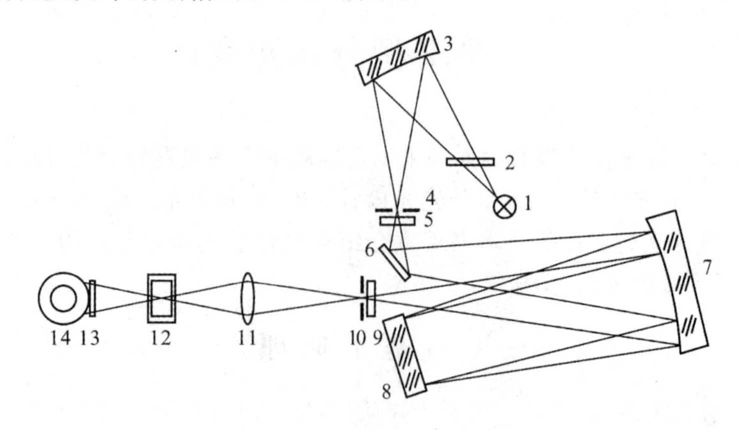

图2.3.1 722型分光光度计的光路

1. 钨灯光源;2. 滤光片;3. 聚光镜;4. 入光狭缝;5. 保护玻璃;6. 反射镜;7. 准直镜;8. 光栅;9. 保护玻璃;10. 出光狭缝;11. 透镜;12. 比色皿;13. 光门;14. 光电转换系统

光源(1)发出的光经过滤光片(2)、聚光镜(3)、入光狭缝(4)、反射镜(6)和准直镜(7)

后成为平行光照射到光栅(8)上,经光栅色散后的各种波长的单色光经准直镜(7)进入出光狭缝(10),再经透镜(11)聚光在比色皿(12)上。透过比色皿的光被光电转换系统(14)吸收和转换后输出。

3. 测光系统及比色皿定位装置

单色光通过盛有被测溶液的比色皿后,照射在光电转换系统(14)上。根据朗伯-比尔定律,溶液的浓度越大或者液层越厚,则透过光的强度越低,光电管根据透过光的强度产生相应的光电流。因为强光的长期照射会使光电管疲劳而影响使用寿命,所以在光电管的前面装有一个光门(13),光门只有在关上样品室门后才打开,用以保护光电管。

样品室中可固定放置4个比色皿,每个位置都可以推入或拉入光路。常用比色皿有5 mm、10 mm、20 mm、30 mm等不同厚度。对于相同规格的比色皿,其透光率相差不应大于0.5%。

4. 仪器面板和操作键

722型分光光度计的面板和操作键见图2.3.2。

当仪器处于浓度直读方式(C)时,用“100%T”键(加)和“0%T”键(减)调整显示器上的参数与标准样品浓度值相同。

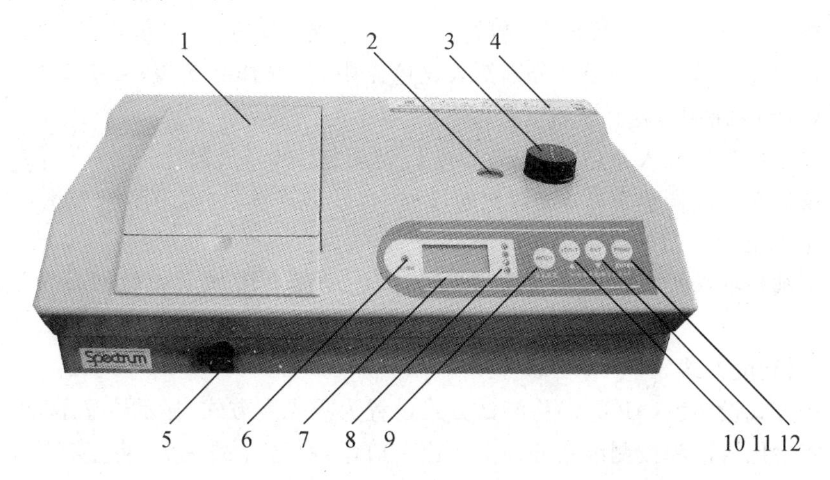

图2.3.2　722型分光光度计

1. 样品室(放置装样品的比色皿);2. 波长显示;3. 波长调节旋钮;4. 简易操作说明;5. 比色皿拉杆(调整待测样品的位置);6. 工作状态灯;7. 数字显示仪;8. 测试方式灯(显示当前测试方式,A:吸光度;T:透射比;C:浓度直读);9. MODE键(方式设定键,用于设置测试方式);10. 100%T键(用于调整100%透射比);11. 0%T键(用于调整零透射比);12. PRINT键(打印键。当使用浓度直读方式时也是参数输入确认键)

(三)仪器的操作方法

722型分光光度计的操作可简化为以下几个步骤:

1. 仪器的准备

(1) **开机前的准备** 确认仪器样品室内是否有物品挡住光路,以免影响仪器自检或造成仪器故障。

(2) **开机** 打开电源开关,预热20分钟。仪器接通电源后即进入自检状态,自检结束后仪器自动停在吸光度测试方式。

(3) **波长设置** 用波长调节旋钮(3)将波长调至所用波长。

(4) **调零** 打开样品室盖,将挡光体插入比色皿架,并将其置于光路中。盖好样品室盖,按"0%T"键(11)调透射比为零。

(5) **调满度(100%透射比)** 取出挡光体,盖好样品室盖,按"100%T"键(10)调透射比为100%。

(6) **设置测试方式** 可分为透射比方式、吸光度方式和浓度直读方式3种。

2. 测试样品

(1) **透射比方式**

● 按方式设定键(MODE)将测试方式设置为透射比方式,显示器显示"XXX. X";

● 将参比溶液和被测溶液分别倒入比色皿中,打开样品室盖,将盛有溶液的比色皿分别插入比色皿槽中,盖上样品室盖;

● 将参比溶液推入光路中,按"100%T"键调整100%透射比;

● 仪器在自动调整100%透射比的过程中,显示器显示"BLA",当100%透射比调整完成后,显示器显示"100.0%T";

● 将被测溶液推入或拉入光路中,此时,显示器上所显示读数即是被测样品的透射比。

(2) **吸光度方式**

● 按方式设定键(MODE)将测试方式设置为吸光度方式,显示器显示"X. XXX";

● 将参比溶液和被测溶液分别倒入比色皿中,打开样品室盖,将盛有溶液的比色皿分别插入比色皿槽中,盖上样品室盖;

● 将参比溶液推入光路中,按"100%T"键调整吸光度为零;

● 将被测溶液推或拉入光路中,此时显示器上显示被测样品的吸光度。

(3) **浓度直读方式**(需已知标准样品的浓度值)

● 按方式设定键(MODE)将测试方式设置为浓度直读方式,显示器右侧"C"指示灯亮;

● 将参比溶液、标准溶液和被测溶液分别倒入比色皿中,打开样品室盖,将盛有溶液的比色皿分别插入比色皿槽中,盖上样品室盖;

● 将参比溶液推入光路中，按“100%T”键调整吸光度为零；

● 按参数设置键（“100%T”和“0%T”键），直至显示器上显示的参数与标准样品的浓度值相等；

● 按确认键（PRINT）将设置的参数输入仪器；

● 将被测样品推或拉入光路中，此时显示器上显示被测样品的浓度值。

3. 注意事项

（1）测试波长改变后应重新调零或调100%透射比。

（2）为确保测试结果的准确度，比色皿内的溶液面高度不应低于25 mm。

（3）被测样品中不能有气泡和漂浮物，否则会影响测试的准确度。

（4）一般情况下，标准样品放在样品架的第一个槽位中。

（5）被测样品的测试波长在340～1000 nm范围内时，建议使用玻璃比色皿；被测样品在190～340 nm范围内时，建议使用石英比色皿。

（6）比色皿有透光面和毛玻璃面，在使用时要将透光面对准光路。在测定过程中，勿用手触摸比色皿透光面，透光面上不能有指印、溶液痕迹，否则会影响测试的准确度。

（7）用分光光度计进行测试，样品的吸光度值在0.1～1.0时，误差小于5%。如样品的吸光度不在此范围内，应调整样品的浓度。

（四）仪器的维护

（1）仪器连续使用不应超过3小时。如果需要长时间连续使用，可在使用3小时后间歇20分钟，再继续使用。

（2）比色皿每次用完后，均要用去离子水洗净，并用镜头纸（不可用滤纸、纱布或其他物品）把外表面擦干，放在比色皿盒内保存。应特别注意保护比色皿的透光面，使它不受损伤和产生斑痕，以免影响透光率。

（3）应注意仪器防潮，仪器的样品室内应放置干燥剂（常用变色硅胶），并经常注意更换。

（4）用完仪器后，应罩上防尘罩。

2.4 直流稳压电源

（一）基本原理

实验室的配电一般都是交流电，需要用直流电时可通过直流稳压电源获得。稳压电源的电路主要由变压、整流、滤波、稳压四部分组成（图2.4.1）。实验室直流稳压电源一般都使用220 V交流电作为电源，经过变压、整流、滤波后输送给稳压电路进行稳压，最终成为稳定的直流电源。

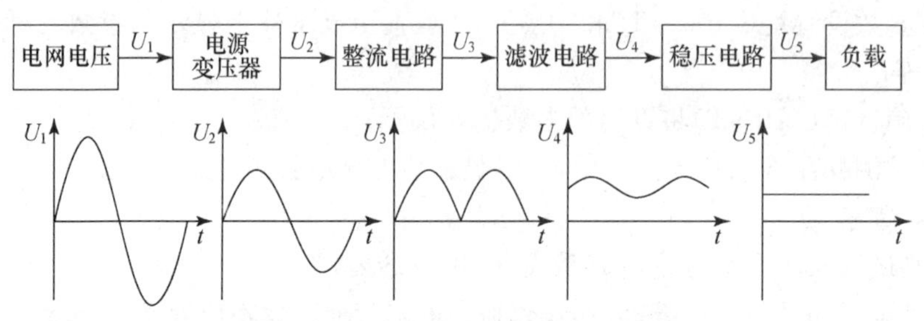

图 2.4.1 直流稳压电源工作原理图

(1) **变压电路** 直流稳压电源使用电源变压器改变输入到次级电路的电压。电源变压器由初级绕组、次级绕组和铁芯组成。初级绕组用来输入电源交流电压,次级绕组输出所需要的交流电压 U_2。

(2) **整流电路** 经过变压器变压后的仍然是交流电,需要转换为直流电才能提供给后级电路,这个转换电路就是整流电路。在直流稳压电源中利用二极管的单项导电特性,将方向变化的交流电整流为直流电 U_3。

(3) **滤波电路** 交流电经过整流后得到的是脉动直流,这样的直流电源由于所含交流纹波很大,不能直接用做电子电路的电源。滤波电路可以大大降低这种交流纹波成分,让整流后的电压 U_4 波形变得比较平滑。

(4) **稳压电路** 整流滤波电路能输出平滑的直流电压,但是当电网电压波动或负载变化时,输出电压会受影响而不稳定,因此还不适应电子电路的要求,必须还要有稳压电路进行稳压 U_5。

除上述组成部分外,有些稳压电源同时还可以输出恒定电流。直流稳压电源的技术指标可以分为两大类:一类是特性指标,如输出电压、电流及相应调节范围;另一类是质量指标,反映一个稳压电源的优劣,包括稳定性、等效内阻(输出电阻)、纹波电压及温度系数等。对稳压电源的性能,主要有以下四方面的要求:

(1) **稳定性好** 当输入电压在规定范围内变动时,输出电压的变化应该很小。

(2) **输出电阻小** 负载变化时(从空载到满载),输出电压应基本保持不变。

(3) **电压温度系数小** 当环境温度变化时,引起输出电压的漂移小。

(4) **输出电压纹波小** 所谓纹波电压,是指输出电压中 50 Hz 或 100 Hz 的交流分量,通常用有效值或峰值表示。经过稳压作用,可以使整流滤波后的纹波电压大大降低。

(二) 仪器的构造

实验室配备的可调式直流稳压稳流电源 GPS-B(图 2.4.2),是一种输出电压与恒流电流连续可调、稳压与稳流可切换的高稳定性直流稳压电源。它的主要性能指标如下:

输入:220 V(±10%),50～60 Hz; 输出:电压 0～30 V,电流 0～2.0 A

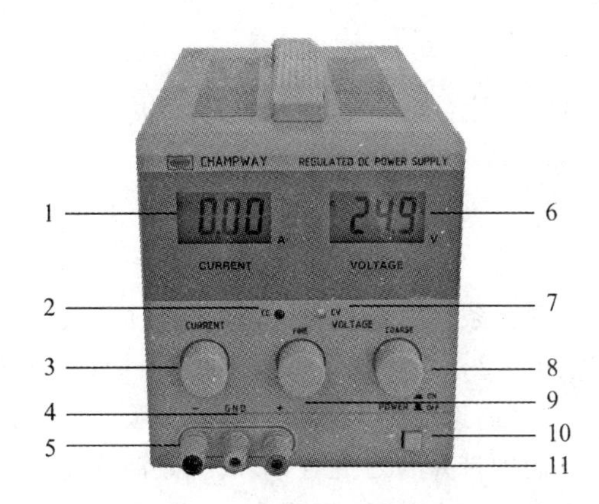

图 2.4.2 直流稳压电源 GPS-B

1. 电流显示；2. 电源指示灯 CC：灯亮时为恒流输出；3. 输出电流调节旋钮：顺时针方向增大，反之减小；4. 接地接线柱；5. 电源输出(－)端；6. 电压显示；7. 电源指示灯 CV：灯亮时为恒压输出；8. 输出电压调节旋钮(粗调)：顺时针方向增大，反之减小；9. 输出电压调节旋钮(细调)：同 8；10. 电源开关：按下为开(ON)，弹出为关(OFF)；11. 电源输出(＋)端

(三) 仪器的操作方法

1. 开机

将负载与稳压电源的输出端正确连接，检查无误后按下电源开关。

2. 作为恒压源使用

将电流调节旋钮顺时针调至最大，调节电压旋钮至所需要的电压值，CV 灯亮，此时稳压电源处于恒压工作状态。如通过负载的电流超过电源输出的最大电流(2 A)时，CC 灯亮，则电源自动进入恒流(限流)状态。随负载电流的增大，输出电压会相应减小。

3. 作为恒流源使用

逆时针方向调节电压调节旋钮，使电压在 0.5～2 V 之间，短路输出接线柱(将输出正负极用电线连接)，调节电流调节旋钮至所需的电流值，断开被短路的输出接线柱，接上负载，CC 灯亮。此时稳压电源处于恒流工作状态，电流为设定值。当负载电流未达到设定电流值时，CV 灯会亮，此时稳压电源作为恒压源使用。

4. 注意事项

(1) 开机前应确认电源电压为 220 V。

(2) 必须使用三芯电源插头和插座。

(3) 仪器接地良好以减少干扰，增加安全性。

(4) 电源输出端与负载应正确连接(极性不能接反)。如负载为有源负载(如蓄电池)，其电压值不应超过稳压电源输出的最高电压，否则可能会损坏稳压电源。

2.5 循环水泵

(一) 基本原理

实验室需要的小规模真空条件一般都靠小型水喷射泵获得。水喷射泵是以水为工作介质的水泵,工作原理如图2.5.1所示。具有一定压力的水,通过喷嘴向吸入室"喉部"高速喷出,形成高速射流;吸入室中的气体被高速射流水强制携带并与之混合,形成气液混合流,进入扩压室,从而使吸入室的压力降低,形成真空,降低了与水泵相连仪器的压强。如果水由水泵循环再利用就成为循环水泵。循环水泵不仅能提供负压条件,而且还能向反应装置提供循环冷却水。循环水泵节水效果明显,目前已经基本取代了老式玻璃喷射泵。

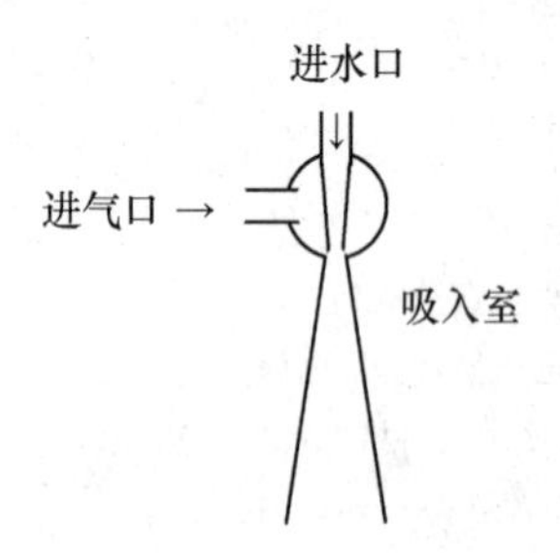

图2.5.1 喷射泵原理图

因为喷射泵以水为工作介质,所以其极限真空度就由水的蒸气压决定。在常温常压(25℃,1大气压)下,喷射泵的极限真空为0.032 MPa(约24 mmHg,0.032 atm)。但受水泵工作效率等因素的影响,水泵实际能达到的极限真空度要低于理论值。目前实验室常用的循环水泵(SHB-Ⅲ型)的标定真空度为0.0974 MPa(约73 mmHg)。此外,循环水泵在工作过程中对水做功,水箱中水温会随工作时间的延长而不断上升,而水的蒸气压由水的温度决定,因此水泵的真空度是不断下降的,使用时应加以注意。

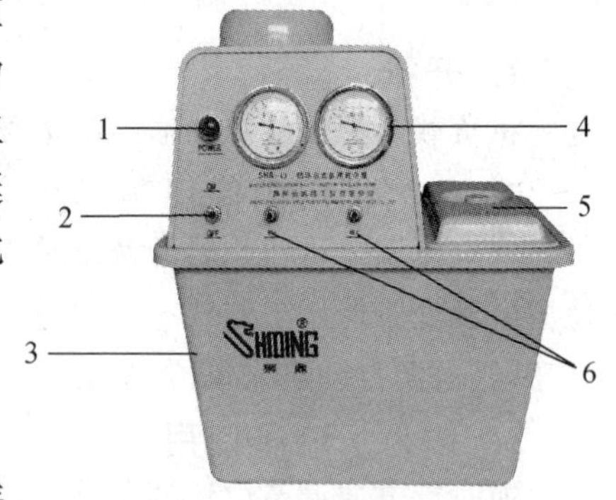

图2.5.2 SHB-Ⅲ型循环水泵

1. 电源指示灯;2. 电源开关;3. 水箱;4. 真空表;5. 水箱盖;6. 抽气嘴

(二) 仪器的构造

SHB-Ⅲ型循环水泵(图2.5.2)主要由电机(提供动力)、离心水泵(提供高压水流)、喷射泵(提供真空)、真空表(提供真空指示)、水箱(提供水源)、循环管路等部分组成。一台循环水泵可输出1～4个抽气口,供1～4套减压装置使用,单口抽气量设计为10 L/min。

循环水泵的排水管,溢水口,循环水出、入口,循环水开关等都在水泵的背面。

(三) 仪器的操作方法

1. 操作方法

(1) 将水泵平放于工作台上,首次使用时应打开水箱盖注入凉水,当水面升至水箱溢水口时停止注水。

(2) 将真空橡胶管与抽气口紧密连接,接通电源,打开电源开关,水泵开始工作。用手指按住真空橡胶管的入口,检查真空表的读数。如果真空表指示真空度约 0.1 MPa,表示水泵工作正常,可以使用。

(3) 如果水泵工作时间较长,水温升高,真空度下降,不能满足实验减压的需要,可以适当在水箱中加冰冷却,多余的水可从上溢水口排入下水道。

(4) 当需要水泵提供循环水时,可先将水泵的出水口和入水口与需要冷却的实验装置相连,然后打开循环水开关即可。应当注意的是,循环水泵工作 1 小时后,水温将上升至 40～45℃,需进行降温处理。

2. 注意事项

(1) **水源** 因减压时会有各种溶剂气体被抽入水箱中,如果所用水的硬度较高,可能出现一些沉淀物,影响水泵的工作,所以循环水箱用水最好使用软化水。

(2) **水位检查** 开启水泵前,一定要检查水箱中的存水是否达到水位要求,未达到要求不能开启水泵,以免损坏离心泵叶轮。

(3) **关机** 因一台水泵可同时供 1～4 人使用,所以每人使用完毕时,应先断开自己使用的系统与循环水泵的连接,然后视情况决定是否关机。

(四) 仪器的维护

水箱水使用 1～2 周后会溶解相当数量的溶剂,这一方面降低了水泵的真空度,另一方面溶解在水体中的溶剂会随水泵的工作散发到空气中,会恶化工作环境,因此应定期更换水箱中的水。

当循环水泵较长时间不用时,应将水箱中的水排空。

2.6 水的纯度

在做化学实验时,水是不可缺少的,洗涤仪器、配制溶液等等都需要用大量的水。而且不同实验对水的纯度要求也不同。水的纯度直接影响实验结果的准确性。所以,了解水的纯度、水的净化方法及纯度检验方法是十分必要的,这样才能根据实验的需要,正确选用不同纯度的水。

在实际工作中,表示水的纯度的主要指标是水中的含盐量大小,即水中各种阴、阳离子的数量。而含盐量的测定比较复杂,所以目前通常用水的电阻率或导电率来表示。

化学实验中常用的水有自来水、蒸馏水、电渗析水和去离子水,现分别简单介绍如下:

(一) 自来水

自来水是指一般的城市生活用水,是天然水(如河水、地下水等)经人工简单处理后得到的。它含有 Na^+、K^+、Ca^{2+}、Mg^{2+}、Al^{3+}、Fe^{3+}、CO_3^{2-}、HCO_3^-、SO_4^{2-}、Cl^- 等杂质离子,可溶于水的 CO_2、NH_3 等气体以及某些有机物和微生物等。

由于自来水中杂质较多,所以对于一般的化学分析实验就不适用。在实验室中,自来水主要用于:

(1) 初步洗涤仪器。

(2) 某些无机物、有机物制备实验的起始阶段,大多数因所用原料不纯,所以不必用更纯的水。

(3) 制备蒸馏水等更纯的水。

(4) 其他:如实验中加热或冷却用水。

(二) 蒸馏水

将自来水在蒸馏装置中加热汽化,然后将蒸汽冷凝就可得到蒸馏水。由于杂质不挥发,所以蒸馏水中所含杂质比自来水少得多,比较纯净,但其中仍含有少量杂质。这是因为:

(1) CO_2 溶于蒸馏水中生成碳酸,使蒸馏水显弱酸性。

(2) 冷凝管、接收容器本身材料(如不锈钢、纯铝、玻璃等)中可能有些物质会溶入蒸馏水。

尽管如此,蒸馏水仍是实验室最常用的较纯净的溶剂或洗涤剂,其25℃时的电阻率在 1×10^5 Ω·cm 左右。常用来洗净仪器、配制溶液、做化学分析实验等。

如要用蒸馏法制备更纯的水,可将蒸馏水中加适量 $KMnO_4$ 固体(除去有机物),再进行蒸馏或用石英蒸馏器进行蒸馏。

(三) 电渗析水

电渗析水是使自来水通过电渗析器,除去水中阴、阳离子后所得的水。

电渗析器主要是由离子交换膜、隔板、电极等组成。其中离子交换膜是整个电渗析器的关键部分。它是由具有离子交换性能的高分子材料制成的薄膜。它对阴、阳离子的通过具有选择性,即阳离子交换膜(简称阳膜)只允许阳离子通过;阴离子交换膜(简称阴膜)只允许阴离子通过。所以,电渗析器除去杂质离子的基本原理是:在外电场作用下,利用离子交换膜对溶液中阴、阳离子的选择透过性,使一部分水中的杂质离子进入到另一部分水中去,从而得到纯净水。

电渗析器的工作原理见图 2.6.1。

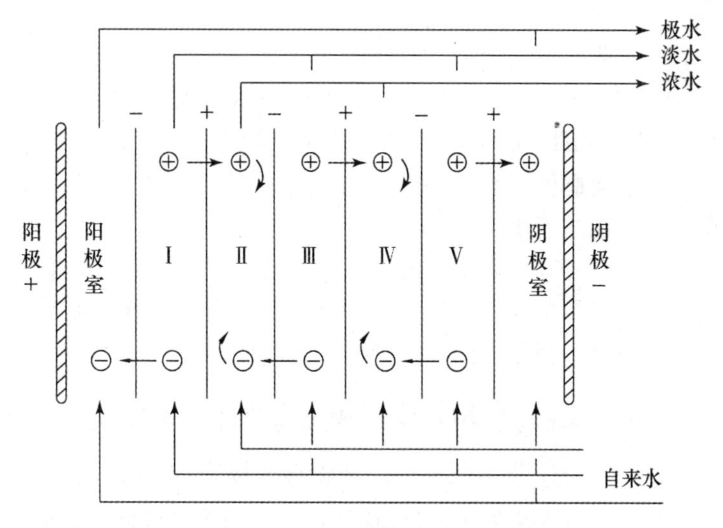

图 2.6.1 电渗析器的工作原理图

通电后,水中离子即在外电场作用下发生迁移,阳离子向阴极运动,阴离子向阳极运动。而两电极间设置了许多块交替排列的阴、阳离子交换膜,把电渗析器隔成许多室。以图 2.6.1 中的Ⅲ室为例:Ⅲ室中的阳离子向阴极运动并通过阳膜进入Ⅳ室,再向前就是阴膜,阳离子不能通过而留在Ⅳ室。Ⅲ室的阴离子向阳极运动并通过阴膜进到Ⅱ室,同样不能再向前而留在Ⅱ室。依同理可见:通电一定时间后,Ⅰ、Ⅲ、Ⅴ室的阴、阳离子都可迁出,成为纯净的"淡水";Ⅱ、Ⅳ都有离子迁入,成为含杂质离子更多的"浓水"(电极室的浓水又称"极水")。引出的淡水即电渗析水。

电渗析水的电阻率一般可达 $10^4 \sim 10^5\ \Omega \cdot cm$,比蒸馏水的纯度略低一些。

目前,电渗析法常与离子交换法配合使用。将水先经电渗析器进行预处理,除去水中的大部分杂质离子,然后再通过离子交换柱,从而得到较纯的水。

(四) 去离子水

通过离子交换柱后所得到的水即去离子水,也叫离子交换水。离子交换柱中装有离子交换树脂,通常是带有可交换基团的高分子聚合物。根据活性基团不同,可将其分为阳离子交换树脂和阴离子交换树脂两大类。阳离子交换树脂含有酸性基团(如磺酸基—SO_3H、羧基—COOH 等),它们的 H^+ 能与溶液中的阳离子进行交换。阴离子交换树脂含有碱性基团[如氨基—NH_2、季氨基—R—$N(CH_3)_3Cl$ 等],其中的阴离子可与溶液中的阴离子进行交换。

市售的离子交换树脂中,阳离子多为钠型,阴离子多为氯型,而且树脂中还常混入一些低聚物、色素及灰砂等,所以使用时必须先用水漂洗以除去混入的杂质,并用酸、碱分别处理阳、阴离子交换树脂,使之转为氢型和氢氧型。制备去离子水时,一般采用氢型强酸性阳离子交换树脂和氢氧型强碱性阴离子交换树脂。

进行交换时,将水先经过阳离子交换柱,水中的阳离子(如 Na^+、Ca^{2+} 等)被交换在树脂上,树脂上的 H^+ 进入水中。然后再经过阴离子交换柱,水中的阴离子(如 HCO_3^-、Cl^- 等)被交换,交换下来的 OH^- 进入水中,与交换下来的 H^+ 结合成 H_2O。最后再经过一个装有阴、阳离子交换树脂的混合柱,除去残存的阴、阳离子,最终得到的去离子水纯度较高,它的电阻率一般能达到 $1\times10^7\ \Omega\cdot cm$ 以上。

离子交换树脂使用一段时间后,需经过处理再生才能继续使用,再生时一般使用约8%的 NaOH 溶液和约7%的 HCl 溶液分别淋洗阴、阳离子交换树脂,使被交换上去的阴、阳离子再被置换下来,树脂恢复成氢氧型和氢型,便可再次使用。

(五) 反渗透(RO)技术和电去离子(EDI)技术

反渗透(reverse osmosis,RO)技术是一种膜分离技术,它使用的反渗透膜是一类只允许水通过的半透膜,通过人工加压,可使待处理水中的水通过反渗透膜而成为纯净水。这种技术的脱盐率很高(平均脱盐率为96%~99%),也可高效去除水中低相对分子质量的有机物、胶体和微生物等。商用的反渗透膜一般为醋酸纤维膜及聚氨酯膜两大类。

电去离子(electrodeionization,EDI)技术是一种将离子交换和电渗析有机结合而成的分离技术,即用混匀的阴、阳离子交换树脂填充于电渗析淡水室的阴、阳膜之间,这样,离子在电场作用下通过离子交换膜被清除,而加在淡水室两端的电压使水分子分解成 H^+ 及 OH^-,可对离子交换树脂进行连续再生。

目前实验室使用的纯水就是经反渗透和电去离子技术处理后的水,它的电阻率一般能达到 $1\times10^7\ \Omega\cdot cm$ 以上。

2.7 误差与数据处理

化学是一门以实验为基础的科学,要进行许多数据的测定,如常数的测定、物质组成的分析、溶液浓度的分析等等。这些测定有些是直接进行的,有些则是根据实验数据推演计算得出的。这些测定与计算结果的准确性如何,实验数据如何处理,在研究这些问题时都会遇到误差等有关问题。所以,树立正确的误差及有效数字的概念,掌握分析和处理实验数据的科学方法是十分必要的。下面仅就普通化学实验中常见的有关问题及处理方法介绍一些基础知识。

(一) 误　　差

1. 准确度、精密度、误差概念

准确度与精密度是两个不同的概念,是衡量实验结果的重要标志。在定量分析中,

对于实验结果的准确度都有一定的要求。**所谓准确度，是表示实验结果与真实值接近的程度**。但是，由于测量仪器、测量方法、外界条件及人的感觉器官等的限制，客观存在的真实值是无法测得的。实际工作中多数是把由经验丰富的工作人员用多种可靠的实验方法，经过反复多次测定得到的结果的算术平均值，作为“标准值”(或称“最佳值”，以下沿用习俗，仍称“真实值”)代替真实值来检查测量的准确度。有时也可将纯物质中某元素的理论含量作为真实值，或者以公认的手册上的数据作为真实值。准确度越高，则表明测定结果与真实值之间的差值越小。**精密度是表示几次平行测定结果相互接近的程度**。如果在相同条件下，对同一样品几次平行实验的测定值彼此比较接近，则说明测定结果精密度较高；如果实验测定值彼此相差很多，则测定结果的精密度就低。

如何从准确度与精密度两方面来衡量测定结果？例如：甲、乙、丙、丁 4 人同时分析一瓶 NaOH 溶液的浓度(真实值为 0.1234 mol/L)，每人分别平行测定 3 次，结果如下：

	甲	乙	丙	丁
测定结果/($mol \cdot L^{-1}$)	0.1231	0.1210	0.1230	0.1214
	0.1233	0.1211	0.1261	0.1238
	0.1232	0.1212	0.1286	0.1250
平均值/($mol \cdot L^{-1}$)	0.1232	0.1211	0.1259	0.1234
真实值/($mol \cdot L^{-1}$)	0.1234	0.1234	0.1234	0.1234
差值/($mol \cdot L^{-1}$)	−0.0002	−0.0023	+0.0025	0.0000

由测定结果可知：甲的分析结果准确度与精密度均较高，结果可靠；乙的分析结果精密度虽很高，但准确度太低；丙的分析结果精密度和准确度均很差；丁的分析结果从平均值看虽然最接近真实值，但是精密度极差，3 次测量数值彼此相差很远，仅仅是由于正负误差相互抵消，使结果凑巧等于(或接近)真实值，而每次测量结果都与真实值相差很大，因而丁的测量结果也是不可靠的。由此可见：

(1) 精密度高，不一定能保证准确度高。

(2) 精密度是保证准确度的先决条件。如果精密度极差，测定结果不可靠，也就失去了衡量准确度的前提。

初学者进行实验时，一定要严格控制条件，认真仔细地操作，首先要保证得到精密度高的数据，才有可能获得准确度高的可靠的结果。

准确度的高低常用误差来表示。**误差即实验测定值与真实值之间的差值**。误差越小，表示测定值与真实值越接近，准确度越高。

当测定值大于真实值时，误差为正值，表示测定结果偏高；若测定值小于真实值，则误差为负值，表示测定结果偏低。

误差的表示方法有两种，即绝对误差与相对误差。绝对误差表示测定值与真实值之差，相对误差表示绝对误差在真实值中所占的百分率。即

$$绝对误差=测定值-真实值$$

$$相对误差=\frac{绝对误差}{真实值}\times 100\%$$

在上面的例子中,甲、乙、丙3人测定结果的误差分别为:

	绝对误差	相对误差
甲	-0.0002	$\frac{-0.0002}{0.1234}\times 100\%=-0.2\%$
乙	-0.0023	$\frac{-0.0023}{0.1234}\times 100\%=-1.9\%$
丙	$+0.0025$	$\frac{+0.0025}{0.1234}\times 100\%=+2.0\%$

2. 误差产生的原因

引起误差的原因很多,一般分为两类:系统误差与偶然误差。

(1) **系统误差** 系统误差是由某种固定的原因造成的。它的大小、正负有一定的规律性,重复测定时会重复出现,无法相互抵消。产生系统误差的主要原因是:方法误差(测定方法本身引起的);仪器和试剂误差(如仪器不够精确、试剂不够纯等);操作误差(操作者本人的原因)。系统误差的特点是,产生系统误差的诸因素是可以被发现和加以克服的。

(2) **偶然误差** 这是由一些难以控制的偶然因素造成的。如仪器性能的微小变化,操作人员对备份试样处理时的微小差别等。由于引起的原因具有偶然性,所以造成的误差是可变的,有时大,有时小;有时正,有时负。但是偶然误差的出现服从统计规律,可以采取多次测量取平均值的办法来减小和消除。

(二) 有效数字

在讨论了测量误差大小的问题后,随之而来的就是如何记录测量的结果,如实地反映出误差的大小。这就要求树立正确的有效数字的概念。

1. 有效数字概念

有效数字与数学上的数字有着不同的含义。数学上的数只表示大小,有效数字则不仅表示量的大小、测定数据的可靠程度,而且反映了所用仪器和实验方法的准确程度。例如,“取 NaCl 6.5 g”,这不仅说明了要称 6.5 g NaCl,而且表明用感量 0.1 g 的台秤称量就可以了。若是“取 NaCl 6.5000 g”,则表明一定要在分析天平上称量。这样的有效数字还表示了称量误差。对感量 0.1 g 的台秤,称 6.5 g NaCl,绝对误差为 0.1 g,相对误差为

$$\frac{0.1}{6.5}\times 100\%=2\%$$

对感量为 0.0001 g 的分析天平,称 6.5000 g NaCl,绝对误差为 0.0001 g,相对误差为

$$\frac{0.0001}{6.5000}\times 100\%=0.002\%$$

所以，记录测量数据时，不能随便乱写，不然就会夸大或缩小了准确度。例如用分析天平称 6.5000 g NaCl 后，若记成 6.50 g，则相对误差就由 0.002%夸大到 0.2%。同样，我们量取 25 mL 溶液，就表明可用量筒量取；若是用移液管量取或是滴定管中放出的体积，则应记做 25.00 mL。

由此可见，有效数字中，每一位数都有实际意义，它的位数表明了测量的精确程度，它包括通过直读获得的可靠数字和通过估读得到的存疑数字（注意，有效数字中只有最后一位数是可疑的）。

有效数字保留的位数，应当根据实验方法和仪器的准确度来决定，其最后一位，在位数上应与绝对误差的最后一位划齐。如上面的例子中，6.5 g，绝对误差 0.1 g，记做 6.5±0.1 g；6.5000 g，绝对误差 0.0001 g，记做 6.5000±0.0001 g。

注意："0"在数字中的位置不同，其含义是不同的，有时是有效数字，有时不是。

(1)"0"在数字前，仅起定位作用，"0"本身不是有效数字。如 0.0275 中，数字"2"前面的两个"0"都不是有效数字，这个数的有效数字只有 3 位。

(2)"0"在数字中间，是有效数字。如 2.0065 中的两个"0"都是有效数字，2.0065 是 5 位有效数字。

(3)"0"在小数的数字后，也是有效数字。如 6.5000 中的 3 个"0"都是有效数字。0.0030 中，"3"前面的 3 个"0"不是有效数字，"3"后面的"0"是有效数字。所以，6.5000 是 5 位有效数字，0.0030 是 2 位有效数字。

(4)以"0"结尾的大于 100 的正整数，有效数字的位数不确定。如 54000，可能是 2 位、3 位、4 位甚至 5 位有效数字。这种数应根据有效数字的情况改写为指数形式，即采用科学记数法。如为 2 位有效数字，则写成 5.4×10^4；如为 3 位有效数字，则写成 5.40×10^4，等等。

此外，在化学计算中常有表示倍数关系的数字以及常数（如 π、e）等，这些数字非测量所得，它们的有效数字位数可以认为是无限的，在计算中需要几位就可以写几位。

总之，要学会正确判别与书写有效数字。下面列出了一些数字，并指出了它们的有效数字位数：

6.5000	46009	5 位有效数字
23.14	0.06010%	4 位有效数字
0.0173	1.56×10^{-10}	3 位有效数字
48	0.0000050	2 位有效数字
0.002	5×10^5	1 位有效数字
54000	100	有效数字位数不确定

2. 有效数字的运算规则

(1) **加法和减法** 在计算几个数字相加或相减时,所得和或差的有效数字的位数,应当使结果的绝对误差与各数中绝对误差最大的那个数相适应。例如,将 2.0113,31.25 及 0.357 三数相加时,见下式(可疑数以"?"在数字下方标出):

```
  2.0113
       ?
 31.25
      ?
  0.357
+     ?
 33.6183 → 33.62
    ???       ?
```

这里,数字 31.25 的绝对误差最大,为±0.01。该数中的"5"已是可疑数字,相加后使得总和 33.6183 中的数字"1"也可疑。所以"1"后边再多保留几位已无意义,也不符合有效数字只保留最后一位是可疑数字的原则。这样相加后,按一定的修约规则进行处理,结果应是 33.62(其绝对误差为±0.01)。

以上为了看清加减后应保留的位数,而采用了先运算后修约的方法,一般情况下可先修约后运算。即

```
 2.0113→    2.01
31.25  →   31.25
 0.357 → +  0.36
           33.62
```

(2) **乘法和除法** 在计算几个数相乘或相除时,其积或商的有效数字位数应以有效数字位数最少的数为准(即结果的相对误差应与各数中相对误差最大的那个数相适应)。如 1.312 与 23 相乘时:

```
   1.312
       ?
×    23
      ?
    3936
    ????
  2624
     ?
 30.176
 ? ???
```

显然,由于 23 中的"3"是可疑的,就使得其积 30.176 中的"0"也可疑。所以只能保留两位有效数字,修约结果就是 30。同加减法一样,也可以先修约后运算。它们的相对误差分别为

$$1.312: \quad \pm\frac{0.001}{1.312}\times 100\% = \pm 0.08\%$$

$$23: \quad \pm\frac{1}{23}\times 100\% = \pm 4\%$$

应以相对误差大的 23 为标准，将 1.312 修约为两位有效数字 1.3，然后相乘：

$$\begin{array}{lr} 1.312 \rightarrow & 1.3 \\ 23 \quad \rightarrow & \times 2\ 3 \\ \hline & 3\ 9 \\ & 26\ \ \\ \hline & 29.9 \rightarrow 30 \end{array}$$

30 的相对误差为±3%，与 23 的相对误差相适应。

(3) **常用对数** 进行常用对数运算时，对数值的有效数字只由尾数部分的位数决定，首数部分为 10 的幂数，不是有效数字。对数值尾数的有效数字应与真数的有效数字位数相同。如：2345 为 4 位有效数字，其对数 lg 2345＝3.3701，尾数部分仍保留 4 位，首数"3"不是有效数字，因而不能认为它是 5 位有效数字。也不能记成 lg 2345＝3.370，后者只有 3 位有效数字，与真数 2345 的有效数字位数不一致。

在化学计算中对数运算很多，如 pH 的计算，若$[H^+]=4.9\times10^{-11}$，这是两位有效数字，所以 $pH=-lg[H^+]=10.31$，有效数字仍只有 2 位。反过来，由 pH＝10.31 计算$[H^+]$时，也只能记做$[H^+]=4.9\times10^{-11}\,mol\cdot L^{-1}$，而不能记成 $4.898\times10^{-11}\,mol\cdot L^{-1}$。

(4) **其他** 对于第一位数字等于或大于 8 的数，则在运算过程中有效数字的总位数可多算一位。例如 9.15，虽然只有 3 位有效数字，但第一位数大于 8，所以在运算时可以将其看做 4 位有效数字。

3. 有效数字的修约规则

在处理实验数据时，要根据所用仪器和实验方法的准确程度、每一步测量的精度以及有效数字的运算规则，合理地保留有效数字的位数，才能正确反映结果的准确度。任意增加或减少有效数字的位数都会造成错误的结果。目前多采用"四舍六入五取偶"的数字修约规则，其做法是：

(1) 在拟舍弃的数字中，若左边第一个数字小于 5(不包括 5)时，则舍去，即所拟保留的末位数字不变。例如，将 14.2432 修约到只保留一位小数：

修约前	修约后
14.2432	14.2

(2) 在拟舍弃的数字中，若左边第一个数字大于 5(不包括 5)时，则进 1，即所拟保留的末位数字加 1。例如，将 26.4843 修约到只保留一位小数：

修约前	修约后
26.4843	26.5

(3) 在拟舍弃的数字中，若左边第一个数字等于 5，且其右边的数字并非全部为 0 时，则进 1，即所拟保留的末位数字加 1。例如，将 1.0501 修约到只保留一位小数：

修约前	修约后
1.0501	1.1

(4) 在拟舍弃的数字中,若左边第一个数字等于5,且其右边的数字皆为0时,所拟保留的末位数字若为奇数则进1,若为偶数(包括0)则不进。例如,将下列数字修约到只保留一位小数:

修约前	修约后
0.3500	0.4
0.4500	0.4
1.0500	1.0

(5) 所拟舍弃的数字,若为两位以上数字时,不得连续进行多次修约,应根据所拟舍弃数字中左边第一个数字的大小,按上述规定一次修约出结果。例如,将15.4546修约成整数:

<table>
<tr><th></th><th>修约前</th><th colspan="4">修约过程</th><th>修约结果</th></tr>
<tr><td>正确做法</td><td>15.4546</td><td colspan="4">一次修约</td><td>15</td></tr>
<tr><td rowspan="3">不正确做法</td><td rowspan="3">15.4546</td><td colspan="4">四次修约</td><td rowspan="3">16</td></tr>
<tr><td>第一次</td><td>第二次</td><td>第三次</td><td>第四次</td></tr>
<tr><td>15.455</td><td>15.46</td><td>15.5</td><td>16</td></tr>
</table>

(三) 实验数据的表达

实验中得到的大量数据,可以用列表法、作图法和数学方程式法表示出来。在普通化学实验中常采用前两种方法处理数据。下面就列表法和作图法作一简单介绍。

1. 列表法

实验完成后,应将获得的数据尽可能整齐、有规律地列表表达出来,使得全部数据能一目了然,便于处理和运算。列表时应注意以下几点:

(1) 每一个表都应有简明、达意、完整的名称。

(2) 表中每一行或每一列的第一栏,要详细写出该行或列数据的名称和单位。

(3) 表中的数据应化为最简形式表示,公共的乘方因子应在第一栏的名称下注明。

(4) 每一列中数字排列要整齐,位数和小数点要对齐。

(5) 原始数据可与处理结果并列在一张表上,处理方法和运算公式应在表下注明。

2. 作图法

利用图形表达实验结果能直接显示出数据的特点、数据变化的规律,并能利用图形作进一步的处理,求得斜率、截距、内插值、外推值、切线等等。因此,利用实验数据正确地作出图形是十分重要的。作图法往往与列表法并用。在作图前,首先应将实验测得的原始数据与处理结果用列表法表示,然后再按要求作出有关图形。

作图时的注意事项有：

(1) **坐标纸、比例尺要选择适当** 在普通化学实验中多使用直角坐标纸作图。用直角坐标纸时，首先要画出坐标轴，常以自变量作为横坐标。坐标轴旁应注明所代表的变量的名称及单位。横、纵坐标的读数不一定从 0 开始。

坐标轴上比例尺的选择极为重要，选择时要注意：

● 要能表示出全部有效数字，这样由图形所求出物理量的准确度与测量的准确度相一致。

● 图纸上每一小格所对应的数值应便于计算，便于迅速读数，如 1,2,5 等，切忌 3,7,9 或小数。

● 要能使数据的点在图上分散开，占满纸面，使全图布局匀称。而不要使图很小，只偏于一角。

● 若所作图形是直线，则比例尺的选择应使直线的斜率接近 1。

(2) **点要标清楚** 测得的数据在图上画出的点周围应该画圆圈、方块或其他符号，标示清楚，如⊙、×、□、△、⊗、⊕等。每一种符号代表同一组测量值，不同组的测量值用不同的符号表示。这些符号的面积应近似地表明测量的误差范围。这样在作出曲线后，各点的位置仍很清楚，决不可只点一小点"·"，以致作出曲线后，看不出各数据点的位置。

(3) **连接曲线要平滑** 根据实验数据标出各点后，即可用直尺、曲线板或曲线尺连成光滑的曲线(注意，不可连成折线)。曲线不必通过所有测量点，但要尽量接近各测量点，要使各点均匀地分布在曲线两侧。曲线和点之间的距离大小，表示测量误差的大小。如有的点偏离太大，则可能该点测量误差较大，连曲线时可不考虑。总之，作图技术的好坏将会影响实验结果的准确性。

(4) **求直线的斜率时，要从线上取点** 对直线 $y=kx+b$，其斜率

$$k=\frac{y_2-y_1}{x_2-x_1}$$

即将两个点(x_1,y_1)，(x_2,y_2)的坐标值代入即可算出。为了减小误差，所取两点不宜相隔太近。特别应注意的是，所取之点必须在直线上，不能取实验中的两组数据代入计算(除非这两组数据代表的点恰在线上且相距足够远)。计算时应注意是两点坐标差之比，不是纵、横坐标线段长度之比。因为纵横坐标的比例尺可能不同，以线段长度求斜率，必然导出错误结果。

当然，直线的斜率与截距还可用最小二乘法求出。此法计算虽较繁，但结果准确。对于 n 次测量结果拟合直线 $y=kx+b$，其 k 和 b 可由下式算出：

$$k=\frac{\sum x\sum y-n\sum xy}{\left(\sum x\right)^2-n\sum x^2}$$

$$b=\frac{\sum xy\sum x-\sum y\sum x^2}{\left(\sum x\right)^2-n\sum x^2}$$

3　实 验 部 分

第一部分　基本操作实验

实验 3.1　本生灯的使用

(一) 安 全 提 示

使用本生灯不当时有可能使手烫伤。加热的物品如水浴锅、坩埚等可冷却后取下。如必须趁热取下加热的物品时，请戴棉线手套。

本生灯在使用后一定要关闭燃气阀门，以免有燃气泄漏导致危险。如使用过程中发现漏气现象，应立即停止使用并检查燃气管道及本生灯各部件，修复后方可继续使用。

(二) 目 的 要 求

(1) 了解本生灯的构造。

(2) 学习正确使用本生灯，调节正常火焰。

(3) 试验正常火焰各部分温度的高低。

(三) 实 验 内 容

1. 本生灯的构造

在教师指导下拆装本生灯，了解其构造和各部分用途。

2. 本生灯的点燃及火焰的调节

本生灯的正常火焰可观察到明显的层次，颜色为蓝紫色，实验时通常用最外层的氧化焰加热。要获得正常的火焰，最重要的是调节燃气和空气的比例。燃气量的大小可用燃气阀门或灯座上的螺旋针调节，空气的进入量以旋转灯管的方法来调节。如果空气量太大或燃气量不足，火焰就会有声音或熄灭；如果燃气量太大或空气量不足，就会产生冒烟的火焰或黄色火焰。

练习本生灯的使用时，先将燃气的进入量调整到合适位置，空气进入量关到最小，擦燃火柴，打开燃气阀门，点燃本生灯。慢慢增大空气的进入量，观察火焰的变化，并记录现象；调节出正常火焰，观察并描述正常火焰；保持正常火焰的空气进入量不变，调节燃气的进入量，观察火焰的变化，并记录现象。

3. 比较正常火焰各部分的温度

(1) 用坩埚钳夹一片硬纸片，竖直立在点燃的本生灯灯管上，待5～10秒后硬纸片上出现燃烧痕迹时再从本生灯上移开，立即用水冲熄纸片。观察硬纸片上的燃烧痕迹，并记录现象。

(2) 用坩埚钳夹一片硬纸片，横放入正常火焰的中部，待5～10秒后硬纸片上出现燃烧痕迹时再从本生灯上移开，立即用水冲熄纸片。观察硬纸片上的燃烧痕迹，并记录现象。

综合以上现象，说明正常火焰不同区域的温度分布情况。

4. 正确使用本生灯

(1) 把一只盛水的蒸发皿放在非正常火焰——黄火苗上，几分钟后取下，观察蒸发皿底部的情况。再把它放在正常火焰的氧化焰上，又有何变化？这说明火焰的什么性质？

(2) 取50 mL去离子水放入100 mL小烧杯中，在本生灯上用大火加热至沸腾(注意：要使用石棉网)，记录从开始加热到刚刚沸腾的时间。用小火继续加热10分钟，记录烧杯中水的体积。与同组同学的结果比较，说明使用本生灯时何时该用大火，何时该用小火。

【注意事项】

1. 为了避免燃气泄漏，在点燃本生灯时，要先划着火柴，再开燃气阀门，即：要做到“火等气”。

2. 实验使用后的硬纸片等不要随意乱丢，应收集在一起，扔入垃圾桶。

【预习思考题】

1. 使用本生灯时会有哪些不正常火焰？使用时应如何避免？

2. 本生灯的正常火焰分为几层？最高温区在哪个位置？

【课后问题】

1. 如何调节本生灯的大、小火？

2. 在实验中，何时应该用大火加热？何时应该用小火加热？

实验 3.2 天平的称量练习

(一) 安全提示

无。

(二) 目的要求

(1) 了解电子天平的基本构造和性能,学会正确使用电子天平。

(2) 学习减重法称量操作。

(3) 学习正确的数据记录方法。

(三) 实验内容

1. 称量称量瓶

准备一个洁净干燥的称量瓶,在万分之一天平上分别称出瓶盖质量 m_1、瓶身质量 m_2 和整个称量瓶质量 m_3。把称量结果记在记录本上,求出称量偏差 $|(m_1+m_2)-m_3|$。思考偏差产生的原因。

表 3.2.1 数据记录示例 1

	天平称量结果
瓶盖质量/g	$m_1=2.4182$
瓶身质量/g	$m_2=5.9592$
(瓶盖+瓶身)质量/g	$m_1+m_2=8.3774$
瓶质量(瓶盖+瓶身)/g	$m_3=8.3776$
偏差/g	$\|(m_1+m_2)-m_3\|=0.0002$

2. 用减重法称量 NaCl 固体

准备一个洁净干燥的小烧杯,在天平上称出其质量 m_4。往"实验内容 1"中已知质量的称量瓶中加入约 1 g NaCl 固体(先用百分之一电子天平粗称),在天平上称出称量瓶和 NaCl 的总质量 m_5。把称量瓶中的 NaCl 转移 0.5~0.6 g(约占总量的 1/2)到小烧杯中,然后再称出瓶和剩余 NaCl 的质量 m_6、烧杯加 NaCl 的质量 m_7。把称量数据记在记录本上。思考:称量瓶中减少的 NaCl 的质量(m_5-m_6)是否等于倒入烧杯中的 NaCl 的质量(m_7-m_4)? 求出称量的偏差:

$$|S_1-S_2|=|(m_5-m_6)-(m_7-m_4)|$$
$$=?$$

表 3.2.2 数据记录示例 2

	天平称量结果
(称量瓶＋NaCl)质量/g	$m_5=9.7620$
(称量瓶＋剩余 NaCl)质量/g	$m_6=9.2501$
称量瓶中倒入的 NaCl 质量 S_1/g	$m_5-m_6=0.5119$
(烧杯＋NaCl)质量/g	$m_7=18.5550$
烧杯质量/g	$m_4=18.0427$
烧杯中的 NaCl 质量 S_2/g	$m_7-m_4=0.5123$
偏差/g	$\lvert S_1-S_2\rvert=0.0004$

【注意事项】

1. 使用天平称量时，应将实验记录本带入天平室，将所有数据及时记录在记录本上，不得把数据随意记在别处。

2. 实验后，应将天平复原，即：取出被称量物，关闭天平门，将天平示数归零。但在整个实验过程中，天平可处于“开”的状态。

3. 万分之一天平在使用之后，需在天平使用登记本上登记使用情况。

【预习思考题】

1. 要想称出下列物品的质量，请问你会选用百分之一电子天平还是万分之一电子天平？

(1) 22.5 g 的铝片；

(2) 装在烧杯中的约 200 mL 的废液；

(3) 128 mg 的待分析试样；

(4) 实验所得的约 0.0008 g 的产品。

2. 下列情况对称量读数有无影响？

(1) 未关天平玻璃门；

(2) 天平水平仪里的气泡不在中心位置。

3. 使用称量瓶时应注意什么？从称量瓶中向外转移样品时应怎样操作？为什么？

【课后问题】

1. 万分之一电子天平的感量为 0.0001 g。试求正确操作时，在“实验内容 1”和“实验内容 2”中产生的最大偏差分别是多少？

2. 要使在天平上的称量误差小于 0.2%(天平的感量为 0.0001 g)，则至少要称量样品多少克？

实验3.3 体积测量和溶液密度的测定

(一) 安全提示

无。

(二) 目的要求

(1) 学习正确使用移液管。

(2) 比较量筒与移液管量出体积的准确度。

(3) 复习电子天平的使用。

(4) 测定未知液的密度。

(三) 实验内容

1. 比较量筒与移液管量出体积的准确度

注:移液管、滴定管、容量瓶等常用的玻璃量器在使用前通常需要校准。校准的方法是:控制室温至20±5℃,且温度变化不超过1℃·h^{-1},称量被校准量器中量入或量出纯水的表观质量,再根据当时水温下的表观密度(纯水在空气中的密度)计算出该量器在20℃时的实际容量。在普通化学实验中不做量器的校准,量器量出的体积以天平称量的表观质量为依据来计算。

(1) 量筒的使用

准备一个洁净干燥的100 mL锥形瓶,在千分之一天平上称量,准确至0.001 g,记录其质量。用25 mL量筒量取25 mL去离子水,加至上述锥形瓶中,再次称量并记录其质量。继续用相同量筒取25 mL去离子水,加至同一锥形瓶中,称量并记录其质量。再重复一次。

将温度计插入锥形瓶的水中5~10分钟,测量水的温度。根据该温度下纯水的表观密度ρ_W,利用公式$V=m_W/\rho_W$计算量筒实际量出去离子水的体积,取其平均值作为25 mL量筒的实际容量。将实验测得的数据和计算数据填入表3.3.1中。

表3.3.1 使用25 mL量筒的测量结果

实验序号	Ⅰ	Ⅱ	Ⅲ
量出水的质量/g			
水的温度/℃			
量筒实际量出水的体积/mL			
量筒的实际容量/mL			

(2) **移液管的使用**

将步骤(1)中所用锥形瓶中的水倒掉,用洁净抹布擦干锥形瓶外壁,重新在千分之一天平上称量,准确至0.001 g,记录其质量。用25 mL移液管代替量筒,重复步骤(1),将实验数据填入表3.3.2中。

表3.3.2 使用25 mL移液管的测量结果

实验序号	Ⅰ	Ⅱ	Ⅲ
量出水的质量/g			
水的温度/℃			
移液管实际量出水的体积/mL			
移液管的实际容量/mL			

比较上述两个实验,说明若要准确测量一种溶液的密度,应使用量筒还是移液管。

2. 未知液密度的测定

向教师领取一份未知液,请自拟实验方案,测定该溶液的密度。将测量值填入自己设计好的表格中。注意测量数据的有效数字。

【注意事项】

1. 每一次称量时,锥形瓶的外壁一定要保持洁净和干燥。

2. 实验中,3次去离子水均加到同一锥形瓶中,最终锥形瓶中去离子水的总量为75 mL左右。

【预习思考题】

1. 使用移液管时应注意哪些具体操作?

2. 什么是测量的准确度和精密度?

【课后问题】

1. 如何减少由实验人员造成的结果误差?

2. 重复测量为什么重要?

实验3.4 溶液的配制

(一) 安全提示

浓硫酸具有强氧化性和脱水性,应避免洒在皮肤和衣服上,使用时请佩戴耐酸手套。浓盐酸具有挥发性,请在通风橱中使用。

(二) 目的要求

(1) 掌握几种常用的配制溶液的方法。

(2) 熟悉浓度计算的方法。

(3) 练习使用量筒、移液管、容量瓶。

(4) 配制几份备用溶液,供实验3.5和3.15使用。

(三) 实验内容

1. 配制4 mol/L硫酸溶液

用市售浓 H_2SO_4 配制30 mL 4 mol/L H_2SO_4 溶液(注意:稀释浓 H_2SO_4 时,要将浓 H_2SO_4 缓慢倒入水中,并要不断搅拌。切记不可将水倒入酸中)。将配好的 H_2SO_4 溶液倒入回收瓶备用。将浓 H_2SO_4 和去离子水的用量写在实验记录本上,并记录观察到的现象。

2. 配制1∶3盐酸溶液

用市售浓HCl配制约20 mL 1∶3 HCl溶液。配好后倒入回收瓶中备用。将浓HCl和去离子水的用量写在实验记录本上。

3. 配制0.2 mol/L碳酸钠溶液

用 $Na_2CO_3 \cdot 10H_2O$ 固体配制约30 mL 0.2 mol/L Na_2CO_3 溶液。配好的溶液倒入回收瓶中备用。将 $Na_2CO_3 \cdot 10H_2O$ 固体的用量写在实验记录本上。

4. 准确稀释醋酸溶液

用移液管量取已知准确浓度的HAc溶液25 mL,放入250 mL的容量瓶中,加去离子水到刻度,摇匀后供实验3.15使用。

5. 配制草酸标准溶液

用固体草酸($H_2C_2O_4 \cdot 2H_2O$,分析纯)配制0.05 mol/L $H_2C_2O_4$ 标准溶液250 mL,具体方法如下:

(1) 在分析天平上,用减重法准确称取适量固体 $H_2C_2O_4 \cdot 2H_2O$ 置于小烧杯中。

(2) 用适量除氧的去离子水(煮沸并迅冷)溶解烧杯中的 $H_2C_2O_4 \cdot 2H_2O$ 固体,将溶液转移到 250 mL 容量瓶中，再用少量除氧的去离子水洗涤烧杯 3 次，洗涤液一并加入容量瓶中。然后加入除氧的去离子水至刻度，摇匀。计算 $H_2C_2O_4$ 标准溶液的浓度。将溶液保留至实验 3.5 中使用。

【预习思考题】

1. 用容量瓶配制溶液时，要不要先把容量瓶干燥？用容量瓶稀释一定浓度的溶液时，能否用量筒量取溶液？

2. 用容量瓶配制溶液时，水没有加到刻度以前为什么不能把容量瓶倒置摇荡？

3. 本实验配制 0.2 mol/L Na_2CO_3 溶液时，要不要考虑结晶水对溶液浓度的影响？为什么？

【课后问题】

1. 在配制草酸标准溶液时，称量草酸的量一定要称准到浓度为 0.0500 mol/L 的计算量吗？为什么？

2. 在配制标准溶液时，哪些步骤最容易引入误差？

实验3.5 酸碱滴定

(一) 安全提示

无。

(二) 目的要求

(1) 掌握有效数字的概念,正确记录实验数据。

(2) 掌握移液管的正确使用方法。

(3) 学习滴定操作。

(4) 测定 NaOH 溶液和 HCl 溶液的浓度。

(三) 原 理

利用酸碱中和反应,可以测定酸或碱的浓度。量取一定体积的酸溶液,用碱溶液滴定。按照化学反应方程式的计量关系,可以从所用的酸溶液和碱溶液的体积($V_{酸}$ 和 $V_{碱}$)与酸溶液的浓度 $c_{酸}$(mol/L)算出碱溶液的浓度 $c_{碱}$(mol/L)。例如酸 A 和碱 B 发生中和反应,反应式为

$$aA + bB = cC + dD$$

则发生反应的 A 和 B 的物质的量 n_A 和 n_B 之间有如下关系:

$$n_A = \frac{a}{b} n_B$$

或

$$n_B = \frac{b}{a} n_A$$

所以

$$c_A \cdot V_A = \frac{a}{b} c_B \cdot V_B$$

$$c_B = \frac{b}{a} \cdot \frac{c_A \cdot V_A}{V_B}$$

反之,也可以从 $c_{碱}$、$V_{碱}$ 和 $V_{酸}$ 求出 $c_{酸}$。

中和反应的化学计量点可借助酸碱指示剂的变色来确定。

本实验用 NaOH 溶液滴定已知浓度的草酸($H_2C_2O_4$)溶液,以标定 NaOH 溶液的浓度。再用已标定的 NaOH 溶液来滴定未知浓度的 HCl 溶液,以测定 HCl 溶液的浓度。

(四) 实验内容

1. NaOH 溶液浓度的标定

把已洗净的碱式滴定管再用 NaOH 溶液洗 3 遍，每次都要将滴定管执平、转动，并润洗尖嘴部分。将 NaOH 溶液装入滴定管中，赶走乳胶管和尖嘴部分的气泡，将液面调节至 0.00 mL 标线。

用移液管量取 25 mL 已知浓度的 $H_2C_2O_4$ 标准溶液（“实验 3.4”中已配制），放入洗净的锥形瓶中，再加入 1～2 滴酚酞指示剂，摇匀。

挤压乳胶管内的玻璃球，使滴定管内的碱液滴入锥形瓶中，开始时液滴滴入的速度可以快一些，但必须成滴而不是一股水流。碱溶液滴入酸中，局部出现粉红色，轻轻摇动锥形瓶，粉红色很快消失。当接近终点时，粉红色消失较慢，这时就应缓慢加入碱液。每加入一滴碱液，都应将溶液摇匀，观察粉红色是否消失，再决定是否还要滴加碱液。临近终点时，应控制液滴悬而不落，用锥形瓶内壁把液滴沾下来（这时滴入的是半滴碱液），用洗瓶冲洗锥形瓶内壁，摇匀。若半分钟内粉红色不消失，即认为已达到终点，记下滴定管液面的位置。

用同样方法再重复滴定两次。要求以上 3 次所用碱液的体积相差不超过 0.05 mL。

滴定过程中应注意以下几点：

(1) 滴定完毕后，尖嘴外不应留有液滴，尖嘴内不应留有气泡。

(2) 由于空气中 CO_2 的影响，已达到终点的溶液放久后仍会褪色，这并不说明中和反应没有完全。

(3) 滴定过程中，碱液可能溅在锥形瓶内壁的上部，最后半滴碱液也是由锥形瓶内壁沾下来的。因此，在上述情况下，要用洗瓶以少量去离子水冲洗锥形瓶内壁，以免引起误差。

2. HCl 溶液浓度的测定

按以上操作，测定 HCl 溶液的浓度。

(五) 数据记录及结果处理

将滴定的数据以下列表格的形式记录在实验记录本上。

表 3.5.1 NaOH 溶液浓度的标定

实验序号	Ⅰ	Ⅱ	Ⅲ
$H_2C_2O_4$ 溶液用量/mL			
$H_2C_2O_4$ 溶液浓度/($mol \cdot L^{-1}$)			
NaOH 溶液用量/mL			
NaOH 溶液浓度/($mol \cdot L^{-1}$)			
NaOH 溶液平均浓度/($mol \cdot L^{-1}$)			

表 3.5.2　HCl 溶液浓度的标定

实验序号	Ⅰ	Ⅱ	Ⅲ
NaOH 溶液用量/mL			
NaOH 溶液浓度/(mol・L^{-1})			
HCl 溶液用量/mL			
HCl 溶液浓度/(mol・L^{-1})			
HCl 溶液平均浓度/(mol・L^{-1})			

【注意事项】

1. 本实验涉及基本操作较多,对初学者要求操作正确规范,不要求熟练。

2. 在移液管的使用过程中应注意：移液管应始终保持竖直;调节液面至刻线和放液时,移液管下端应接触承接容器的器壁;放液之后应停留 15 秒。

3. 滴定实验要做到数据平行,应在每一步都规范操作,并尽量使每次操作情况相接近,如滴定时溶液起始位置、滴定速度、指示剂用量、终点颜色等。

【预习思考题】

1. 滴定管和移液管为什么要用溶液润洗 3 遍？锥形瓶是否也要用溶液润洗？

2. 能否用量筒量取待滴定液进行滴定？为什么？

3. 以下情况对实验结果有何影响？

(1) 滴定结束后,尖嘴外留有液滴;

(2) 滴定结束后,滴定管内壁挂有液滴;

(3) 滴定结束后,尖嘴内有气泡;

(4) 滴定过程中,往锥形瓶中加少量去离子水。

4. 如滴定过程中使用大量去离子水冲洗锥形瓶内壁,会对滴定结果带来怎样的影响？

【课后问题】

1. 如取 10.00 mL HCl 溶液,以 NaOH 溶液滴定,所得结果与取 25.00 mL HCl 溶液的相比,哪个误差更大？

2. 在用 NaOH 滴定酸的浓度时,是否还可以选用其他指示剂？为什么？

实验 3.6 沉淀及离心分离

(一) 安全提示

可溶性钡盐有毒,请将可溶性钡盐沉淀为硫酸钡后丢弃。铬盐有毒,请将含铬的废液倒入指定回收桶。

(二) 目的要求

(1) 试验沉淀剂的用量,检验沉淀是否完全。

(2) 试验加热对沉淀的影响。

(3) 进行沉淀的分离和洗涤。

(三) 实验内容

1. 沉淀剂的用量和沉淀完全的检验

往离心管中加入 2 mL 0.1 mol/L $BaCl_2$ 溶液(一般滴管 14~16 滴为 1 mL,实验中可以自己试验),再加 6~7 滴 0.5 mol/L K_2CrO_4 溶液,搅拌,离心分离。往上层清液中再加 1 滴 K_2CrO_4 溶液,观察是否又有沉淀生成,若有沉淀生成,表示 Ba^{2+} 未沉淀完全,继续往上层清液中滴加 K_2CrO_4 溶液。如此重复,直至上层清液不呈混浊,即表示沉淀已经完全。记下所加的 K_2CrO_4 溶液的滴数,比较使 Ba^{2+} 沉淀完全所用 K_2CrO_4 的量与理论计算量是否相符合。

在一般情况下,为了沉淀完全,只需加比理论计算量稍多 2~3 滴的沉淀剂就可以了。试剂过量太多,非但不必要,而且有可能引起其他反应,例如:有些情况下,过多的沉淀剂会引起配合物的生成等副反应,反而加大沉淀溶解的量。

2. 加热对沉淀的影响

取两个小试管,各加入 1 mL 0.2 mol/L $CaCl_2$ 溶液,将其中一支试管放在沸水浴中加热 3 分钟。

往盛有冷、热溶液的两个试管中各加入 5 滴饱和 Na_2CO_3 溶液,轻轻振荡试管,使溶液混合,观察哪个试管中沉淀下沉速度较快。试说明加热对沉淀有什么影响。

3. 离心分离和沉淀的洗涤

往离心管中加入 0.1 mol/L $AgNO_3$ 及 0.2 mol/L $Cu(NO_3)_2$ 溶液各 10 滴,再加入 2 滴 6 mol/L HCl 溶液,充分搅拌,并在水浴中稍热片刻,冷却后离心沉降,检验沉淀是否完全。待沉淀完全后,将 AgCl 沉淀用离心分离的方法与含 Cu^{2+} 的清液分开。

这样得到的 AgCl 沉淀上还沾有少量 Cu^{2+},必须进行洗涤。为此,往沉淀上加 2 mL

去离子水，充分搅拌沉淀，然后离心分离，将“洗涤液”移入小试管中。用同样的方法再把沉淀洗涤2次，两次“洗涤液”分别放在不同的试管中。往盛有3次“洗涤液”的小试管中各加入2滴0.2 mol/L $K_4Fe(CN)_6$ 溶液，搅拌均匀，放置5分钟，观察各试管中的现象。并根据现象说明，如果要进行定性分析，如离子的分离检出，得到的沉淀一般需要洗涤几次？洗涤的原则是什么？

【注意事项】

对于有沉淀生成的实验，除了要注意沉淀能否生成外，还必须要注意到沉淀是否完全；除了要利用离心分离法把沉淀和溶液分开外，还必须要注意到沉淀是否洗干净等问题。这是本实验关注的重点。

【预习思考题】

1. 实验中，加热为什么能使 $CaCO_3$ 沉淀下沉得较快？

2. 据“少量多次”原则判断，下列何种情况洗涤效果最好？

(1) 用3 mL水洗1次；

(2) 用3 mL水分2次洗，即每次用水1.5 mL；

(3) 用3 mL水分3次洗，即每次用水1 mL。

【课后问题】

要使 Ba^{2+} 沉淀完全，可用 K_2CrO_4 作沉淀剂。要使 Pb^{2+} 沉淀完全，能用 K_2CrO_4 作沉淀剂吗？能用NaCl作沉淀剂吗？为什么？

实验 3.7 铜的反应循环

(一) 安全提示

浓 HNO_3 溅到皮肤上会导致皮肤严重烧伤，同时浓 HNO_3 易挥发，会对肺产生刺激。使用它时，必须佩戴橡胶手套(或聚氯乙烯手套)，并在通风橱中进行。浓 HNO_3 产生的红棕色 NO_2 气体是有毒的，有 NO_2 气体产生的实验应在通风橱中进行。

乙醇是易燃物品，使用时应避开明火。

水浴蒸发浓缩溶液时蒸发皿温度较高，拿取蒸发皿时请戴棉线手套或加垫毛巾等物品隔热，以防烫伤。

本实验涉及的酸碱溶液浓度较大，实验完成后需将废酸、废碱溶液中和后再排入下水道。

(二) 目的要求

(1) 了解与铜有关的化学反应。

(2) 练习化学实验的基本操作，如称量、倾析法进行固液分离、沉淀的洗涤、水浴加热等。

(三) 实验内容

1. Cu 转化为 $Cu(NO_3)_2$

称取约 0.5 g 的铜粉(准确到 1 mg)，放入一个 250 mL 的烧杯中，在通风橱中再加入 4 mL 浓 HNO_3。搅拌烧杯中的液体直到 Cu 粉全部反应。之后加入 100～150 mL 去离子水，再将烧杯拿至实验台上进行后续实验。

记录实验数据和现象，写出反应方程式。

2. $Cu(NO_3)_2$ 转化为 $Cu(OH)_2$(也可能是碱式盐，如何通过实验判断?)

在用玻璃棒搅拌的情况下，往上述溶液中加入 30 mL 3 mol/L NaOH 溶液，得到沉淀。记录实验现象，写出化学反应方程式。

3. $Cu(OH)_2$ 转化为 CuO

用小火将溶液加热到近沸，其间用玻璃棒温和地搅拌以防止暴沸(注：暴沸是一种由于沉淀局部过热而产生大气泡的现象。如果溶液中产生暴沸，将损失部分 CuO)。当转化完成后，停止加热。继续搅拌约 1 分钟，待 CuO 沉积下来后将上层清液用倾析法倒掉。再加入 200 mL 热的去离子水洗涤沉淀，并让 CuO 再次沉积，然后倾析。记录实验现象，写出化学反应方程式。

4. CuO 转化为 $CuSO_4$

边搅拌边将 15 mL 6 mol/L H_2SO_4 溶液加入到 CuO 中,记录实验现象,写出化学反应方程式。

5. $CuSO_4$ 转化为 Cu

在通风橱中将约 2 g 的 Zn 粉加入到步骤 4 所得溶液中,搅拌,直到溶液变为无色。当气体产生很慢时,将上层清液倾析倒掉。如果仍有 Zn 粉未反应掉,则加入少量(<10 mL) 6 mol/L HCl 溶液,小火加热(切勿沸腾)。当看不到气体产生时将清液倒掉,用 10 mL 去离子水洗涤所得 Cu 粉,弃去洗涤液。重复洗涤至少 3 次。之后将 Cu 粉转移至蒸发皿中,用 5 mL 乙醇分两次洗涤 Cu 粉,弃去洗涤液。将盛 Cu 粉的蒸发皿置于水浴上,得到干燥的 Cu 粉,将其转移到称量纸上称量。观察并记录 Cu 粉的颜色、质量,写出相关的反应方程式。

6. 回收率计算

计算所得 Cu 粉的回收率。

【预习思考题】

1. 有哪些步骤会造成产物的损失?
2. 在"实验内容 5"中,除去过量的锌粉时为什么要加 HCl 而不是其他强酸?

【课后问题】

比较同学得到的铜粉的颜色和回收率,讨论导致这些差别的可能原因。

实验 3.8 提纯氯化钠

(一) 安全提示

可溶性钡盐有毒,请将可溶性钡盐沉淀为硫酸钡后丢弃。

乙醇是易燃物品,使用时应避开明火。

水浴蒸发溶液时蒸发皿温度较高,拿取蒸发皿时请戴棉线手套或加垫抹布。

(二) 目的要求

(1) 学习无机物分离提纯的基本操作:常压过滤、减压过滤、蒸发与浓缩。

(2) 通过若干分离提纯的操作,从粗盐得到达到一定纯度的氯化钠。

(3) 学习中间控制检验和成品的限量分析。

(4) 了解有关离子的性质。

(三) 原理

氯化钠试剂或医用生理盐水所用的盐都是以粗盐为原料进行提纯的。粗盐中的主要杂质有 K^+、Ca^{2+}、Mg^{2+}、Fe^{3+}、SO_4^{2-}、CO_3^{2-} 等。选用合适的试剂(如 Na_2CO_3、$BaCl_2$ 溶液),在适当的条件下可以使 Ca^{2+}、Mg^{2+}、Fe^{3+}、SO_4^{2-} 生成难溶化合物而与粗盐中的不溶性杂质一起除去。加 HCl 溶液可以除去 CO_3^{2-}。

在提纯过程中,为了检查某种杂质是否接近除尽,常取少量清液,滴加适当的试剂,以检验其中的杂质,这种方法称为“中间控制检验”。

最后在核定产品级别时,须做“成品检验”,即 NaCl 质量分数和杂质质量分数的分析。前者用定量分析法,后者则是将成品配成溶液与各种标准溶液进行比色或比浊,以确定杂质含量范围。如果成品溶液的颜色或浊度不深于标准溶液,则认为杂质含量低于该规定的限度,所以这种分析方法又称为限量分析。

目视比色法是一种用眼睛辨别颜色深浅,以确定待测组分含量的方法。一般采用标准系列法,即在一套等体积的比色管中配制一系列浓度不同的标准溶液,并按同样的方法配制待测溶液,待显色反应达平衡后,从管口垂直向下观察,比较待测溶液与标准系列中哪一个标准溶液颜色一致,便表明二者浓度相等。如果待测溶液的颜色介于某相邻两标准溶液之间,则待测试样的含量可取两标准溶液含量的平均值。

目视比色法的特点是:利用自然光,无需特殊仪器;方法简便,灵敏度高;准确度较低,一般为半定量;不可分辨多组分。

(四) 实验内容

1. 溶解粗盐

称 10 g 粗盐,放在烧杯中,加 40 mL 水,加热搅拌使它溶解。最后剩下少量不溶性杂质。

2. 除去 SO_4^{2-}

往上述热溶液中加入 1～2 mL 25% $BaCl_2$ 溶液,加热至近沸,小火保温 10 分钟,使 $BaSO_4$ 沉淀完全。

3. 检查 SO_4^{2-}

从烧杯中取 1 mL 溶液,过滤后将清液放在试管中,加几滴 6 mol/L HCl 溶液酸化,再加 25% $BaCl_2$ 溶液和 1 mL 乙醇。

如果溶液发生混浊,表明 SO_4^{2-} 尚未除尽,需要再往热溶液中加 25% $BaCl_2$ 溶液,进一步除去 SO_4^{2-}。如果不发生混浊,即可将全部溶液过滤,保留清液,弃去沉淀。

4. 除去 Ca^{2+}、Mg^{2+}、Ba^{2+}、Fe^{3+}

在近沸条件下,往溶液中加入饱和 Na_2CO_3 溶液至不再产生沉淀为止,然后再多加 0.5 mL 饱和 Na_2CO_3 溶液,小火保温 5 min,这时 Ca^{2+}、Mg^{2+}、Ba^{2+}、Fe^{3+} 都生成难溶的碳酸盐、碱式碳酸盐或氢氧化物沉在烧杯底部。

5. 检查 Ba^{2+}

取 1 mL 除 Ca^{2+} 等杂质的溶液,过滤后清液放在试管中,加几滴 6 mol/L H_2SO_4 溶液酸化,再加少量乙醇。

如果溶液发生混浊,表明 Ba^{2+} 未除尽(检查液用后弃去),需要再往溶液中加入饱和 Na_2CO_3 溶液,进一步除去杂质。如果没有混浊,就可把溶液全部过滤,弃去沉淀,保留清液。

6. 除去 CO_3^{2-}

往清液中滴加 2～3 mL 6 mol/L HCl 溶液,使溶液的 pH 为 2～3。加热溶液,并不断搅拌,使 CO_3^{2-} 转化成 CO_2 而被除去。

7. 蒸发结晶

把调好 pH 的溶液倒在蒸发皿内,放在水浴上蒸发至溶液变成黏稠状为止,用减压过滤把 NaCl 抽干后,放在蒸发皿内用本生灯小火炒干。冷却、称量,计算收率并进行成品检验。

8. 成品检验

各级 NaCl 试剂纯度的国家标准见表 3.8.1。本实验只做杂质 Fe^{3+} 和 SO_4^{2-} 的限量分析,采用目视比色法。

(1) **Fe^{3+} 的限量分析**　在酸性介质中,Fe^{3+} 与 SCN^- 生成红色配合物 $FeNCS^{2+}$,颜色的深浅与 Fe^{3+} 的浓度成正比。

先配制浓度为 0.01mg/mL 的 Fe^{3+} 标准溶液。然后用吸量管移取 0.3 mL Fe^{3+} 标准溶液于比色管中。加 2 mL 25% KSCN 溶液和 2 mL 3 mol/L HCl 溶液,加水稀释到 25 mL,摇匀,这是一级试剂标准溶液(其中含有 0.003 mg Fe^{3+})。再分别取 0.9 mL 和 1.5 mL Fe^{3+} 标准溶液于比色管中,用同样的方法可配得相当于二级和三级试剂的标准溶液。

称取 3 g 试样(NaCl 成品),放在比色管中[1],加 20 mL 去离子水溶解,再加 2 mL 25% KSCN 溶液和 2 mL 3 mol/L HCl 溶液,加水稀释到 25 mL,摇匀。然后把试样溶液与配好的标准溶液进行比色,确定试样的等级。

比色结果,若 3 g NaCl 试样所显示的颜色深浅与一级试剂标准溶液一致,则表示 3 g NaCl 中杂质 Fe^{3+} 的含量为 0.003 mg,即:杂质 Fe^{3+} 的质量分数为

$$w(\mathrm{Fe}) = \frac{0.003}{3 \times 1000} \times 100\% = 0.0001\%$$

查表 3.8.1 知,符合一级试剂标准。

表 3.8.1 NaCl 中杂质最高含量[以质量分数计,$w(\mathrm{NaCl}) > 99.8\%$]

杂质名称	一级	二级	三级
干燥失重	0.2	0.2	0.2
水不溶物	0.003	0.005	0.02
溴化物(Br^-)	0.02	0.02	0.1
碘化物(I^-)	0.002	0.002	0.012
硝酸盐(NO_3^-)	0.002	0.002	0.005
硫酸盐(SO_4^{2-})	0.001	0.002	0.005
氮化合物(N)	0.0005	0.001	0.001
钾(K)	0.01	0.02	0.04
钙(Ca)	0.005	0.007	0.01
镁(Mg)	0.001	0.002	0.005
钡(Ba)	0.001	0.002	0.005
铁(Fe)	0.0001	0.0003	0.0005
重金属(以 Pb 计)	0.0005	0.0005	0.001
砷(As)	0.00002	0.00005	0.0001

(2) **SO_4^{2-} 的限量分析** 用 $BaCl_2$ 溶液与试样中微量 SO_4^{2-} 生成难溶的 $BaSO_4$,使溶液发生混浊,然后进行比浊来确定试样中 SO_4^{2-} 的质量分数。

先配制浓度为 0.1 mg/mL 的 SO_4^{2-} 标准溶液。然后用吸量管移取 0.3 mL SO_4^{2-} 标准溶液于比色管中,加 1 mL 3 mol/L HCl 和 3 mL 25% $BaCl_2$ 溶液,加去离子水稀释到 25 mL,摇匀。这是一级试剂标准溶液(其中含有 0.03 mg SO_4^{2-})。再分别取 0.6 mL 和 1.5 mL SO_4^{2-} 标准溶液于比色管中,用同样的方法可配得相当于二级和三级试剂的标准溶液。

---

[1] 严格来说,应当先在小烧杯中将固体溶解后,再转移到比色管中。由于 NaCl 固体易溶于水,在溶解中热效应较小,而且溶液无色,又考虑到初学者操作上的困难,因而直接在比色管中溶解样品。

称取3 g试样(NaCl成品),放在比色管中,加入15 mL去离子水溶解之,再加1 mL 3 mol/L HCl和3 mL 25% $BaCl_2$ 溶液,加去离子水稀释到25 mL,摇匀。然后把试样与标准溶液进行比浊,确定试样的等级。

比浊结果,若3 g NaCl试样所显示的混浊程度与一级试剂标准溶液相同,则表示3 g NaCl中杂质 SO_4^{2-} 的含量为0.03 mg,即:杂质 SO_4^{2-} 的质量分数为

$$w(SO_4^{2-}) = \frac{0.03}{3 \times 1000} \times 100\% = 0.001\%$$

查表3.8.1知,符合一级试剂标准。

【注意事项】

1. 检查 SO_4^{2-}(或 Ba^{2+})是否除净时,如果溶液中NaCl浓度较高,则在加入乙醇后可能析出NaCl微晶体,应注意区分晶状沉淀(NaCl)及粉末状沉淀($BaSO_4$)。

2. 加HCl除 CO_3^{2-} 时,在加热的同时要不断搅拌,以促使 CO_2 逸出。

【预习思考题】

1. 10 g粗盐加40 mL水,所得的溶液是否饱和?为什么不配成饱和溶液?

2. 为什么用毒性很大的 $BaCl_2$ 除 SO_4^{2-},而不用无毒的 $CaCl_2$?过量的 Ba^{2+} 如何除去?

3. 实验为什么要用 Na_2CO_3 除去 Ca^{2+}、Mg^{2+} 等杂质,而不用别的可溶性碳酸盐?除去 CO_3^{2-} 为什么要用HCl溶液而不用别的强酸,且用HCl调至pH为2~3即可?

4. 在检验 SO_4^{2-}、Ba^{2+} 是否除尽时,为什么要加乙醇?

5. 除 SO_4^{2-} 时,加了25% $BaCl_2$ 溶液后,为什么还要小火保温10分钟?

6. 本实验中,将"实验内容3"的过滤省去,直接加 Na_2CO_3 是否可行?为什么?

7. 炒干前,减压抽滤NaCl黏稠液的作用是什么?

8. 在检验产品纯度时,能否用自来水溶解提纯后的NaCl?为什么?

【课后问题】

1. 像本实验中用化学方法除一些杂质时,选择除去杂质的化学试剂的标准是什么?

2. 本实验中,影响提纯产物收率的主要因素有哪些?

实验 3.9　硫酸亚铁铵的制备

(一) 安 全 提 示

铁粉与稀 H_2SO_4 反应生成 H_2 并携带刺激性酸雾，须在通风橱中进行。

水浴蒸发溶液时容器温度较高，拿取锥形瓶或蒸发皿时请戴棉线手套或加垫毛巾等物品隔热，以防烫伤。

(二) 目 的 要 求

(1) 制备复盐硫酸亚铁铵，了解复盐的特性。

(2) 练习无机物制备中的一些基本操作，包括：液体的加热、减压过滤、蒸发与浓缩等。

(3) 检验产品中的 Fe(Ⅲ)杂质。

(三) 原　　理

铁粉溶于稀 H_2SO_4 中生成 $FeSO_4$：

$$Fe + H_2SO_4 = FeSO_4 + H_2 \uparrow$$

等摩尔 $FeSO_4$ 与 $(NH_4)_2SO_4$ 从水溶液中结晶生成溶解度较小的复盐硫酸亚铁铵，其化学式为 $(NH_4)_2SO_4 \cdot FeSO_4 \cdot 6H_2O$，俗称摩尔盐。它比一般的亚铁盐稳定，在空气中不易被氧化。

(四) 实 验 内 容

1. 硫酸亚铁的制备

称取 4 g 铁屑，放在锥形瓶内，加 20 mL 10% Na_2CO_3 溶液，小火加热 10 分钟，以除去油污。用倾析法倒掉碱液，并用水把铁屑洗净，把水倒掉。

往盛着铁屑的锥形瓶内加入 25 mL 3 mol/L H_2SO_4 溶液，放在水浴上加热(在通风橱内进行)，等铁屑与硫酸充分反应后(约 30～40 分钟)，趁热减压过滤分离溶液和残渣，滤液转移到蒸发皿内，残渣弃去。

如果实验所用原料为还原铁粉试剂，则省去除油污的步骤，直接用铁粉与硫酸反应。

2. 硫酸亚铁铵的制备

根据初始铁屑的量计算溶液中 $FeSO_4$ 的量。按 $FeSO_4$ 与 $(NH_4)_2SO_4$ 摩尔比为 1∶1 的比例，称取 $(NH_4)_2SO_4$ 固体，把它配成饱和溶液，加到 $FeSO_4$ 溶液中。然后在水浴上浓缩溶液，直至溶液表面出现一定量的结晶颗粒，放置，让溶液自然冷却，得硫酸亚铁铵晶体。

用倾析法或减压过滤除去母液，把结晶放在表面皿上晾干，称量，计算产率。

3. Fe^{3+}的限量分析

本实验采用直接在比色管中溶解固体样品的方法，理由同实验3.8(硫酸亚铁铵晶体为浅绿色，溶液很稀时接近无色)。

标准溶液的配制方法：用移液管取5 mL 0.01 mg/mL Fe^{3+}标准溶液于比色管中，加1 mL 6 mol/L HCl和1 mL 25% KSCN溶液，再加入不含氧的去离子水将溶液稀释到25 mL，摇匀。这是一级试剂标准溶液(其中含Fe^{3+} 0.05 mg)。再分别取10 mL和20 mL Fe^{3+}标准溶液于比色管中，用同样方法可配得二级和三级试剂的标准溶液，其中含Fe^{3+}分别为0.10 mg和0.20 mg。

称取1 g硫酸亚铁铵晶体，加到25 mL比色管中，用15 mL不含氧的去离子水溶解，再加1 mL 6 mol/L HCl和1 mL 25% KSCN溶液，最后加入不含氧的去离子水将溶液稀释到25 mL，摇匀，与标准溶液进行目视比色，确定产品的等级。

【注意事项】

1. 铁屑与硫酸反应过程中应补加少量水(5～10 mL)和少量硫酸(3 mol/L，2～5 mL)，补加多少要有记录。

2. 要关注反应进程，过程中充分混合铁屑和硫酸(经常摇动反应的锥形瓶)是必要的。

3. 如用铁粉为原料，抽滤时最好用双层滤纸，以避免细小的铁粉穿滤。

4. 整个实验中最重要的是缩短蒸发浓缩的时间，并注意酸度，以避免Fe(Ⅱ)被氧化。

5. 产率要求为50%～80%，同学可在保证此产率范围内，尝试如何控制晶体的大小。

【预习思考题】

1. 本实验的反应过程中是铁过量还是硫酸过量？为什么要这样？

2. 在铁屑与硫酸反应过程中，可能需要补充少量水或硫酸。在什么情况下需要补酸？在什么情况下需要补水？

3. 如何配制饱和硫酸铵溶液？

4. 一级、二级、三级试剂中，Fe^{3+}杂质的质量分数各是多少？

【课后问题】

1. 在铁屑与硫酸反应过程中，溶液中的酸应保持一定量。酸过多、过少对整个实验各有何影响？

2. 如果在制备过程中有部分Fe^{2+}被氧化成Fe^{3+}，有什么现象？如何处理可得到纯净的硫酸亚铁铵？

实验3.10　五水合硫酸铜的制备

(一) 安全提示

加热蒸发溶液时蒸发皿温度较高，拿取蒸发皿时请戴棉线手套或加垫毛巾等物品隔热，以防烫伤。

(二) 目的要求

(1) 学习无机制备的一些基本操作，如坩埚中灼烧、倾析法分离固液、减压过滤(包括热过滤)、结晶、重结晶等。

(2) 由含铜废液制备五水合硫酸铜。

(三) 原　　理

用铁片将含 Cu^{2+} 废液中的 Cu^{2+} 置换成单质铜：

$$Fe + Cu^{2+} = Fe^{2+} + Cu$$

单质铜在高温下灼烧，被空气氧化为 CuO：

$$2Cu + O_2 = 2CuO$$

CuO 与 H_2SO_4 反应，生成 $CuSO_4$：

$$CuO + H_2SO_4 = CuSO_4 + H_2O$$

溶液经过滤、浓缩、结晶可以得到晶体 $CuSO_4 \cdot 5H_2O$。进行重结晶可以使产品具有较高纯度。

(四) 实验内容

(1) 将铁片放入 80 mL 含 Cu^{2+} 废液中，小火加热。反应完成后，用倾析法倒掉溶液。得到的铜粉用自来水洗干净，然后用减压过滤法过滤铜粉，抽干。把铜粉放在蒸发皿中，用小火炒干，冷却。

(2) 称取 3 g 铜粉，放在坩埚中大火灼烧，并不断搅拌使铜粉充分被氧化，反应完成后放置冷却。

(3) 在蒸发皿中加入 20 mL 1∶4 H_2SO_4 溶液，在搅拌的情况下，将上一步所得 CuO 粉末慢慢加入其中，把蒸发皿放在石棉网上小火加热并不断搅拌，得到蓝色溶液。反应中如出现结晶，可补充适量的去离子水。

(4) 将 $CuSO_4$ 溶液趁热减压过滤，除去不溶杂质。清液转移至蒸发皿中，浓缩至液面出现结晶膜，用冷水冷却令其结晶。减压过滤，得到 $CuSO_4 \cdot 5H_2O$ 粗晶体。

(5) $CuSO_4 \cdot 5H_2O$ 的重结晶：称取 8 g 得到的 $CuSO_4 \cdot 5H_2O$ 粗晶体放入烧杯中，加入 25 mL 去离子水，置于石棉网上，小火加热溶解。趁热减压过滤，滤液转移至蒸发皿中，浓缩至液面出现结晶膜。停止加热，取下蒸发皿，盖上表面皿，令其自然冷却至室温，得 $CuSO_4 \cdot 5H_2O$ 晶体。减压过滤，洗涤晶体，抽干。用滤纸吸干晶体表面的溶液，称量并计算产率。

(6) 观察晶体的外形，并描述其特征。

【选做实验】

● **制备硫酸铜铵水合物[$(NH_4)_2Cu(SO_4)_2 \cdot 6H_2O$]** 称取约 4 g $CuSO_4 \cdot 5H_2O$ 晶体，加入适量的 $(NH_4)_2SO_4$ 固体和热水。固体全部溶解后，冷却溶液得到晶体，计算产率，并观察晶体的外形。

● **制备硫酸四氨合铜(Ⅱ)[$Cu(NH_3)_4SO_4 \cdot H_2O$]** 称取约 2.5 g $CuSO_4 \cdot 5H_2O$ 晶体，溶于 25 mL 去离子水中，在搅拌情况下加入浓 $NH_3 \cdot H_2O$，制得 $Cu(NH_3)_4SO_4$ 溶液。

然后将溶液分成两份。一份加入等体积的 95% 乙醇溶液，搅拌，并观察现象；另一份溶液放在烧杯里，沿杯壁慢慢加入等体积 95% 乙醇溶液，不要搅动，盖上表面皿，静置结晶。比较两种获得晶体的方法各有什么特点。

【注意事项】

1. 本实验所用的含铜废液，可以是腐蚀印刷电路后的烂板液，也可以是回收 $CuSO_4 \cdot 5H_2O$ 所配成的含 Cu^{2+} 废液，以能置换出 3 g Cu 为限。

2. 小火炒干铜粉时，可用小火断断续续加热烘烤，不能用大火，也不能用小火长时间加热，否则铜粉会被氧化。

【预习思考题】

1. 用 3 g 铜粉制备 $CuSO_4 \cdot 5H_2O$ 晶体，理论上需要多少 1∶4 的 H_2SO_4 溶液？实际用量为什么比理论量要多？

2. 制备 $Cu(NH_3)_4SO_4 \cdot H_2O$ 晶体时，加 95% 乙醇溶液的目的是什么？

【课后问题】

什么叫重结晶？在实验室常见的无机盐中哪些可以用重结晶提纯？哪些不可以？请举例说明。

第二部分 化学原理及化学平衡实验

实验 3.11 凝固点降低法测摩尔质量

(一) 安 全 提 示

苯和萘均为有毒有机物。苯可燃,有毒,是一种致癌物质,短期内大量吸入苯蒸气后会引起急性中毒。萘易挥发、易升华,遇明火、高热可燃。实验时请勿使用明火,并将含有苯和萘的废液倒入指定的回收桶中。

(二) 目 的 要 求

(1) 了解凝固点降低法测定摩尔质量的原理及方法,加深对稀溶液依数性的认识。

(2) 测定萘的摩尔质量。

(三) 原 理

凝固点的降低是稀溶液的一种依数性,它与溶液质量摩尔浓度的关系为

$$\Delta T_{\mathrm{f}}=K_{\mathrm{f}}\cdot b$$

其中,ΔT_{f} 为凝固点降低值,b 为溶液质量摩尔浓度,K_{f} 为凝固点降低常数,它只与所用溶剂的特性有关,例如,水的 $K_{\mathrm{f}}=1.86\ \mathrm{K\cdot kg\cdot mol^{-1}}$,苯的 $K_{\mathrm{f}}=5.12\ \mathrm{K\cdot kg\cdot mol^{-1}}$。

溶液质量摩尔浓度与溶质和溶剂的质量及溶质的摩尔质量有关,因此,上式可写成

$$\Delta T_{\mathrm{f}} = K_{\mathrm{f}}\cdot\frac{m_2}{M}\cdot\frac{1}{m_1}\cdot 1000$$

其中,m_1、m_2 分别为溶液中溶剂和溶质的质量(g),M 为溶质的摩尔质量。

若已知某稀溶液的 K_{f}、m_1、m_2,并测得 ΔT_{f},即可求得溶质的摩尔质量 M:

$$M=K_{\mathrm{f}}\cdot\frac{1000m_2}{\Delta T_{\mathrm{f}}\cdot m_1}$$

实验中,要测溶剂和溶液的凝固点之差。凝固点的测定是采用过冷法,将溶剂逐渐降温至过冷,然后结晶,当晶体生成时,放出的热量使体系温度回升,而后,温度保持相对恒定,直到全部液体凝成固体后才会下降。相对恒定的温度即为凝固点。过冷法对于溶剂来说,只要固液两相平衡,体系的温度均匀,理论上各次测定的凝固点应该一致,但实际上略有差别,因为体系温度可能不均匀,尤其是过冷程度不同,析出晶体多少不一致

时,回升温度不易相同。对于溶液来说,除温度外,还有溶液浓度的影响。当溶液温度回升后,由于不断析出溶剂晶体,所以溶液的浓度逐渐增大,凝固点会逐渐降低。因此,溶液温度回升后没有一个相对恒定的阶段,而只能把回升的最高点温度作为凝固点。这时,因有少量溶剂晶体析出,所以溶液浓度已不是起始浓度,而应大于起始浓度。但如果过冷程度不严重,析出晶体较少,加之溶液较稀,则把起始浓度看做凝固点时的溶液浓度,一般不会产生很大的误差。

(四) 实验内容

1. 仪器装置

仪器的装置如图3.11.1所示。C是盛溶液的内管,在C管的软木塞上插好温度计A(读准至0.01℃,注意温度计的水银球既要浸没在溶液中,又不能与瓶底、瓶壁接触,其使用参见1.3节)及搅棒B,B应能上下自由活动而不碰温度计。将C固定在套管D内,然后把D管置于冰水浴F中,E是冰水浴的搅棒。

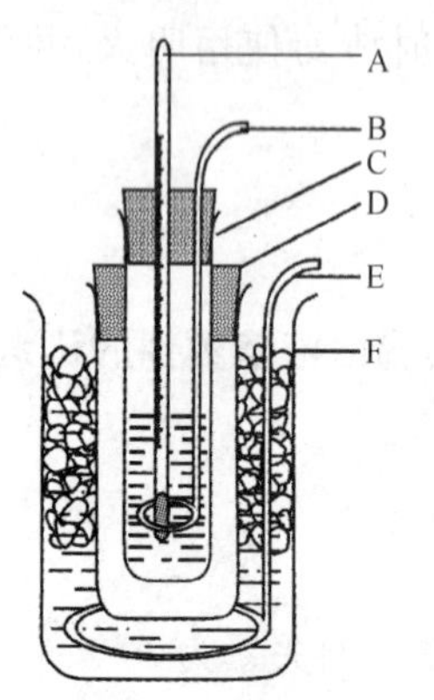

图3.11.1 实验装置

A. 温度计;B. 搅棒;C. 内管;D. 套管;E. 冰水浴搅棒;F. 冰水浴

2. 溶剂凝固点的测定

欲使结晶析出量少,就应控制过冷程度。用移液管取25 mL苯,加入C管中,调节温度计A的位置,使水银球全部淹没在苯中,且离管底1 cm左右,塞紧C管的软木塞,用搅棒B搅拌,使其温度逐渐降低。当温度回升时,停止搅拌,通过放大镜观察温度计读数(应使放大镜中心部分对准读数刻度,否则会引起误差)。待回升的温度相对恒定时,记下此时温度,即为苯的凝固点。重复上述测量过程3次,使各次测定值之差不大于0.02℃。

3. 溶液凝固点的测定

在天平上准确称取约1 g萘($C_{10}H_8$,⬡⬡)。取出C管,使其中的固体苯全部熔化,然后加入已称量的萘,待萘全部溶解后,用上述方法测定该溶液的凝固点,凝固点是取其过冷后温度回升时所达到的最高温度。重复测定3次,各次测量值之差应不大于0.04℃。

(五) 数据记录及结果处理

将所得数据按表3.11.1记录在实验记录本上。

表 3.11.1 萘的摩尔质量测定结果

室温/℃				
苯的取量*/mL				
萘的质量/g				
苯的凝固点/℃	3 次实验测定值			
	实验平均值			
溶液的凝固点/℃	3 次实验测定值			
	实验平均值			
ΔT_f/℃				
苯的 K_f				
萘的摩尔质量 /$(g \cdot mol^{-1})$	实验测定值			
	计算值			
	相对误差			

* 用下式计算苯的密度，再由密度计算苯的质量：

$$\rho_t = \rho_0 - 1.0636 \times 10^{-3}(t - t_0)$$

式中 ρ_t、ρ_0 分别为 t、t_0 时苯的密度。t 为实验中苯的温度，$t_0 = 0$℃，$\rho_0 = 0.9001\ g/cm^3$。

【选做实验】

环己烷是一种较好的溶剂，可利用环己烷-萘体系测定环己烷的 K_f。萘的质量摩尔浓度可为 0.1～0.5 mol/kg，K_f 可从凝固点降低公式直接算出，亦可作 ΔT_f-c 图，求出直线斜率。试比较两种方法的异同。

【注意事项】

1. 用"过冷法"测定溶液的凝固点时，由于存在过冷现象，一旦当晶体大量析出时，放出凝固热会使温度回升，回升的最高温度并不是原溶液的凝固点。由于本实验中体系与环境的温差不大，如果注意控制过冷程度，取回升的最高温度作为溶液的凝固点，一般不会引起较大误差。

2. 如遇严重过冷情况，可考虑在熔化晶体做下次测量时，保留少量晶种。这样当体系温度降到凝固点时，即有晶体析出，而不会产生严重的过冷现象。

3. 体系过冷后，温度回升时，要特别注意温度计的读数变化，尤其是对于溶液，所记录的读数一定是回升后的最高温度。在读取温度时，可用手指轻轻敲弹温度计。

【预习思考题】

1. 严重的过冷现象为什么会给实验结果带来较大的误差？

2. 实验中，所配溶液的浓度太稀或太浓都会使实验结果产生较大的误差，为什么？

3. 在"实验内容3"中,如果第一次实验时不能使萘全部溶解,应采取如下哪些方法?

(1) 忽略不溶解的现象,继续实验;

(2) 略去此次实验结果,只按其他两次实验结果计算;

(3) 小心地用吸量管取少量苯,加入C管中;

(4) 洗涤整个装置,重新开始实验。

请说出你自己的选择,并解释原因。

【课后问题】

1. 若溶质在溶液中产生离解、缔合等情况,对实验结果有何影响?

2. 测凝固点时,纯溶剂温度回升后能有一相对恒定阶段,而溶液则没有,为什么?

3. 根据公式 $M=K_f \cdot \frac{1000m_2}{\Delta T_f m_1}$,试分析引起实验误差的主要原因。

实验 3.12　中和热的测定

(一) 安全提示

无。

(二) 目的要求

(1) 用量热法测定 HCl(aq)和 NaOH(aq)反应的中和热及 HCl(aq)和 NaOH(s)反应的反应热。

(2) 根据盖斯定律估算 NaOH(s)的溶解热。

(3) 了解测定热容的一种方法。

(三) 原　理

酸、碱中和是一个放热反应,在一定温度、压力和浓度下,1 mol H^+(aq)与 1 mol OH^-(aq)反应生成 1 mol H_2O 的过程中所放出的热量叫做中和热。

$$H^+(aq)+OH^-(aq) = H_2O$$

在水溶液中,强酸、强碱几乎全部电离,所以 1 mol HCl(aq)和 1 mol NaOH(aq)反应生成 1 mol H_2O 所放出的热量就是中和热。

如果改用固体 NaOH 和 HCl(aq)进行反应,由于固体 NaOH 溶于水也是一个放热过程,所以 1 mol HCl(aq)和 1 mol NaOH(s)反应生成 1 mol H_2O 的反应热要大于中和热,两者之差可以认为是 NaOH(s)的溶解热。

用量热器(实验中用保温瓶)测定反应的热效应时,先要测该量热器的热容。为此可在量热器中加入体积为 $V_{冷}$(mL)、温度为 $t_{冷}$(℃)的冷水,再加入温度为 $t_{热}$(℃)、体积为 $V_{热}$(mL)的热水。设混合后水的温度为 $t_{混}$(℃),量热器的热容为 $C_{瓶}$,则可根据下式求出 $C_{瓶}$:

$$(t_{热}-t_{混})\cdot V_{热}\cdot\rho_{水}\cdot S_{水}=(t_{混}-t_{冷})\cdot(V_{冷}\cdot\rho_{水}\cdot S_{水}+C_{瓶})$$

式中 $\rho_{水}$ 和 $S_{水}$ 分别为水的密度和比热。

HCl(aq)和 NaOH(aq)在量热器中进行反应所放出的热量,使反应生成的盐溶液和量热器的温度上升。若反应前酸、碱液的温度为 $t_{始}$(℃),反应后盐溶液的温度为 $t_{终}$(℃),盐溶液的体积为 $V_{盐}$(mL),可按下式求得反应所放出的热量 Q:

$$Q=(t_{终}-t_{始})\cdot(V_{盐}\cdot\rho_{盐}\cdot S_{盐}+C_{瓶})$$

式中 $\rho_{盐}$ 和 $S_{盐}$ 分别为盐的密度和比热。

实验中如所用 HCl 溶液为 n(mol),即生成 n(mol) H_2O,则中和热 ΔH 为

$$\Delta H=-\frac{Q}{n(\mathrm{HCl})}$$

(四) 实验内容

1. 测定量热器热容

(1) 参照图3.12.1的量热器示意图,在干的保温瓶中加入100 mL去离子水(用量筒量取),盖上瓶盖,插入并固定好温度计,注意温度计的水银球既要浸没在水中,又不能与瓶底、瓶壁接触。平缓搅动去离子水,注意瓶内水温,等水温恒定后,记录温度计读数(读准至0.01℃,以下相同)。

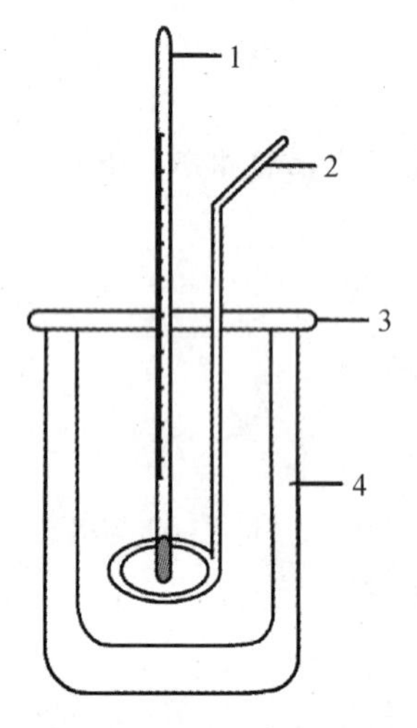

图3.12.1 量热器示意图

1. 温度计;2. 搅棒;
3. 瓶盖;4. 保温瓶

(2) 在干净的250 mL烧杯中加入100 mL去离子水(用量筒量取),小火加热使其温度高于室温15～20℃,然后停止加热,并用另一根温度计测量烧杯中热水的温度,每隔0.5分钟记录一次温度读数,直至第5分钟。同时注意保温瓶中冷水的温度是否变化,如无变化,5分钟后停止搅拌,取出热水中的温度计,在约5.5分钟时迅速将热水倒入保温瓶中,记录倒入的时间,盖上瓶盖,继续搅拌,从第6分钟开始记录瓶中混合水的温度,每隔0.5分钟记录一次,直至第11分钟为止。

2. 测定HCl(aq)和NaOH(aq)反应的中和热

倒掉上述保温瓶中的水,用滤纸擦干瓶壁、温度计、搅棒上附着的水。用移液管向保温瓶中加入50.00 mL的2 mol/L HCl溶液(浓度准至0.01 mol/L),再用量筒加入50.0 mL去离子水和1滴酚酞,盖上瓶盖,均匀搅拌。在另一个250 mL烧杯中加入50.0 mL去离子水,用移液管加入50.00 mL NaOH溶液(为了使准确量的HCl被完全中和,应使碱的浓度比HCl稍大一些)。用冷水或温水控制杯中碱液的温度,使其与瓶中的酸液温度相同(两支温度计应先进行校正,使其实际指示的温度一致),记录温度。将杯中碱液迅速倒入保温瓶中,立即盖好瓶盖,同时计时。均匀搅拌,从第1分钟开始每隔0.5分钟记录一次瓶中反应液的温度。到第7分钟后,每隔1分钟记录一次,直至第11分钟,观察瓶中溶液是否呈现微红色。

(五) 数据记录及结果处理

1. 量热器热容

用"实验内容1"的温度对时间作图,得温度-时间曲线,求出混合时间的温度$t_{热}$、$t_{混}$的数值(图3.12.2),然后求算量热器热容。

2. HCl(aq)和 NaOH(aq)反应的中和热

用"实验内容 2"中测得的温度对时间作图(图 3.12.3),求出 $t_{终}$,然后求算 HCl(aq)和 NaOH(aq)反应的中和热。

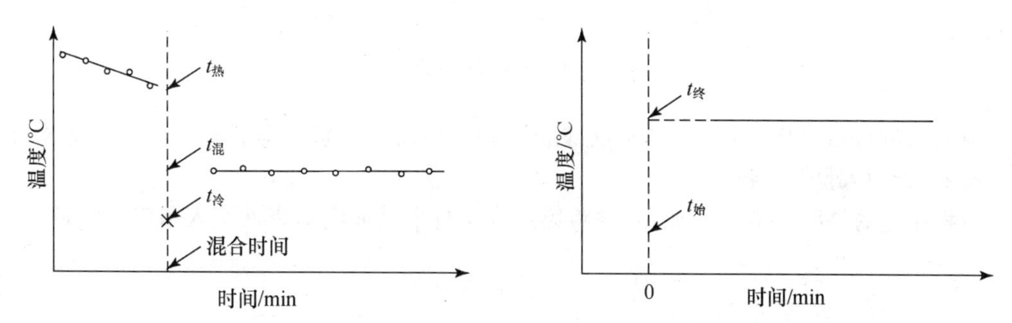

图 3.12.2 量热器热容测定,温度-时间关系 **图 3.12.3 HCl(aq)和 NaOH(aq)反应的温度-时间关系**

【注意事项】

1. 由于实验中不易用温度计直接测定两种溶液刚刚混合时的温度,测到的往往是混合后经过某一段时间后的温度。本实验通过作步冷曲线,将曲线延长至混合时间,求得混合时的温度 $t_{混}$。实验中注意记录混合时间。

2. 实验中注意保护 1/10 温度计。如测量热水温度时,可先用普通温度计测量,待水温在 1/10 温度计量程以内时,才可用它测量。

【预习思考题】

1. 本实验计算中和热时应以 HCl 的量还是以 NaOH 的量为准,为什么?

2. 在测定量热器热容及反应的热效应时,为什么要使最后的混合水及混合液的总体积一样(都是 200 mL)?

3. 1 mol H_2SO_4 被强碱完全中和所放出的热量是否就是中和热?

实验 3.13　电解法测定阿伏加德罗常数及气体常数

(一) 安 全 提 示

铬酸洗液有强氧化性,使用时应戴橡胶手套。如皮肤不慎沾有洗液,请先用吸水纸吸去洗液,再用大量水冲洗。

请将用过的铬酸洗液倒回原瓶,并将第一次用自来水冲洗的废液倒入指定回收桶。

(二) 目 的 要 求

(1) 用电解法测定阿伏加德罗常数及气体常数,了解这一方法的原理。

(2) 熟悉分压概念,掌握理想气体公式的应用。

(3) 练习测量气体体积的操作。

(三) 原　　理

分别用铜片和铂丝作阴极和阳极,以酸性 $CuSO_4$ 溶液为电解液进行电解,在阴、阳极分别发生以下反应:

$$Cu^{2+} + 2e = Cu$$

$$2H_2O - 4e = 4H^+ + O_2 \uparrow$$

当电流强度为 I(A)时,在时间 t(s)内,通过的总电量 Q(C)是

$$Q = It$$

如果在时间 t 内阴极铜片的增重为 m(g),则每增重 1 g 所需的电量为 It/m(C/g)。1 mol Cu 重 63.5 g,所以电解析出 1 mol Cu 所需电量为 $It \times 63.5/m$(C)。

已知一个一价离子所带的电量(即一个电子的电荷)是 1.60×10^{-19} C,一个二价离子所带的电量就是 $2 \times 1.60 \times 10^{-19}$ C,所以 1 mol Cu 所含的原子个数,即阿伏加德罗常数(N_A)为

$$N_A = \frac{It \times 63.5}{m \times 2 \times 1.60 \times 10^{-19}}$$

在一定温度 T(K)下,测量电解所产生的 O_2 的体积 V(mL)和 O_2 的分压 p_{O_2}(kPa),可以求得产生 O_2 的量(mol):

$$n_{O_2} = \frac{p_{O_2} V}{RT}$$

又由电极反应可知,阴、阳两极产生的 Cu 和 O_2 的摩尔比为 2∶1,即

$$\frac{p_{O_2} V}{RT} = \frac{1}{2} \times \frac{m}{63.5}$$

由此可求得气体常数 R:

$$R=\frac{2\times 63.5\times p_{O_2}V}{mT}$$

(四) 实验内容

1. 测量 50 mL 酸式滴定管下端无刻度部分体积

洗干净一支 50 mL 酸式滴定管和一支 25 mL 的移液管，然后把滴定管倒夹在滴定管夹上，打开活塞，使管内的水流出管口外(挂在管口的水滴可用滤纸吸掉)，等待 10 分钟使管内的水基本排完。取下酸式滴定管，关闭活塞，用 25 mL 移液管移取 25.00 mL 去离子水至酸式滴定管中，再把酸式滴定管夹在滴定管夹上。每隔 2 分钟读一次管内液面刻度(读至 0.01 mL)，直至读数不变，记下读数。若读数为 a，则酸式滴定管无刻度部分的体积为(a－25.00) mL。重复测量两次，测量结果相差不得超过 0.10 mL。最终结果取用 2 次测量结果的平均值。

2. 连接实验装置，初调电流

参照装置图 3.13.1，取纯薄紫铜片(约 3 cm×5 cm)作阴极，用零号砂纸擦去铜片表面的氧化物，用水洗净，并用滤纸吸干铜片表面的水。用铂丝作阳极，铂电极伸入酸式滴定管(作量气管使用)内约 3 cm，管口距杯底约 1 cm，往 150 mL 烧杯中加入约 140 mL 酸性 $CuSO_4$ 溶液(每升溶液含 125 g $CuSO_4\cdot 5H_2O$ 和 24 mL 浓 H_2SO_4，每份电解液可重复使用几次)。打开量气管活塞，用洗耳球从乳胶管口吸气，使溶液充满量气管，然后关闭活塞。接通电源，调节电阻箱的电阻(约 100 Ω)和直流稳压电源的输出电压(25～30 V)，使毫安表的读数在 190 mA 左右。

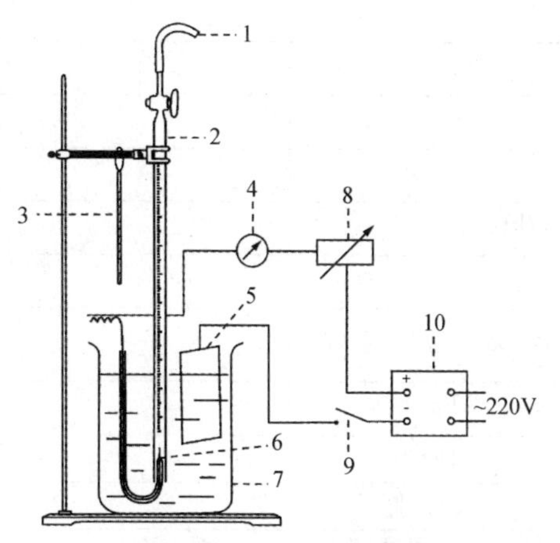

图 3.13.1 实验装置图

1. 乳胶管；2. 酸式滴定管；3. 温度计；4. 毫安表；5. 铜片；6. 铂丝电极；7. 烧杯；8. 电阻箱；9. 开关；10. 稳压电源

3. 电解

初调电流后，断开开关，取下铜片，用去离子水洗净铜片并晾干，在天平上称量(称准至0.1 mg)。然后重新连接铜片,使量气管内充满电解液。检查装置、线路无误后,接通电源并同时启动秒表,准确记录电流强度。电解过程中应随时调节电阻箱的电阻,以维持电流恒定。

通电30分钟后切断电源,取下铜片,用去离子水漂洗后晾干,在天平上称量。待量气管内气体温度与室温平衡后(停止电解后隔数分钟),测量管中的液柱高度,记录温度、管中液面读数(读准至0.01 mL)及大气压。最后取出铂丝电极,用水冲洗干净,放好。

(五) 数据记录及结果处理

表 3.13.1 滴定管无刻度部分体积的测量

	滴定管内液面读数 a/mL					滴定管无刻度部分体积/mL	平均值/mL
	1	2	3	4	5		
Ⅰ							
Ⅱ							

表 3.13.2 电解数据及处理

电流强度/A		
电解时间/s		
电解前铜片重/g		
电解后铜片重/g		
铜片增重/g		
电解后管中液柱高 h/cm		
电解后管中液面读数 b/mL		
氧气体积 V/mL		
室温 T/K		
室温时水的饱和蒸气压 p_{H_2O}/kPa		
大气压 p/kPa		
液柱高产生的压力 $p_{液高}=\frac{h}{1.36}\times 0.133$ kPa		
氧气分压 $p_{O_2}=(p-p_{H_2O}-p_{液高})$ kPa		
阿伏加德罗常数 N_A	实验值	
	文献值	
	相对误差	
气体常数 R	实验值	
	文献值	
	相对误差	

【注意事项】

1. 电解过程中电流一定要保持稳定。电流强度的变化大小对结果影响很大，所以电解时要经常观察电流强度的变化。一般情况下电流较稳定，变化很小，如有变化要随时调节电阻使其保持恒定。

2. 准确测量所产生氧气的体积。首先要求系统不漏气，其次滴定管要干净，不能挂水珠，在测量滴定管无刻度部分的体积及记录电解后管中液面读数时，应注意读数的位置。

3. 本实验中将电解溶液的密度按 1 g/cm^3 计，用纯水的蒸气压作为电解液的蒸气压，对实验结果的影响可忽略。

【预习思考题】

1. 铜片应和电源的哪个极相连？如连错，将有何现象及影响？

2. 若没有将铜片表面的氧化物彻底用砂纸磨干净，是否会影响实验结果？

3. 夹铜片的电极夹能否接触酸性硫酸铜溶液，有何影响？

4. 电解后测量滴定管中液柱高度时，如测得的高度与实际高度相差 0.5 cm，对实验结果有多大影响？

5. 电解等摩尔的银和铜，所需电量是否一样？称量的相对误差是否一样？

6. 数据处理时，有效数字应该如何保留？

7. 实验测得的氧气体积 V 与相同温度、相同压力下等摩尔干燥 O_2 的体积是否相同？为什么？

【课后问题】

1. 本实验中，阿伏加德罗常数 N_A 和气体常数 R 的测量准确度分别取决于哪一步测定？为什么？

2. 还有什么方法可以测定阿伏加德罗常数？与本实验方法相比，优劣在何处？

实验3.14 化学反应速率与活化能的测定

(一)安全提示

无。

(二)目的要求

(1) 试验浓度、温度及催化剂对化学反应速率的影响。

(2) 测定过二硫酸铵与碘化钾反应的反应速率,并计算反应级数、反应速率常数及反应的活化能。

(三)原 理

在水溶液中,$(NH_4)_2S_2O_8$(过二硫酸铵)和KI发生以下氧化还原反应:

$$S_2O_8^{2-} + 3I^- = 2SO_4^{2-} + I_3^- \tag{1}$$

这个反应的平均反应速率可用下式表示[注:本实验在反应时间 Δt 内,反应物浓度变化很小($\approx 10^{-4}$ mol/L),按照普通化学实验的要求,这里用平均速率代替瞬时速率不会产生较大误差]:

$$v = -\frac{\Delta c(S_2O_8^{2-})}{\Delta t} = kc_0^m(S_2O_8^{2-})c_0^n(I^-)$$

式中 v 为平均反应速率,$\Delta c(S_2O_8^{2-})$ 为 Δt 时间内 $S_2O_8^{2-}$ 的浓度变化,$c_0(S_2O_8^{2-})$ 和 $c_0(I^-)$ 分别为 $S_2O_8^{2-}$ 与 I^- 的起始浓度(mol/L),k 为反应速率常数,m 和 n 分别为反应级数。

为了测定 Δt 时间内 $S_2O_8^{2-}$ 的浓度变化,在将 $(NH_4)_2S_2O_8$ 溶液和KI溶液混合的同时,加入一定体积的已知浓度的 $Na_2S_2O_3$ 溶液和淀粉溶液。这样在反应(1)进行的同时,还发生以下反应:

$$2S_2O_3^{2-} + I_3^- = S_4O_6^{2-} + 3I^- \tag{2}$$

反应(2)的速率比反应(1)快很多,所以由反应(1)生成的 I_3^- 立即与 $S_2O_3^{2-}$ 作用,生成了无色的 $S_4O_6^{2-}$ 和 I^-。但是一旦 $Na_2S_2O_3$ 耗尽,反应(1)生成的微量 I_3^- 就立即与淀粉作用,使溶液显蓝色。

从反应式(1)和(2)可以看出,$S_2O_8^{2-}$ 减少1 mol时,$S_2O_3^{2-}$ 则减少2 mol,即

$$\Delta c(S_2O_8^{2-}) = \frac{\Delta c(S_2O_3^{2-})}{2}$$

记录从反应开始到溶液出现蓝色所需要的时间 Δt。由于在 Δt 时间内 $S_2O_3^{2-}$ 全部耗尽,所以由 $Na_2S_2O_3$ 的起始浓度可求 $\Delta c(S_2O_3^{2-})$,进而可以计算反应速率 $-\frac{\Delta c(S_2O_8^{2-})}{\Delta t}$。

对于反应速率表示式 $v=kc_0^m(S_2O_8^{2-})c_0^n(I^-)$两边取对数,得

$$\lg v = m\lg c_0(S_2O_8^{2-}) + n\lg c_0(I^-) + \lg k$$

当 $c_0(I^-)$不变时,以 $\lg v$ 对 $\lg c_0(S_2O_8^{2-})$作图,可得一直线,斜率即为 m。同理,当 $c_0(S_2O_8^{2-})$不变时,以 $\lg v$ 对 $\lg c_0(I^-)$作图,可求得 n。

求出 m 和 n,可由 $k=\frac{v}{c_0^m(S_2O_8^{2-})c_0^n(I^-)}$求得反应速率常数 k。

反应速率常数 k 与反应温度 T 一般有以下关系:

$$\lg k = A - \frac{E_a}{2.30RT} \tag{3}$$

式中,E_a 为反应活化能,R 为气体常数,T 为绝对温度。测出不同温度时的 k 值,以 $\lg k$ 对$\frac{1}{T}$作图,可得一直线,由直线斜率$\left(=-\frac{E_a}{2.30R}\right)$即可求得反应的活化能 E_a。

(四) 实验内容

1. 试验浓度对化学反应速率的影响,求反应级数

在室温下,用 3 个量筒分别量取 20 mL 0.20 mol/L KI 溶液、8.0 mL 0.010 mol/L $Na_2S_2O_3$ 溶液和 4.0 mL 0.20%淀粉溶液,都加到 150 mL 烧杯中,混合均匀。再用另一个量筒量取 20 mL 0.20 mol/L $(NH_4)_2S_2O_8$ 溶液,快速加到烧杯中,同时开启秒表,并不断搅拌。当溶液刚出现蓝色时,立即停止秒表,记下时间及室温。

用同样的方法,参考表 3.14.1 中的试剂用量进行另外 4 次实验[注:表中 $Na_2S_2O_3$ 溶液和$(NH_4)_2SO_4$ 溶液的用量可以根据实验时的实际情况(如反应温度不同)进行适当变动,控制每次反应的时间在 40 秒左右为宜]。为了使每次实验中溶液的离子强度和总体积保持不变,不足的量分别用 0.20 mol/L KNO_3 溶液和 0.20 mol/L $(NH_4)_2SO_4$ 溶液补足。

表 3.14.1 实验中试剂用量及数据记录

实验序号		Ⅰ	Ⅱ	Ⅲ	Ⅳ	Ⅴ
反应温度/℃						
试剂的用量/mL	0.20 mol/L $(NH_4)_2S_2O_8$ 溶液	20	10	5	20	20
	0.20 mol/L KI 溶液	20	20	20	10	5
	0.010 mol/L $Na_2S_2O_3$ 溶液	8.0	4.0	2.0	4.0	2.0
	0.20%淀粉溶液	4.0	4.0	4.0	4.0	4.0
	0.20 mol/L KNO_3 溶液	0	0	0	10	15
	0.20 mol/L $(NH_4)_2SO_4$ 溶液	0	14	21	4.0	6.0
反应物的起始浓度/$(mol\cdot L^{-1})$	$(NH_4)_2S_2O_8$ 溶液					
	KI 溶液					
	$Na_2S_2O_3$ 溶液					

续表

实验序号	Ⅰ	Ⅱ	Ⅲ	Ⅳ	Ⅴ
反应时间 Δt/s					
$S_2O_8^{2-}$ 浓度变化 $\Delta c(S_2O_8^{2-})/(mol \cdot L^{-1})$					
反应的平均速率 $v=-\frac{\Delta c(S_2O_8^{2-})}{\Delta t}$					
反应速率常数 $k=\frac{v}{c_0^m(S_2O_8^{2-})c_0^n(I^-)}$					

算出各实验中的反应速率 v,并填入表3.14.1中。

用表3.14.1中实验Ⅰ、Ⅱ、Ⅲ的数据作 $\lg v$-$\lg c_0(S_2O_8^{2-})$ 图,求出 m;用实验Ⅰ、Ⅳ、Ⅴ的数据作 $\lg v$-$\lg c_0(I^-)$ 图,求出 n。

求出 m 和 n 后,再算出各实验的反应速率常数 k,把计算结果填入表3.14.1中。

2. 试验温度对化学反应速率的影响,求活化能

按照"实验内容1"中的方法,把10 mL KI溶液、8.0 mL $Na_2S_2O_3$ 溶液、10 mL KNO_3 溶液和4.0 mL淀粉溶液加到150 mL烧杯中,把20 mL $(NH_4)_2S_2O_8$ 溶液加到另一个烧杯中。并把两个烧杯同时放在冰水浴中冷却。等烧杯中的溶液都冷到0℃时,把 $(NH_4)_2S_2O_8$ 溶液加到KI等混合溶液中,同时开启秒表,并不断搅拌。当溶液刚出现蓝色时,立即停止秒表,记下反应时间和温度。

在约10℃、20℃、30℃、35℃的条件下,重复以上实验。这样就可以得到5个温度(0℃、10℃、20℃、30℃、35℃)下的反应时间。算出5个温度下的反应平均速率及速率常数,把数据及计算结果填入表3.14.2中。

表3.14.2 不同温度下的反应数据记录

实验序号	Ⅰ	Ⅱ	Ⅲ	Ⅳ	Ⅴ
反应温度/℃					
反应时间/s					
反应平均速率 v					
反应速率常数 k					
$\lg k$					
$\frac{1}{T}$					

用表3.14.2中各次实验的 $\lg k$ 对 $\frac{1}{T}$ 作图,求出反应(1)的活化能。

3. 试验催化剂对反应速率的影响

$Cu(NO_3)_2$ 可以使 $(NH_4)_2S_2O_8$ 氧化KI的反应加快。

按照“实验内容 2”中的试剂用量，把 KI 溶液、$Na_2S_2O_3$ 溶液、KNO_3 溶液和淀粉溶液加到 150 mL 烧杯中，再加入 2 滴 0.02 mol/L $Cu(NO_3)_2$ 溶液，搅拌均匀，然后迅速加入 $(NH_4)_2S_2O_8$ 溶液，搅拌，计时。把此实验的反应速率与“实验内容 2”相同温度下的反应速率进行比较。实验数据记录在自己设计的表格中。

【注意事项】

1. 本实验不需用复杂的仪器，也没有复杂的操作，但需要同学细心认真进行实验。切勿出现多加或漏加试剂，开始反应或溶液变蓝未及时按停表等问题。

2. 量取试剂的量筒应用标签或记号笔标明，切勿混用。

3. 一定注意试剂的加入顺序。

4. 测量不同温度的反应速率常数时，最高温度不宜过高，否则反应速度太快，从开始反应到溶液变蓝的时间过短，会导致时间读数误差较大，影响后续结果。

【预习思考题】

1. 本实验中，量取各种溶液的量筒应分开专用，为什么？

2. 本实验中，详细给出了各反应物加入的顺序。是否一定按照该操作顺序，为什么？

3. 在“实验内容 2”温度对反应速率影响的实验中，你认为按“从低温到高温的顺序”还是“从高温到低温的顺序”合适？请说明理由。

4. 为了使 $\lg v$-$\lg c_0(I^-)$ 或 $\lg v$-$\lg c_0(S_2O_8^{2-})$、$\lg k$-$1/T$ 尽可能符合线性关系，实验中还应注意哪些操作细节？

【课后问题】

1. 若不用 $S_2O_8^{2-}$ 而用 I^- 或 SO_4^{2-} 的浓度变化来表示反应速率，则反应速率常数 k 是否一样？

2. 实验中为什么可以由反应溶液出现蓝色的时间长短来计算反应速率？反应溶液出现蓝色后，反应是否就终止了？

实验 3.15 醋酸电离常数的测定

(一) 安全提示

氢氧化钠会腐蚀皮肤，但本实验中所用氢氧化钠溶液浓度较低，不会对皮肤造成很大伤害。在实验中如果皮肤接触氢氧化钠溶液，请用自来水冲洗。

铬酸洗液有强氧化性，使用时应佩戴橡胶手套。如皮肤不慎沾有洗液，请先用吸水纸吸去洗液，再用大量水冲洗。

请将用过的铬酸洗液应倒回原瓶，并将第一次用自来水冲洗的废液倒入指定回收桶。

(二) 目的要求

(1) 测定醋酸的电离常数。

(2) 学习使用酸度计。

(3) 复习酸碱滴定操作。

(4) 掌握弱电解质电离平衡的原理。

(三) 原　　理

醋酸(CH_3COOH 或 HAc)是弱电解质，在水溶液中存在以下电离平衡：

$$\mathrm{HAc} \rightleftharpoons \mathrm{H^+} + \mathrm{Ac^-}$$

若 c 为 HAc 的起始浓度，$[H^+]$、$[Ac^-]$、$[HAc]$分别为 H^+、Ac^-、HAc 的平衡浓度，α 为电离度，K 为电离常数，在纯的 HAc 溶液中，忽略 H_2O 的电离，近似地有

$$[\mathrm{H^+}]=[\mathrm{Ac^-}]$$

$$[\mathrm{HAc}]=c(1-\alpha)$$

则

$$\alpha=\frac{[\mathrm{H^+}]}{c}$$

$$K=\frac{[\mathrm{H^+}][\mathrm{Ac^-}]}{[\mathrm{HAc}]}=\frac{[\mathrm{H^+}]^2}{c-[\mathrm{H^+}]}$$

当 $\alpha=\frac{[\mathrm{H^+}]}{c}\leqslant 5\%$时

$$K\approx\frac{[\mathrm{H^+}]^2}{c}$$

所以测得已知浓度的 HAc 溶液的 pH，就可以计算它的电离常数和电离度。

(四) 实验内容

1. 醋酸溶液浓度的测定

以酚酞为指示剂，用已知浓度的 NaOH 溶液滴定，测定 HAc 溶液的浓度(注：本实验中可以使用“实验 3.4 溶液的配制”中配好的醋酸溶液。滴定方法与“实验 3.5 酸碱滴定”相同)，平行测定 3 次，把结果填入表 3.15.1 中。

表 3.15.1 醋酸溶液浓度的测定

滴定序号		Ⅰ	Ⅱ	Ⅲ
NaOH 溶液的浓度/($mol \cdot L^{-1}$)				
HAc 溶液的用量/mL				
NaOH 溶液的用量/mL				
HAc 溶液的浓度/($mol \cdot L^{-1}$)	测定值			
	平均值			

2. 配制不同浓度的醋酸溶液

用移液管或吸量管分别取 25.00 mL、5.00 mL、2.50 mL 已测定浓度的 HAc 溶液，把它们分别放入 3 个 50 mL 容量瓶中，再用去离子水稀释到刻度，摇匀，算出这 3 瓶 HAc 溶液的浓度。将实验数据和计算结果填入自己设计的表中。

3. 测定醋酸 pH，并计算醋酸的电离常数

把以上 4 种浓度的 HAc 溶液分别倒入 4 个干燥的 50 mL 烧杯中，按由稀到浓的次序用 pH 计分别测定它们的 pH，记录数据和室温，并计算其电离度和电离常数，填入表 3.15.2 中。

表 3.15.2 醋酸溶液的 pH 及电离度和电离常数

溶液编号	c/($mol \cdot L^{-1}$)	pH	$[H^+]$/($mol \cdot L^{-1}$)	α	电离常数 K	
					测定值	平均值
1						
2						
3						
4						

4. 未知弱酸电离常数的测定

取 25.00 mL 某一元弱酸的稀溶液，用 NaOH 溶液滴定到终点，然后再加 25.00 mL 该弱酸溶液，混合均匀，测定其 pH，记录数据，并计算该弱酸的电离常数。

【注意事项】

请注意本实验中所用的仪器，记录数据时注意有效数字。

【预习思考题】

1. 不同浓度的 HAc 溶液的电离度是否相同？电离常数是否相同？

2. “电离度越大，酸度就越大”，这句话是否正确？

3. 若所用 HAc 溶液的浓度很稀，是否还能用 $K \approx \frac{[H^+]^2}{c}$ 求电离常数？

4. 若 HAc 溶液的浓度相同、温度不同，电离度和电离常数有何变化？

5. 测定 HAc 的 K 值时，HAc 溶液的浓度必须准确测定。而测定未知酸的 K 值时，酸和碱的浓度都不必测定，只要正确掌握滴定终点即可，这是为什么？

【课后问题】

除本实验中所用方法，是否还有其他方法可以测定弱酸的电离常数？比较这些方法的优劣。

实验 3.16 酸碱及沉淀溶解平衡

(一) 安全提示

铅盐、铬盐、铋盐有毒，请将含铅、铬、铋的废液及沉淀倒入指定回收桶。

(二) 目的要求

(1) 了解酸碱平衡以及影响平衡移动的因素。

(2) 配制缓冲溶液并了解其性质。

(3) 试验沉淀的生成、溶解及转化条件。

(4) 掌握指示剂及 pH 试纸的使用，练习离心分离操作。

(三) 实验内容

1. 酸碱电离平衡

(1) **测量溶液 pH** 用 pH 试纸测试下列溶液的 pH，并比较测量值和计算值。

0.2 mol/L HAc 溶液，0.2 mol/L $NH_3 \cdot H_2O$ 溶液，0.1 mol/L $Al_2(SO_4)_3$ 溶液，0.1 mol/L Na_2CO_3 溶液，0.1 mol/L NH_4Ac 溶液。

(2) **同离子效应** 请用实验证实同离子效应能使 HAc 溶液中的 H^+ 浓度降低。

提供试剂：0.2 mol/L HAc 溶液，固体 NH_4Ac，0.2 mol/L HCl 溶液，甲基橙溶液，酚酞溶液。

请写出实验步骤、实验现象及其解释。

(3) **缓冲溶液的配制** 请配制 6 mL pH 4.76 的 HAc-NaAc 缓冲溶液(总浓度为 1 mol/L)，并用精密 pH 试纸测试其 pH，保留溶液供"实验内容 4(3)"中使用。

提供试剂：2 mol/L HAc 溶液，2 mol/L NaAc 溶液，2 mol/L HCl 溶液，2 mol/L NaOH 溶液。

请写出所有配制方法及所用试剂的量，采用其中一种配制所需缓冲溶液。

2. 酸碱反应

(1) 往饱和 $Al_2(SO_4)_3$ 溶液中逐滴加入过量的饱和 Na_2CO_3 溶液，观察现象，并加以解释。

(2) 把 Na_3PO_4 溶液转变成 NaH_2PO_4 溶液。

提供试剂：0.1 mol/L Na_3PO_4 溶液，0.2 mol/L HCl 溶液，0.2 mol/L H_3PO_4 溶液，精密 pH 试纸。

3. 盐类的水解

(1) 在试管中加入 2 mL 2 mol/L NaAc 溶液和 1 滴酚酞溶液，观察溶液的颜色；加热至沸腾,观察溶液颜色的变化;再用自来水冷却溶液,颜色有何改变?请解释所观察到的现象。

(2) 取少量固体 $Bi(NO_3)_3 \cdot 5H_2O$ 至试管中,用水溶解,有什么现象?用pH试纸测一下此时体系的pH。往试管中滴加6 mol/L HNO_3 使溶液恰好澄清。用平衡原理解释这一现象。由此了解实验室如何配制 $Bi(NO_3)_3$ 及类似易水解盐类的溶液。

4. 沉淀的生成和溶解

(1) 请用自己配制的 $PbCl_2$($K_{sp}=1.6\times10^{-5}$)饱和溶液和0.01 mol/L KI溶液,自行设计实验,估算出 PbI_2 的 K_{sp}。

(2) 分别向2 mL相同浓度的 $Ca(OH)_2$、$Ca(Ac)_2$、$Pb(Ac)_2$、$Pb(NO_3)_2$ 溶液中通入足量的 CO_2,观察比较不同溶液中的实验现象有何不同,并进行解释。

(3) 取甲、乙两支离心管,分别加入1 mL的 $CuSO_4$ 和 $ZnSO_4$ 的混合溶液(由0.2 mol/L $CuSO_4$ 和0.2 mol/L $ZnSO_4$ 溶液等体积混合而成),往甲管中加入3 mL"实验内容1(3)"中配制的缓冲溶液,乙管中加入3 mL去离子水,用pH试纸分别测试甲、乙两管混合液的pH,再向两管中滴加5%的硫代乙酰胺溶液① 15～20滴,沸水浴加热约20分钟,此时有何现象?写出反应的方程式。

离心分离,取甲、乙两管中的上清液,用pH试纸分别测试其pH。它们的pH是否一样?为什么?从pH判断两管中的 Cu^{2+}、Zn^{2+} 是否都沉淀完全了。分别从两管中取出少量上清液,向其中加入少量固体NaAc,搅拌使其溶解,再加入5滴5%的硫代乙酰胺溶液,水浴加热。观察比较甲、乙两清液的变化,并加以解释。

(4) 试验 $Fe(OH)_3$ 和 $Mg(OH)_2$ 是否溶于饱和 NH_4Cl 溶液中。

提供试剂:0.2 mol/L $Fe(NO_3)_3$,0.2 mol/L $MgCl_2$,0.2 mol/L NaOH及饱和 NH_4Cl 溶液。

5. 分步沉淀和沉淀转化

往0.5 mL 0.1 mol/L KCl和0.5 mL 0.1 mol/L K_2CrO_4 的混合溶液中逐滴加入0.1 mol/L $AgNO_3$ 溶液到过量,观察现象,并加以解释。离心分离,往沉淀中加入足量的KCl溶液,又有何变化?为什么?

【注意事项】

1. 所有试剂瓶尽量不拿下试剂架,如遇酸、碱或固体试剂,可将试剂瓶拿到实验台上

---

① 硫代乙酰胺(CH_3CSNH_2,thioacetamide):是在无机定性分析中广泛使用的试剂,实验室中常用5%的硫代乙酰胺水溶液代替硫化氢气体。硫代乙酰胺水溶液在常温下较稳定,在沸水浴中加热时可均匀地放出 H_2S 气体,反应方程式为

$$CH_3CSNH_2+2H_2O = CH_3COO^-+NH_4^++H_2S\uparrow$$

$$CH_3CSNH_2+2OH^- = CH_3COO^-+NH_3+HS^-$$

硫代乙酰胺可损伤肝脏,使用时应注意安全。

取试剂，但用后应立即放回原处，以便其他同学使用。

2. 取用试剂请使用试剂瓶上的滴管或固体试剂瓶旁边的试剂匙，不得用自己的滴管伸入试剂瓶中取试剂。试剂瓶上的滴管不可倒置或持平，也不可放在实验台上；取用固体试剂后应及时盖好瓶盖，试剂匙放在指定地方，以免与其他试剂匙搞混。

【预习思考题】

1. 何谓同离子效应？试举例说明。

2. "实验内容 1(2)"中，你准备用甲基橙还是用酚酞指示溶液的 pH 变化？为什么？

3. 试通过计算说明，向 0.1 mol/L $CuSO_4$ 和 0.1 mol/L $ZnSO_4$ 的混合溶液中通入过量 H_2S 后，溶液的 pH 为多少。在此溶液中 Zn^{2+} 能否沉淀完全？

4. pH 试纸有哪几种？如何正确使用 pH 试纸？

【课后问题】

请总结所在实验室的同学在"实验内容 4(3)"中观察到的各种现象，试分析这些现象产生的原因。

实验 3.17 醋酸银溶度积的测定

(一) 安全提示

硝酸具有强氧化性和强腐蚀性,本实验使用浓度较高的硝酸,请戴橡胶手套。

(二) 目的要求

(1) 了解测定醋酸银溶度积的原理及方法。

(2) 测定醋酸银的溶度积。

(3) 练习酸式滴定管的使用。

(三) 原理

醋酸银(AgAc)是微溶性强电解质,在一定温度下,饱和水溶液中的 Ag^+ 和 Ac^- 与固体 AgAc 之间存在下列平衡:

$$AgAc(s) \rightleftharpoons Ag^+(aq) + Ac^-(aq)$$

这时 Ag^+ 与 Ac^- 浓度的乘积是一个常数:

$$K_{sp} = [Ag^+][Ac^-]$$

式中 $[Ag^+]$ 和 $[Ac^-]$ 分别为平衡时 Ag^+ 与 Ac^- 的浓度(mol/L)。温度恒定时,K_{sp} 为常数,它不随 $[Ag^+]$ 和 $[Ac^-]$ 的变化而改变。

如果将一定量已知浓度的 $AgNO_3$ 和 NaAc 溶液混合,便有 AgAc 沉淀产生,达平衡时,溶液即为饱和溶液,分离沉淀后测定溶液中的 $[Ag^+]$ 和 $[Ac^-]$,便可计算 K_{sp}。

以铁铵矾 $[(NH_4)_2SO_4 \cdot Fe_2(SO_4)_3 \cdot 24H_2O]$ 作指示剂,用已知浓度的 NH_4SCN 溶液进行滴定,可测得饱和溶液中的 $[Ag^+]$。

SCN^- 能和 Ag^+ 发生下列反应:

$$SCN^- + Ag^+ \rightleftharpoons AgSCN\downarrow \text{(白色)}$$

$$K = \frac{1}{[SCN^-][Ag^+]} = \frac{1}{K_{sp}} = 8.3 \times 10^{11}$$

$$SCN^- + Fe^{3+} \rightleftharpoons FeNCS^{2+}\downarrow \text{(血红色)}$$

$$K_{稳} = \frac{[FeNCS^{2+}]}{[SCN^-][Fe^{3+}]} = 8.9 \times 10^2$$

由于 K 比 $K_{稳}$ 大得多,所以当滴入 NH_4SCN 溶液时,首先生成白色的 AgSCN 沉淀,一旦溶液出现不消失的浅红色即生成了少量的 $FeNCS^{2+}$ 时,则可认为 Ag^+ 已完全沉淀,滴定即到终点。由所用 NH_4SCN 溶液的体积,可算出饱和溶液中的 $[Ag^+]$。

$[Ac^-]$可按以下方法计算：设 $AgNO_3$ 和 NaAc 混合溶液的体积为 V，AgAc 沉淀前混合溶液中 Ag^+ 的量为 a(mmol)，Ac^- 为 b(mmol)，AgAc 沉淀后溶液中的$[Ag^+]$为 c(mol/L)，则沉淀 AgAc 为$(a-Vc)$(mmol)，AgAc 沉淀后溶液中的 Ac^- 的量为$[b-(a-Vc)]$(mmol)，则

$$[Ac^-]=[b-(a-Vc)]/V$$

(四) 实验内容

(1) 取一支洁净干燥的 15 mL 离心管，用吸量管往离心管中加入 3.00 mL 0.200 mol/L $AgNO_3$ 溶液，再用另一支吸量管往离心管中加入 7.00 mL 0.200 mol/L NaAc 溶液。

用洁净干燥的玻璃棒搅拌离心管中的混合溶液，待析出 AgAc 沉淀后，再继续搅拌 1～2 分钟，离心沉降，然后小心地将清液转移到另一支洁净干燥的离心管中。如转移清液时带有少量沉淀，则需再离心分离一次。

用吸量管吸取 5.00 mL 清液，加到锥形瓶中，再向锥形瓶中加入 5 mL 1.6 mol/L HNO_3 溶液(用量筒量取)和 8 滴铁铵矾的饱和溶液，然后用已知浓度的 NH_4SCN 溶液(用酸式滴定管)滴至锥形瓶中的溶液出现浅红色不再消失为止。记下所用的 NH_4SCN 溶液的体积，并计算清液中的$[Ag^+]$。再计算$[Ac^-]$及 K_{sp}。

(2) 取 5.00 mL 0.200 mol/L 的 $AgNO_3$ 溶液和 5.00 mL 0.200 mol/L NaAc 溶液重复上述实验。计算 K_{sp}。

(3) 取 7.00 mL 0.200 mol/L 的 $AgNO_3$ 溶液和 3.00 mL 0.200 mol/L NaAc 溶液重复上述实验。计算 K_{sp}。

(五) 数据记录及结果处理

实验序号	Ⅰ	Ⅱ	Ⅲ
0.200 mol/L $AgNO_3$ 溶液的体积/mL			
0.200 mol/L NaAc 溶液的体积/mL			
混合溶液的体积 V/mL			
沉淀前混合溶液中 Ag^+ 的量 a/mmol			
沉淀前混合溶液中 Ac^- 的量 b/mmol			
滴定 5 mL 清液所用 NH_4SCN 溶液的体积/mL			
NH_4SCN 溶液的浓度/$(mol \cdot L^{-1})$			
Ag^+ 的平衡浓度 c/$(mol \cdot L^{-1})$			
沉淀 AgAc 的量$(a-Vc)$/mmol			
沉淀后溶液中 Ac^- 的量$[b-(a-Vc)]$/mmol			
Ac^- 的平衡浓度$\frac{[b-(a-Vc)]}{V}$/$(mol \cdot L^{-1})$			
$K_{sp}=c \cdot [b-(a-Vc)]/V$			

【注意事项】

1. $AgNO_3$ 溶液和 NaAc 溶液混合后,会产生大量 AgAc 沉淀。因此,在进行离心分离之前,应充分搅拌以保证体系达到平衡。

2. 离心分离后,取出上层清液的操作一定要小心,切勿带出沉淀,否则需再次离心分离。

3. 本实验中滴定所用试液体积较小,需细心观察滴定终点。

【预习思考题】

1. 在实验中,$AgNO_3$ 溶液和 NaAc 溶液的取量不同,平衡浓度是否相等?两者平衡浓度的乘积是否相等?

2. 用 NH_4SCN 溶液滴定 Ag^+ 时,为什么要在酸性介质中进行?为什么所用的是 HNO_3 而不是 HCl 或 H_2SO_4?

3. 下列情况对实验结果有何影响?

(1) 所用的离心管和锥形瓶都不干燥;

(2) 取 $AgNO_3$ 和 NaAc 溶液的吸量管混用了;

(3) Ag^+、Ac^- 和沉淀 AgAc 还没有达到平衡就进行离心分离;

(4) 所取清液不清而带有少量 AgAc 沉淀。

【课后问题】

在进行滴定时,若 NH_4SCN 溶液过量了,可用什么办法进行弥补从而得到滴定结果?

实验 3.18　离子交换法测定氯化铅的溶解度

(一) 安全提示

铅盐有毒，请将含铅的废液及沉淀倒入指定回收桶。

(二) 目的要求

(1) 了解离子交换法测定氯化铅溶解度的原理及方法。

(2) 测定氯化铅的溶解度。

(三) 原　理

离子交换树脂是高分子化合物，这类化合物具有可供离子交换的活性基团。具有酸性交换基团(如磺酸基—SO_3H、羧基—COOH)、能和阳离子进行交换的叫阳离子交换树脂；具有碱性交换基团(如—NH_3Cl)、能和阴离子进行交换的叫阴离子交换树脂。本实验采用的是732#强酸型阳离子交换树脂，这种树脂出厂时一般是钠(Na^+)型，即活性基团是—SO_3Na，使用前需用H^+把Na^+交换下来，即得氢(H^+)型树脂。

一定量的饱和$PbCl_2$溶液与氢型阳离子树脂充分接触后，下列交换反应能进行得完全。

$$2R\text{-}SO_3H + PbCl_2 = (R\text{-}SO_3)_2Pb + 2HCl$$

交换出的HCl的量，可用已知浓度的NaOH溶液来测定。再根据上述方程算出一定量饱和溶液中$PbCl_2$的量(mol)，进而算得$PbCl_2$的溶解度(mol/L)。

(四) 实验内容

(1) **装柱**　将离子交换柱(如图3.18.1所示，也可用碱式滴定管代替)洗净，底部填以少量玻璃纤维。称取15～20 g 732#阳离子交换树脂，放入小烧杯中，加去离子水浸泡(应该先用去离子水浸泡24～48小时)，搅拌，漂去悬浮的微粒和杂质后，带水转移到交换柱中。如水太多，可打开螺旋夹，让水慢慢流出，直至液面略高于离子交换树脂时，夹紧螺旋夹。在以后的操作中，一定要使树脂始终浸在溶液中，勿使溶液流干，否则气泡浸入树脂床中，将影响离子交换的进行。若出现气泡，可加入少量去离子水或溶液，使液面高出树脂，并用玻璃棒搅动树脂，以便赶走气泡。

图3.18.1　离子交换柱

1,3. 玻璃纤维；2. 离子交换树脂；4. 乳胶管；5. 螺旋夹

(2) **转型**　因市售阳离子交换树脂一般为钠型，故需将钠型转变为氢型。为此，取40 mL 2 mol/L HCl溶液，分几次加入交

换柱中,控制每分钟80～85滴的流速,让其流过离子交换树脂,此时树脂收缩、高度下降。HCl溶液流完后用去离子水(大约50～70 mL)淋洗树脂,直到流出液的pH为6～7(用pH试纸检验)。

(3) **氯化铅饱和溶液的制备**　将1 g分析纯$PbCl_2$固体溶于约70 mL经煮沸并迅速冷却至室温的去离子水中,搅拌约15分钟,再放置约15分钟,使之达到平衡。测量并记录饱和$PbCl_2$溶液的温度,然后用定量滤纸进行过滤(所用的漏斗、接收容器必须是干燥的)。

(4) **交换**　用移液管移取25 mL $PbCl_2$饱和溶液,放入离子交换柱中,控制交换柱流出液的速率约为每分钟20～25滴。用洗净的锥形瓶承接流出液。在$PbCl_2$饱和溶液差不多完全流进树脂床时,加去离子水淋洗树脂(用约50 mL去离子水分批淋洗),至流出液的pH为6～7。淋洗时的流出液也应承接于同一锥形瓶中。

(5) **滴定**　以酚酞作指示剂,用0.100 mol/L的NaOH溶液滴定锥形瓶中的收集液,记下所用NaOH溶液的体积,并计算$PbCl_2$的溶解度。

(6) **离子交换树脂的再生**　使用过的离子交换树脂可通过再生,即把吸附在树脂上的Pb^{2+}交换下来,使树脂变为氢型而继续使用。为此,用30 mL 2 mol/L的不含Cl^-的HNO_3溶液,以每分钟20～30滴的流速流过离子交换树脂,然后用去离子水(大约50～70 mL)淋洗树脂,直到流出液的pH为6～7时,树脂方可继续使用。如进行第二次再生,用酸量可减少到1.6 mol/L HNO_3溶液25 mL。

(五) 数据记录及结果处理

$PbCl_2$饱和溶液的温度/℃	
$PbCl_2$饱和溶液的体积/mL	
NaOH溶液的浓度/(mol·L^{-1})	
NaOH溶液的体积/mL	
锥形瓶中$PbCl_2$的量/mol	
$PbCl_2$的溶解度/(mol·L^{-1})	

【注意事项】

转型时,应控制流速在80～85滴/分钟。如果太快,由Na^+型转为H^+型不完全;如果太慢,会延长实验时间。转型完毕后,一定要用去离子水洗至淋洗液近中性(与去离子水pH相同),这一步骤非常重要。因为只有洗净游离酸,后续的滴定数据才会可靠。

【预习思考题】

1. 离子交换操作过程中,为什么要控制液体的流速不宜太快?为什么要自始至终保持液面高于离子交换树脂层？

2．配制 $PbCl_2$ 饱和溶液时，为什么要用煮沸过的去离子水溶解 $PbCl_2$ 固体？

3．树脂转型可用 HCl 溶液，而在再生时为什么只能用 HNO_3 溶液而不能用 HCl 或 H_2SO_4 溶液？

4．下列情况对实验结果有何影响？

(1) 转型时所用的酸太稀、量太少，以致树脂未能完全转变为氢型；

(2) $PbCl_2$ 饱和溶液的体积不准确；

(3) 转型时流出的淋洗液呈明显酸性，不停止淋洗并进行交换。

【课后问题】

能否用实验中测得的溶解度计算 $PbCl_2$ 的 K_{sp}？

实验3.19 氧化还原

(一) 安全提示

铬盐有毒,请将含铬的废液及沉淀倒入指定回收桶。

(二) 目的要求

(1) 了解氧化还原反应和电极电势的关系。

(2) 试验浓度对氧化还原反应的影响。

(3) 试验催化剂对氧化还原反应速率的影响。

(三) 实验内容

1. 氧化还原反应和电极电势

(1) 往试管中加入 0.5 mL 0.1 mol/L KI 溶液和 2 滴 0.1 mol/L $FeCl_3$ 溶液,混匀后,再加入 1 mL CCl_4。充分振荡,观察 CCl_4 层的颜色有何变化。发生了什么反应?为确证反应生成 Fe^{2+},可再往溶液中加入几滴 0.1 mol/L $K_3[Fe(CN)_6]$溶液,即生成滕氏蓝:

$$K^+ + [Fe(CN)_6]^{3-} + Fe^{2+} = KFe[Fe(CN)_6]\downarrow$$

(2) 用 0.1 mol/L KBr 溶液代替 0.1 mol/L KI 溶液进行相同的实验,能否发生反应?为什么?

(3) 分别用碘水和溴水与 0.2 mol/L $FeSO_4$ 溶液作用,观察有何现象。

根据以上实验结果,定性比较 Br_2/Br^-、I_2/I^-、Fe^{3+}/Fe^{2+} 的电极电势,并指出哪个是最强的氧化剂,哪个是最强的还原剂。

2. 浓度对氧化还原反应的影响

由能斯特(Nernst)公式可知,增加反应物浓度或减少生成物浓度,都会使氧化还原反应的电势变大,有利于反应向正方向进行。结合已学过的酸碱平衡、沉淀溶解平衡,我们将从以下两个方面来试验浓度对氧化还原反应的影响。

(1) 酸度对氧化还原反应的影响

- 分别试验固体 MnO_2 和 2 mol/L HCl 溶液、浓 HCl 溶液的反应,可用湿的碘化钾-淀粉试纸检验反应的气体产物。比较并解释两次实验结果,写出反应方程式。

- 现有 0.1 mol/L KI、0.1 mol/L $K_2Cr_2O_7$、2 mol/L H_2SO_4 溶液,请试验 H_2SO_4 对 KI 和 $K_2Cr_2O_7$ 反应的影响。写出反应方程式,并加以解释。

● 现有 0.1 mol/L KI、0.1 mol/L KIO_3、2 mol/L H_2SO_4、2 mol/L NaOH 溶液，请试验酸、碱对 KI 和 KIO_3 反应方向的影响。解释实验现象，并写出有关反应方程式。

(2) **沉淀对氧化还原反应的影响**

● 往试管中加入 0.5 mL 0.1 mol/L KI 溶液和 5 滴 0.1 mol/L $K_3[Fe(CN)_6]$ 溶液，混匀后，再加入 1 mL CCl_4，充分振荡，观察 CCl_4 层颜色有无变化？然后再加入 5 滴 0.2 mol/L $ZnSO_4$ 溶液，充分振荡，观察现象并加以解释。根据以上结果判断，I^- 能否还原$[Fe(CN)_6]^{3-}$？加入 Zn^{2+} 对反应有何影响？（注：Zn^{2+} 可与$[Fe(CN)_6]^{4-}$ 生成白色沉淀 $Zn_2[Fe(CN)_6]$）

● 往离心管中加入少量硫酸亚铁铵$[(NH_4)_2SO_4 \cdot FeSO_4 \cdot 6H_2O]$固体，加水溶解，再滴加 1～2 滴碘水，混匀后，观察碘水的颜色是否褪去。然后往离心管中滴加 0.1 mol/L $AgNO_3$ 溶液，边加边振荡，注意碘水的棕黄色是否褪去。离心沉降，向上层清液中加几滴 10% NH_4SCN 溶液，观察颜色变化，解释实验现象，并写出反应方程式。

3. 催化剂对氧化还原反应的影响

$H_2C_2O_4$ 溶液和 $KMnO_4$ 溶液在酸性介质中能发生如下反应：

$$5H_2C_2O_4 + 2MnO_4^- + 6H^+ = 2Mn^{2+} + 10CO_2 + 8H_2O$$

此反应的电动势虽然较大，但反应速率较慢。生成的 Mn^{2+} 可与 MnO_4^- 结合形成中间体 Mn^{3+}，Mn^{2+} 浓度的增加可加速 Mn^{3+} 的形成，从而加速整个反应。这种由于生成物本身引起催化作用的反应称为自催化反应。如果加入 F^- 与反应产生的 Mn^{3+} 形成配合物，则抑制了这一过程，使反应进行得较慢。

取 3 支试管，分别加入 1 mL 1 mol/L $H_2C_2O_4$ 溶液和数滴 2 mol/L H_2SO_4 溶液，然后往 1 号试管中滴加 2 滴 0.2 mol/L $MnSO_4$ 溶液，往 3 号试管中滴加数滴 10% NH_4F 溶液，最后向 3 支试管中分别加入 2 滴 0.01 mol/L $KMnO_4$ 溶液。混匀溶液，观察 3 支试管中红色褪去的快慢情况。必要时，可用温水浴加热，进行比较。

【注意事项】

1. 标准电极电势的数值与介质有关，在解释反应现象时注意使用不同介质中的标准电极电势数据。

2. 应用电极电势只能判断反应发生的方向，并不能判断该反应的速率。

【预习思考题】

1. 为什么 $KMnO_4$ 能氧化盐酸中的 Cl^-，而不能氧化 NaCl 中的 Cl^-？

2. 请设计完整的实验步骤，只用一支试管完成酸、碱对 KI 与 KIO_3 反应的影响。

3. 在“实验内容 2(2)”沉淀对氧化还原反应的影响的实验中，加入 $ZnSO_4$ 溶液后应生成白色沉淀，但常常看到的是黄色沉淀，为什么？如何才能看到白色沉淀？

【课后问题】

1. 标准电极电势差值小于0.2 V,甚至为负值时,反应是否就一定不能进行?

2. 在判断一个氧化还原反应能否进行时,是否只需考虑热力学因素?为什么?请举例说明。

实验3.20 配 合 物

(一) 安全提示

可溶性钡盐有毒,请将可溶性钡盐沉淀为硫酸钡后丢弃。

(二) 目的要求

(1) 比较配离子和简单离子的性质。

(2) 比较配离子的稳定性。

(3) 试验酸碱平衡、沉淀平衡、氧化还原平衡与配位平衡的相互影响。

(三) 实验内容

1. 配离子和简单离子性质的比较

(1) **$Fe(NO_3)_3$ 与 $K_3[Fe(CN)_6]$的性质比较** 分别往两支盛有 0.5 mL 0.1 mol/L $Fe(NO_3)_3$ 溶液和 0.1 mol/L $K_3[Fe(CN)_6]$溶液的试管中加入几滴 0.5 mol/L KSCN 溶液,观察有何变化。两种化合物都有 Fe(Ⅲ),为什么实验结果不同?

(2) **$FeSO_4$ 与 $K_4[Fe(CN)_6]$的性质比较** 往两支盛有 0.5 mL 0.5 mol/L Na_2S 溶液的试管中分别加入几滴 0.2 mol/L $FeSO_4$ 溶液和 0.1 mol/L $K_4[Fe(CN)_6]$溶液,是否都有 FeS 沉淀生成?为什么?

(3) **明矾的生成和性质** 在离心管中加入 2 mL 饱和 $Al_2(SO_4)_3$ 溶液和 2 mL 饱和 K_2SO_4 溶液,不断搅拌,并把离心管放在冷水中冷却,即有明矾[$K_2SO_4 \cdot Al_2(SO_4)_3 \cdot 24H_2O$]晶体析出。离心分离,弃去清液,并用少量去离子水把明矾晶体洗涤两次,以除去晶体表面的母液。取出明矾晶体,用去离子水溶解,先后分别用 $Na_3[Co(NO_2)_6]$、NaOH、$BaCl_2$ 溶液检出其中的 K^+、Al^{3+}和 SO_4^{2-}。(注:在弱酸性或弱碱性溶液中,K^+与 $Na_3[Co(NO_2)_6]$反应,生成黄色沉淀 $K_2Na[Co(NO_2)_6]$)

综合比较以上 3 个实验结果,讨论配离子与简单离子、复盐和配合物有什么区别。

2. 配离子稳定性的比较

Fe^{3+}可与 Cl^-、SCN^-、F^-、$C_2O_4^{2-}$ 形成配离子,请比较这 4 种 Fe(Ⅲ)配离子的稳定性。

提供试剂:0.5 mol/L $Fe(NO_3)_3$ 溶液,6 mol/L HCl 溶液,1% NH_4SCN 溶液,10% NH_4F 溶液,固体$(NH_4)_2C_2O_4$。

写出实验步骤、实验现象。说明配离子之间的转化条件。

注:$FeCl_4^-$,黄色;$FeNCS^{2+}$,血红色;FeF_3,无色;$Fe(C_2O_4)_3^{3-}$,黄绿色。

3. 配位平衡与酸碱平衡

(1) 配制 $Cu(NH_3)_4^{2+}$ 溶液,并试验它在 H_2SO_4 溶液中的稳定性。

提供试剂:0.2 mol/L $CuSO_4$ 溶液,2 mol/L $NH_3 \cdot H_2O$ 溶液,2 mol/L H_2SO_4 溶液。

分别写出 $Cu(NH_3)_4^{2+}$ 的生成及其与 H_2SO_4 反应的方程式。

(2) 往2滴0.1 mol/L $Fe_2(SO_4)_3$ 溶液中加入10滴饱和$(NH_4)_2C_2O_4$ 溶液,溶液呈什么颜色?生成了什么?加入1滴1% NH_4SCN 溶液,溶液颜色有无变化?再向溶液中逐滴加入6 mol/L HCl溶液,溶液颜色又有何变化?写出反应方程式。

(3) 往 $Na_3[Co(NO_2)_6]$溶液中逐滴加入6 mol/L NaOH 溶液,观察到什么现象?

由以上实验,说明配位平衡和酸碱平衡的关系。

4. 配位平衡与沉淀平衡

(1) 往0.5 mL $Cu(NH_3)_4^{2+}$ 溶液中逐滴加入饱和的 H_2S 溶液,是否有沉淀生成?写出反应方程式。

(2) 在离心管中加入0.5 mL 0.1 mol/L $AgNO_3$ 溶液和0.5 mL 0.1 mol/L NaCl溶液。离心分离,弃去清液,并用少量去离子水把沉淀洗涤两次。弃去洗涤液,然后加入2 mol/L $NH_3 \cdot H_2O$ 溶液至沉淀刚好溶解为止。

往上述溶液中加入1滴0.1 mol/L NaCl溶液,是否有AgCl沉淀生成?再加入1滴0.1 mol/L KBr溶液,有无AgBr沉淀生成?沉淀是什么颜色?继续加入KBr溶液,至不再产生AgBr沉淀为止。离心分离,弃去清液,并用少量去离子水把沉淀洗涤两次,弃去洗涤液,然后加入0.5 mol/L $Na_2S_2O_3$ 溶液至沉淀刚好溶解为止。

往上述溶液中加入1滴0.1 mol/L KBr溶液,是否有AgBr沉淀生成?再加入1滴0.1 mol/L KI溶液,有无AgI沉淀产生?

由以上实验,讨论沉淀平衡与配位平衡的相互影响。并比较AgCl、AgBr、AgI的 K_{sp} 的大小,以及 $Ag(NH_3)_2^+$、$Ag(S_2O_3)_2^{3-}$ 的 $K_{稳}$ 的大小。

(3) 往0.5 mL 0.2 mol/L $Hg(NO_3)_2$ 溶液中逐滴加入0.5 mol/L KI溶液,有无沉淀产生?加入过量KI溶液,有何现象?写出反应方程式。

由以上实验,说明配位平衡与沉淀平衡的关系。

5. 配位平衡与氧化还原平衡

往5滴0.1 mol/L KI溶液中加入5滴0.1 mol/L $FeCl_3$ 溶液,振荡试管,观察溶液颜色的变化,发生了什么反应?再往溶液中逐滴加入10% NH_4F 溶液,溶液颜色又有什么变化?又发生了什么反应?写出反应方程式,并讨论配位平衡对氧化还原平衡的影响。

【注意事项】

在"实验内容2"配离子稳定性的比较中,加6 mol/L HCl的量不可过多(2～3滴即可),否则 NH_4F 的加入量就会增加而导致溶液稀释。此外,NH_4SCN 的浓度要稀,加入量要少(1滴)，否则 NH_4F 也要加得多溶液才能褪色，也会稀释溶液。这都会使加入 $(NH_4)_2C_2O_4$ 后溶液颜色不明显。为使加入 $(NH_4)_2C_2O_4$ 后溶液颜色明显，一开始的 $Fe_2(SO_4)_3$ 浓度可以大一些，$Fe_2(SO_4)_3$ 溶液中含有较多酸时，可以用 $NH_3 \cdot H_2O$ 中和掉大部分酸，而且最后加入的 $(NH_4)_2C_2O_4$ 也要多一些，才可观察到明显的现象。

【预习思考题】

1. KSCN 溶液检查不出 $K_3[Fe(CN)_6]$ 溶液中的 Fe^{3+}；Na_2S 溶液不能与 $K_4[Fe(CN)_6]$ 溶液中的 Fe^{2+} 反应生成 FeS 沉淀，这是否表明这两个配合物的溶液中不存在 Fe^{3+} 和 Fe^{2+}？为什么 Na_2S 溶液不能使 $K_4[Fe(CN)_6]$ 溶液产生 FeS 沉淀，而饱和 H_2S 溶液却能使 $[Cu(NH_3)_4]^{2+}$ 溶液产生 CuS 沉淀？

2. 若往 $FeSO_4$ 溶液中滴加 Na_2S 溶液，则开始生成的黑色沉淀一经振荡就溶解，而产生乳白色的沉淀，这是何故？

【课后问题】

能否通过软硬酸碱理论(HSAB)预测配合物的相对稳定性？试举例说明。(文献选读：*Science*，1966，151，172.)

实验3.21 银氨离子配位数的测定

(一) 安全提示

银氨溶液蒸发或加入强碱会生成易爆炸的氮化银，实验之后应及时将银氨溶液酸化后弃去。

(二) 目的要求

(1) 测定银氨离子 $Ag(NH_3)_n^+$ 的配位数。

(2) 测定反应 $AgBr + nNH_3 \rightleftharpoons Ag(NH_3)_n^+ + Br^-$ 的平衡常数 K，并求算 $Ag(NH_3)_n^+$ 的 $K_{稳}$。

(三) 原理

往含有一定量的 KBr 和 NH_3 的水溶液中滴加 $AgNO_3$ 溶液，直到刚出现 AgBr 沉淀不消失(溶液显混浊)为止。这时溶液中存在着配位平衡和沉淀溶解平衡：

$$Ag^+ + nNH_3 \rightleftharpoons Ag(NH_3)_n^+ \tag{1}$$

$$\frac{[Ag(NH_3)_n^+]}{[Ag^+][NH_3]^n} = K_{稳}$$

$$Ag^+ + Br^- \rightleftharpoons AgBr\downarrow \tag{2}$$

$$\frac{1}{[Ag^+][Br^-]} = \frac{1}{K_{sp}}$$

(1)－(2)，得

$$AgBr + nNH_3 \rightleftharpoons Ag(NH_3)_n^+ + Br^-$$

$$K = \frac{[Ag(NH_3)_n^+][Br^-]}{[NH_3]^n} = K_{sp} \cdot K_{稳} \tag{3}$$

整理(3)，得

$$[Ag(NH_3)_n^+][Br^-] = K \cdot [NH_3]^n$$

两边取对数，即得直线方程：

$$\lg\{[Ag(NH_3)_n^+][Br^-]\} = n\lg[NH_3] + \lg K$$

将 $\lg\{[Ag(NH_3)_n^+][Br^-]\}$ 对 $\lg[NH_3]$ 作图，所得直线的斜率即为 $Ag(NH_3)_n^+$ 的配位数 n。由截距 $\lg K$ 可求 K，再由 K 和 AgBr 的 K_{sp} 可计算 $Ag(NH_3)_n^+$ 的 $K_{稳}$。

平衡浓度 $[Br^-]$、$[NH_3]$、$[Ag(NH_3)_n^+]$ 可以近似地按以下方法计算：

设平衡体系中，最初所取的 KBr 溶液和氨水的体积分别为 V_{Br^-}、V_{NH_3}，浓度分别为 $[Br^-]_0$、$[NH_3]_0$，加入 $AgNO_3$ 溶液的体积为 V_{Ag^+}、浓度为 $[Ag^+]_0$，混合溶液的总体积

$$V_{总}=V_{Br^-}+V_{NH_3}+V_{Ag^+}$$

则

$$[Br^-]=[Br^-]_0\cdot\frac{V_{Br^-}}{V_{总}}$$

$$[NH_3]=[NH_3]_0\cdot\frac{V_{NH_3}}{V_{总}}$$

$$[Ag(NH_3)_n^+]=[Ag^+]_0\cdot\frac{V_{Ag^+}}{V_{总}}$$

(四) 实验内容

用移液管移取 25 mL 已知准确浓度(0.008 mol/L 左右)的 KBr 溶液,加到洗净烘干的 250 mL 锥形瓶中。用酸式滴定管(最好是棕色的)装 0.100 mol/L $AgNO_3$ 溶液,用碱式滴定管装 2.00 mol/L $NH_3\cdot H_2O$ 溶液,把液面都调至刻度零。由碱式滴定管向锥形瓶中滴加 10.0 mL $NH_3\cdot H_2O$ 溶液,然后从酸式滴定管往锥形瓶内滴加 0.100 mol/L $AgNO_3$ 溶液,直到刚出现的混浊不再消失为止。记下加入的 $AgNO_3$ 溶液的体积 V_{Ag^+},同时记录所用 KBr 溶液的体积 V_{Br^-} 和氨水的体积 V_{NH_3},这是第一次滴定。

继续向同一锥形瓶中加 $NH_3\cdot H_2O$ 溶液 2.0 mL,使两次所加 $NH_3\cdot H_2O$ 溶液的累计体积 V_{NH_3} 为 12.0 mL,然后继续滴加 $AgNO_3$ 溶液,同样滴至刚出现的混浊不再消失为止,记下 $AgNO_3$ 溶液的体积 V_{Ag^+}(即两次所加 $AgNO_3$ 溶液的累计体积),同时记录所用氨水的累计体积,这是第二次滴定。

再滴加 $NH_3\cdot H_2O$ 溶液,使它的累计体积分别为 15.0 mL、19.0 mL、24.0 mL、31.0 mL,用上述同样的操作分别进行滴定。

计算各次滴定中的$[Br^-]$、$[Ag(NH_3)_n^+]$、$[NH_3]$、$\lg[NH_3]$、$\lg\{[Ag(NH_3)_n^+][Br^-]\}$,将计算结果填入数据记录和结果处理表中。

(五) 数据记录及结果处理

滴定序号	Ⅰ	Ⅱ	Ⅲ	Ⅳ	Ⅴ	Ⅵ
V_{Br^-} /mL						
V_{NH_3} /mL						
V_{Ag^+} /mL						
$V_{总}$ /mL						
$[Br^-]/(mol\cdot L^{-1})$						
$[Ag(NH_3)_n^+]/(mol\cdot L^{-1})$						
$[NH_3]/(mol\cdot L^{-1})$						
$\lg\{[Ag(NH_3)_n^+][Br^-]\}$						
$\lg[NH_3]$						

以 $\lg\{[Ag(NH_3)_n^+][Br^-]\}$为纵坐标,$\lg[NH_3]$为横坐标作图。分别求出配位数 n、平衡常数 K 和 $K_稳$。

【注意事项】

1. 实验中滴定的终点是刚出现混浊且不再消失,这一终点不易观察,较难控制。实验时可进行预滴定练习,或在锥形瓶底部和后侧衬一黑色纸板,以便于观察滴定终点。

2. 实验中的6次滴定是在同一锥形瓶中连续进行的。

【预习思考题】

1. 在计算平衡浓度$[Br^-]$、$[Ag(NH_3)_n^+]$和$[NH_3]$时,为什么可以忽略以下情况?

(1) 生成 AgBr 沉淀消耗掉的 Br^- 和 Ag^+;

(2) $Ag(NH_3)_n^+$ 配离子会解离出 Ag^+;

(3) 生成 $Ag(NH_3)_n^+$ 配离子消耗掉的 NH_3。

2. 实验中所用锥形瓶开始时必须是干燥的,且在滴定过程中也不要用水淋洗瓶壁。这与中和滴定时的情况有何不同?为什么?

3. 滴定时,若 $AgNO_3$ 溶液加过量了,能否纠正?如何操作?

4. 每次滴定时,V_{Br^-}是否一样?每次$[Br^-]$是否一样?

【课后问题】

1. 实验中滴至混浊与中和滴定时滴至指示剂变色是否具有同样的含义?

2. 实验中的6次滴定如改用6个锥形瓶分别进行,是否可以?试与本实验中的方法进行比较。

3. 请自己设计实验步骤,用电位滴定法测定银氨配离子的配位数和 $K_稳$。

实验 3.22 电位滴定法测定乙二胺合银(Ⅰ)配离子的配位数及稳定常数

(一) 安全提示

乙二胺有腐蚀性和刺激性，易燃。取用时应在通风橱中进行，并避免明火。

(二) 目的要求

(1) 了解实验原理，熟悉有关能斯特方程的计算。

(2) 测定乙二胺合银(Ⅰ)配离子的配位数及稳定常数。

(三) 原 理

在装有 Ag^+ 和乙二胺($H_2NCH_2CH_2NH_2$，常用 en 表示)的混合水溶液的烧杯中，插入饱和甘汞电极和银电极(注：银电极可由失效的玻璃电极制得，破掉下端玻璃球，把靠近玻璃球上方的一端割去约 1 cm 长的玻璃套管，并在留下的套管中填满石蜡，以固定电极)，两电极分别与酸度计的电极插孔相连，按下“mV”键，调整好仪器，测得两电极的电位差为 E(mV)。

$$\begin{aligned} E &= \varphi_{Ag^+/Ag} - \varphi_{Hg_2Cl_2/Hg} \\ &= \varphi^{\ominus}_{Ag^+/Ag} + 0.0591\lg[Ag^+] - 0.241 \\ &= 0.800 - 0.241 + 0.0591\lg[Ag^+] \\ &= 0.599 + 0.0591\lg[Ag^+] \end{aligned} \tag{1}$$

(注：25℃时饱和甘汞电极电势为 0.241 V。)

含有 Ag^+、en 的溶液中，必定会存在着下列平衡：

$$Ag^+ + n\,en \rightleftharpoons Ag(en)_n^+$$

$$K_{稳} = \frac{[Ag(en)_n^+]}{[Ag^+][en]^n}$$

$$[Ag^+] = \frac{[Ag(en)_n^+]}{K_{稳}[en]^n}$$

两边取对数，得

$$\lg[Ag^+] = -n\lg[en] + \lg[Ag(en)_n^+] - \lg K_{稳} \tag{2}$$

若使$[Ag(en)_n^+]$基本保持恒定，则由 $\lg[Ag^+]$对 $\lg[en]$作图，可得一直线，由直线斜率求得配位数 n，由直线截距 $\lg[Ag(en)_n^+]-\lg K_{稳}$ 求得 $K_{稳}$。

由于 $Ag(en)_n^+$ 配离子很稳定，当体系中 en 的浓度 c_{en}远远大于 Ag^+ 的浓度 c_{Ag^+} 时，

$$[en]\approx c_{en}, \quad [Ag(en)_n^+]\approx c_{Ag^+}$$

测定两电极间的电位差 E,即可通过(1)式求得不同[en]时的 $\lg[Ag^+]$。

(四) 实验内容

在一干净的250 mL烧杯中加入96 mL去离子水,再加入2.00 mL已知准确浓度(约7 mol/L)的en溶液和2.00 mL已知准确浓度(约0.2 mol/L)的 $AgNO_3$ 溶液。向烧杯中插入饱和甘汞电极和银电极,并把它们分别与酸度计的甘汞电极接线柱和玻璃电极插口相接。用酸度计的"mV"挡,在搅拌下测定两电极间的电位差 E,这是第一次加en溶液后的测定。向烧杯中再加入1.00 mL en溶液(此时累计加入的en溶液为3.00 mL),并测定相应的 E。再继续向烧杯中加4次en溶液,使每次累计加入en溶液的体积分别为4.00 mL、5.00 mL、7.00 mL、10.00 mL,并测定每次相应的 E。将实验数据填入数据记录和结果处理表中。

(五) 数据记录及结果处理

测定次数	Ⅰ	Ⅱ	Ⅲ	Ⅳ	Ⅴ	Ⅵ
加入en的累计体积/mL						
E/V						
$[en]/(mol\cdot L^{-1})$						
$\lg[en]$						
$\lg[Ag^+]$						

用 $\lg[Ag^+]$ 对 $\lg[en]$ 作图,由直线斜率和截距分别求算配离子的配位数 n 及 $K_{稳}$。由于实验中总体积变化不大,$[Ag(en)_n^+]$ 可被认为是一个定值,且

$$[Ag(en)_n^+]\approx\frac{V(AgNO_3)\cdot c(AgNO_3)}{(V_1+V_6)/2}$$

式中 $V(AgNO_3)$、$c(AgNO_3)$ 分别为加入 $AgNO_3$ 溶液的体积和浓度,V_1、V_6 分别为第1次和第6次测定 E 时的总体积。

【选做实验】

参考上述实验,自己设计步骤测定:

(1) $Ag(S_2O_3)_n^{-2n+1}$、$Ag(NH_3)_n^+$ 等配离子的配位数及稳定常数;

(2) AgBr、AgI等难溶盐的 K_{sp}。

实验 3.23 分光光度法测定乙二胺合铜(Ⅱ)配离子的组成

(一) 安全提示

乙二胺有腐蚀性和刺激性,易燃。取用时应在通风橱中进行,并避免明火。

(二) 目的要求

(1) 了解分光光度法测定溶液中配合物组成的原理和方法。

(2) 测定乙二胺合铜(Ⅱ)配离子的组成。

(3) 学习使用分光光度计。

(三) 原 理

一种物质对不同波长的光的吸收具有选择性,其最大吸收波长因物质而异,但不随该物质浓度改变而变化(吸光度大小随该物质浓度不同而变化)。显然,在最大吸收波长处测量该溶液的吸光度,其灵敏度最高。因此,在用分光光度法进行测量前都需要先测量被测物质对不同波长单色光的吸光度,以波长为横坐标,吸光度为纵坐标,作出吸收曲线(又称吸收光谱),然后选择最大吸收波长进行测量。本实验中 Cu^{2+} 和 en 可以生成两种配合物,它们分别在 530 nm 和 670 nm 处有最大吸收波长。

常用实验方法有两种:一是摩尔比法;二是等摩尔连续变化法。本实验采用后者,即在保持溶液中两组分的物质的量之总和(mol)不变($n_{Cu^{2+}}+n_{en}$=定值)的条件下,依次改变两组分的摩尔分数 $n_{Cu^{2+}}/(n_{Cu^{2+}}+n_{en})$ 或 $n_{en}/(n_{Cu^{2+}}+n_{en})$,并测定相应的吸光度,作摩尔分数-吸光度曲线,从曲线上吸光度极大值对应的摩尔分数可以求出该配合物的配位数,从而确定配离子的组成。

(四) 实验内容

(1) **配制 Cu^{2+}-en 混合溶液** 在 10 个洁净、干燥的 50 mL 烧杯中,按下表所示体积,分别移取 0.010 mol/L $CuSO_4$ 溶液和 0.010 mol/L en 水溶液,配成 10 份 Cu^{2+}-en 混合溶液。

烧杯编号	1	2	3	4	5	6	7	8	9	10
0.010 mol/L $CuSO_4$ 溶液体积/mL	2.0	4.0	6.0	6.7	8.0	10.0	12.0	14.0	16.0	18.0
0.010 mol/L en 溶液体积/mL	18.0	16.0	14.0	13.3	12.0	10.0	8.0	6.0	4.0	2.0

(2) **测定吸光度** 使用722型分光光度计,用2 cm比色皿,以去离子水为空白,分别测每份Cu^{2+}-en混合溶液在波长530 nm和670 nm处的吸光度。

(五) 数据记录及结果处理

将测量数据记在自己设计的数据记录表中。

以吸光度A为纵坐标,摩尔分数$\frac{n_{Cu^{2+}}}{n_{Cu^{2+}}+n_{en}}$为横坐标作图,求出乙二胺合铜(Ⅱ)配合离子的组成。

【注意事项】

比色皿要先用去离子水冲洗,再用待测溶液洗3遍。然后装好溶液,用镜头纸擦净比色皿的透光面进行测试。

【预习思考题】

使用比色皿时应当注意什么?

【课后问题】

用等摩尔连续变化法测定配合物组成时,为什么溶液中金属离子与配位体的摩尔比正好与配离子相同时,配离子的浓度最大?

第三部分 元素性质及定性分析实验

实验 3.24 碱金属和碱土金属

(一) 安全提示

可溶性钡盐有毒,请将可溶性钡盐沉淀为硫酸钡后丢弃。奈斯勒试剂含有汞离子,请将其废液倒入指定回收桶。

(二) 目的要求

(1) 熟悉碱金属、碱土金属某些盐类的溶解性。

(2) 将 Na^+、K^+、NH_4^+、Mg^{2+}、Ca^{2+}、Ba^{2+} 等离子进行分离和检出,并了解它们的分离和检出条件。

(三) 实验内容

1. 锂、镁的微溶盐

(1) **氟化物** 往两支试管中分别加入 0.5 mL 1 mol/L LiCl 溶液和 0.5 mL 0.5 mol/L $MgCl_2$ 溶液,然后各加入 0.5 mL 1 mol/L NaF 溶液,观察现象,写出化学反应方程式。

(2) **碳酸盐** 往 0.5 mL 1 mol/L LiCl 溶液中加入 0.5 mL 0.5 mol/L Na_2CO_3 溶液,观察现象,写出化学反应方程式。

另往 0.5 mL 0.5 mol/L $MgCl_2$ 溶液中加入 0.5 mL 1 mol/L $NaHCO_3$ 溶液,观察现象,写出化学反应方程式。

如果往 0.5 mL 0.5 mol/L $MgCl_2$ 溶液中加入 0.5 mL 0.5 mol/L Na_2CO_3 溶液,会有什么现象?此时生成的物质是什么?

(3) **磷酸盐** 往两支试管中分别加入 0.5 mL 1 mol/L LiCl 溶液和 0.5 mL 0.5 mol/L $MgCl_2$ 溶液,然后各加入 0.5 mL 0.2 mol/L Na_2HPO_4 溶液,观察现象,写出化学反应方程式。

以上实验中,若无沉淀生成,可在水浴中微热后继续观察。综合以上实验,比较锂盐和镁盐的相似性,并加以解释。

2. 碱土金属盐类的溶解性

现有 0.5 mol/L 的 $MgCl_2$、$CaCl_2$、$BaCl_2$ 溶液及饱和 Na_2CO_3、0.5 mol/L K_2CrO_4、0.5 mol/L Na_2SO_4 溶液等试剂,请通过实验了解 Mg^{2+}、Ca^{2+}、Ba^{2+} 的碳酸盐、铬酸盐及

硫酸盐中哪些是微溶盐,并试验微溶盐沉淀能否溶解于 2 mol/L HAc 及 2 mol/L HCl 溶液中。写出实验步骤、现象及试剂用量,并把结果记入表 3.24.1 内。

表 3.24.1 碱土金属盐的溶解性

	Mg^{2+}		Ca^{2+}		Ba^{2+}	
	有无沉淀	沉淀溶于何酸	有无沉淀	沉淀溶于何酸	有无沉淀	沉淀溶于何酸
Na_2CO_3						
K_2CrO_4						
Na_2SO_4						

3. 焰色实验

将顶端弯成小圈的镍丝放置在 2 mol/L HCl 溶液中片刻,取出后,放在本生灯的氧化焰中灼烧。如火焰仍保持本生灯焰颜色,没有其他离子的颜色,即可进行焰色反应。否则,应继续用 HCl 溶液清洗,灼烧。清洗完毕后,用镍丝分别蘸以 0.5 mol/L 的 LiCl、KCl、NaCl 溶液,放在氧化焰中灼烧,观察它们的焰色有何不同。由于钠盐具有持续的黄色火焰,而钾盐中通常含有少量 Na^+,故 K^+ 的紫色火焰可能被 Na^+ 的黄色火焰所掩盖,所以在观察 K^+ 的焰色时,要用蓝色钴玻璃滤去黄色火焰。

4. 水溶液中 Na^+、K^+、NH_4^+、Mg^{2+}、Ca^{2+}、Ba^{2+} 等离子的分离和检出

取 Na^+、K^+、NH_4^+、Mg^{2+}、Ca^{2+}、Ba^{2+} 试液各 5 滴,加到离心管中,混合均匀后按以下步骤进行分离和检出(图 3.24.1)。

(1) **NH_4^+ 的检出** 取 3 滴混合液加到小坩埚中,滴加 6 mol/L NaOH 溶液至显强碱性。取一块表面皿,在它的凸面上贴一小块湿润的 pH 试纸,将此表面皿盖在坩埚上,试纸较快变成蓝紫色,表示试液中有 NH_4^+。

(2) **Ca^{2+}、Ba^{2+} 的沉淀** 在试液中加入 6 滴 3 mol/L NH_4Cl 溶液,并加入 6 mol/L $NH_3 \cdot H_2O$ 溶液使溶液呈碱性,再多加 3 滴 $NH_3 \cdot H_2O$ 溶液。在搅拌下加入 10 滴 1 mol/L $(NH_4)_2CO_3$ 溶液,在 60℃的热水浴中加热几分钟。然后离心分离,把清液移到另一支离心管中,按步骤(5)中的操作处理,沉淀供步骤(3)使用。

(3) **Ba^{2+} 的分离和检出** 步骤(2)中的沉淀用 10 滴热的去离子水洗涤,弃去洗涤液,沉淀用 3 mol/L HAc 溶液溶解,溶解时要加热并不断搅拌。然后滴加 1 mol/L K_2CrO_4 溶液,产生黄色沉淀,表示有 Ba^{2+}。离心分离,清液保留,供检出 Ca^{2+} 使用。

(4) **Ca^{2+} 的检出** 如果步骤(3)中所得到的清液呈橘黄色,表明 Ba^{2+} 已沉淀完全,否则还需要再加 1 mol/L K_2CrO_4 溶液使 Ba^{2+} 沉淀完全。往此清液中加 1 滴 6 mol/L $NH_3 \cdot H_2O$ 溶液和几滴 0.5 mol/L $(NH_4)_2C_2O_4$ 溶液,加热后产生白色沉淀,表示有 Ca^{2+}。

(5) **残余 Ca^{2+}、Ba^{2+} 的除去** 往步骤(2)的清液内加入 0.5 mol/L $(NH_4)_2C_2O_4$ 溶液和 1 mol/L $(NH_4)_2SO_4$ 溶液各 1 滴,加热几分钟。如果溶液混浊,离心分离,弃去沉淀,把清液移到坩埚中。

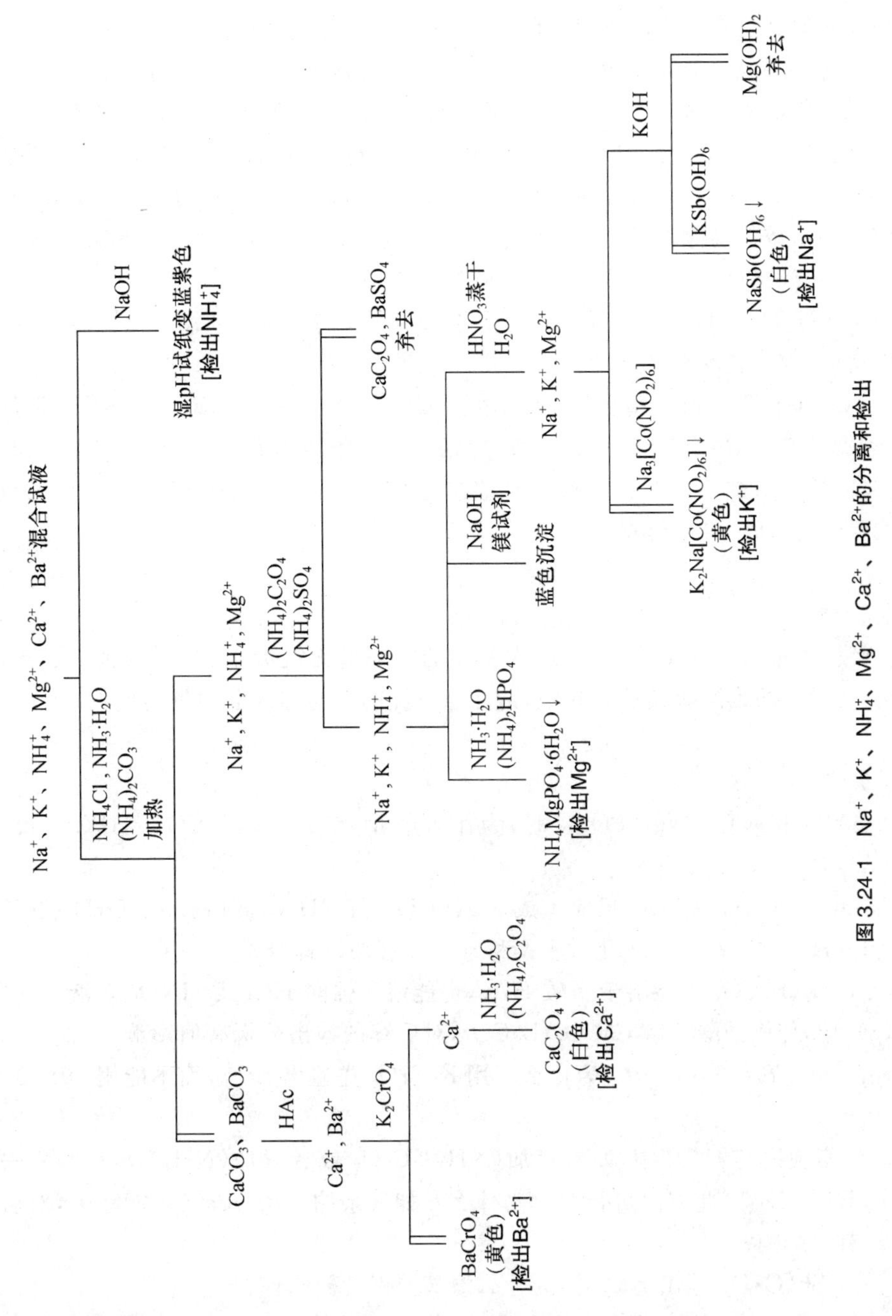

图 3.24.1 Na^{+}、K^{+}、NH_4^{+}、Mg^{2+}、Ca^{2+}、Ba^{2+}的分离和检出

(6) **Mg^{2+} 的检出** 取几滴步骤(5)的清液加到试管中,再加 1 滴 6 mol/L $NH_3 \cdot H_2O$ 溶液和 1 滴 1 mol/L $(NH_4)_2HPO_4$ 溶液,摩擦试管内壁,产生白色结晶状沉淀,表示有 Mg^{2+}。

另取 1 滴步骤(5)的清液,加在点滴板穴中,再加 1 滴 6 mol/L NaOH 溶液和 1 滴镁试剂(即硝基偶氮间苯二酚),产生蓝色沉淀,表示有Mg^{2+}。

(7) **铵盐的除去** 小心地将步骤(5)中坩埚内的清液蒸发至只剩下几滴,再加8～10滴浓HNO_3溶液,然后蒸发至干。为了防止迸溅,在蒸发到快干时,要移开本生灯,借石棉网上的余热把溶液蒸干。最后,用大火灼烧至不再冒白烟。冷却后,往坩埚中加入8滴去离子水,取1滴坩埚中的溶液加在点滴板穴中,再加2滴奈斯勒试剂,如果不产生红褐色沉淀,表明铵盐已除尽,否则还需再加浓HNO_3进行蒸发、灼烧,以除尽铵盐。待铵盐除尽后,溶液供步骤(8)和(9)检出K^+和Na^+使用。

(8) **K^+的检出** 取2滴步骤(7)的溶液加到试管中,再加2滴$Na_3[Co(NO_2)_6]$溶液,产生黄色沉淀,表示有K^+。

(9) **Na^+的检出** 取3滴步骤(7)的溶液加到离心管中,加6 mol/L KOH溶液至溶液pH≈12,加热后,离心分离,弃去沉淀,往清液中加等体积的0.1 mol/L $KSb(OH)_6$溶液。用玻璃棒摩擦试管内壁,放置后,产生白色结晶形沉淀,表示有Na^+。如果没有沉淀,可放置较长时间,再进行观察。

【注意事项】

进行镁、锂难溶盐的实验时,若加入相应的试剂后无沉淀生成,则需稍稍加热,再观察现象。在后续的难溶盐酸盐实验中,请注意沉淀的量与加入酸的量的比例。

【预习思考题】

1. 在制取$MgCO_3$、$Mg_3(PO_4)_2$时,为什么用Mg^{2+}分别与HCO_3^-、HPO_4^{2-}反应,而不与CO_3^{2-}、PO_4^{3-}直接反应?

2. $MgCl_2$和$NH_3 \cdot H_2O$反应生成$Mg(OH)_2$和NH_4Cl,但是$Mg(OH)_2$沉淀又能溶于饱和NH_4Cl溶液中,试用化学平衡移动的原理加以解释。

3. $CaCO_3$、$BaCO_3$既能溶于弱酸HAc,也能溶于强酸HCl或HNO_3溶液。在"实验内容4(3)"中,如用强酸溶解$CaCO_3$、$BaCO_3$,对后续的检出分析有何影响?

4. 在Ca^{2+}、Ba^{2+}混合液中,为什么可用K_2CrO_4先检出Ba^{2+},而不能用$(NH_4)_2C_2O_4$先检出Ca^{2+}?

5. 在"实验内容4(5)"中,如果只加$(NH_4)_2C_2O_4$或者只加$(NH_4)_2SO_4$来除去清液中残余的Ca^{2+}、Ba^{2+},此方法可行吗?为什么?如残余的Ca^{2+}、Ba^{2+}未能除去,对后续的检出分析有何影响?

6. 用$KSb(OH)_6$检出Na^+时,为什么溶液要保持微碱性?

7. 用$Na_3[Co(NO_2)_6]$检出K^+时,为什么溶液要保持近中性?

【课后问题】

总结比较锂盐与钠盐、钾盐的差异性,锂盐与镁盐的相似性,并加以解释。

实验3.25 卤 素

(一) 安全提示

实验中放出的溴蒸气和碘蒸气具有刺激性,请在通风橱中进行实验,实验后请及时清洗试管。如不慎吸入少量溴蒸气或碘蒸气,请尽快到室外呼吸新鲜空气。

浓硫酸具有强氧化性和脱水性,使用时应佩戴橡胶手套,含浓硫酸的废液应冲稀或中和后排放。

(二) 目的要求

(1) 试验溴、碘的溶解性。

(2) 试验、比较卤素的氧化性和卤素离子的还原性。

(3) 试验氟化氢对玻璃的腐蚀作用。

(4) 试验氯酸钾、溴酸钾的氧化性。

(5) 分离检出水溶液中的 Cl^-、Br^-、I^-。

(三) 实验内容

1. 溴和碘的溶解性

(1) 观察试剂瓶中液体溴和水的分层情况及其颜色。

(2) 在试管中加 0.5 mL 溴水,沿管壁加入 1 mL CCl_4,观察水相和有机相的颜色。振荡试管,静置后,观察水相和有机相的颜色有何变化。比较溴在水中和 CCl_4 中的分配。

(3) 取一小粒碘晶体放在试管中,加入 2 mL 去离子水,振荡试管,观察水相的颜色有无明显变化。再加入几滴 0.1 mol/L KI 溶液,摇匀,发生什么现象? 试说明实验室中应如何配制碘水。

(4) 取 1 mL 上述碘溶液,加入 1 mL CCl_4,振荡试管,观察水相和有机相的颜色有何变化,比较碘在水中和 CCl_4 中的分配。用滴管吸取上层的碘溶液,移到另一支试管中,往此试管中加几滴淀粉溶液,即变成蓝色(如果蓝色太深,可用水冲稀后观察)。以上两种方法都可以用来检出碘单质。

2. 卤素的氧化性

(1) **氯的氧化性** 往盛着少量 0.1 mol/L KBr 溶液的试管中滴加氯水,观察溶液颜色的变化。再往试管中加 1 mL CCl_4,充分振荡试管,静置片刻,观察水相和有机相的颜色。解释上述现象。

往盛着少量0.1 mol/L KI溶液的试管中滴加氯水,观察有何变化。并用两种方法检验生成的碘。

(2) **溴的氧化性** 往盛着少量0.1 mol/L KI溶液的试管中滴加溴水,有何变化?用两种方法检验生成的碘。

综合以上3个实验,比较氯、溴、碘的氧化性,并说明其变化规律。

3. 卤素离子的还原性

(1) 往盛着少量NaCl固体的试管中加入1 mL浓H_2SO_4溶液,观察反应产物的颜色和状态。用玻璃棒蘸一些浓$NH_3 \cdot H_2O$溶液,移近试管口以检验气体产物。写出反应方程式,并加以解释。

(2) 往盛着少量KBr固体的试管中加入1 mL浓H_2SO_4溶液,观察反应产物的颜色和状态。把湿的碘化钾-淀粉试纸移近试管口以检验气体产物。写出反应方程式。

此反应与步骤(1)中有何不同?为什么?

(3) 往盛着少量KI固体的试管中加入1 mL浓H_2SO_4溶液,观察反应产物的颜色和状态。把湿的$Pb(Ac)_2$试纸移近试管口以检验气体产物。写出反应方程式。

此反应与以上两实验有什么不同?为什么?

(4) 往两支试管中分别加入0.5 mL 0.1 mol/L KI溶液和0.5 mL 0.1 mol/L KBr溶液,然后各加入2滴0.1 mol/L $FeCl_3$溶液和1 mL CCl_4。充分振荡,观察两试管CCl_4层的颜色有无变化,并加以解释。

综合以上4个实验,比较Cl^-、Br^-、I^-的还原性,并说明其变化规律。

4. 氟化氢的生成和它对玻璃的腐蚀作用

取一片涂有一薄层石蜡的玻璃片,用小刀在石蜡上刻出字迹(字迹必须穿透石蜡层,使玻璃暴露出来)。在刻有字迹的地方涂上一层厚糊状的CaF_2(用CaF_2粉末和水调成,不宜太稀或太稠),然后把玻璃片放在通风橱中,再在其上加几滴浓H_2SO_4溶液。1~2小时后,取出玻璃片,用水冲洗,并用小刀把石蜡刮掉。观察玻璃片上的变化,写出反应方程式。

5. 氯酸钾、溴酸钾的氧化性

(1) **氯酸钾的氧化性** 把一小粒硫磺粉和一小粒干燥的$KClO_3$固体放在研钵中,用力研磨,观察发生什么现象,并加以解释。

(2) **溴酸钾的氧化性** 现有饱和$KBrO_3$溶液(浓度约为0.4 mol/L),2 mol/L H_2SO_4溶液,0.5 mol/L KBr溶液,0.5 mol/L KI溶液,请试验$KBrO_3$的氧化性。写出实验的试剂用量、步骤、现象和化学反应方程式。

6. Cl^-、Br^-、I^-的分离和检出

当Cl^-、Br^-、I^-同时存在时,可按以下步骤进行分离和检出(图3.25.1):

(1) **AgCl、AgBr、AgI的生成** 在离心管中加2 mL Cl^-、Br^-、I^-混合试液,加2~3滴6 mol/L HNO_3溶液酸化,再加入0.1 mol/L $AgNO_3$溶液至沉淀完全,在水浴中加热2分钟使卤化银聚沉。离心分离,弃去溶液,再用去离子水将沉淀洗涤两次。弃去洗涤

液，沉淀供步骤(2)使用。

(2) **Cl^- 的分离和检出** 往卤化银沉淀上加 1～2 mL 2 mol/L $NH_3 \cdot H_2O$ 溶液，搅拌 1 分钟，离心分离[沉淀供步骤(3)使用]。将清液移到另一支试管中，用 6 mol/L HNO_3 溶液酸化，有 AgCl 白色沉淀产生，表示有 Cl^- 存在：

$$AgCl + 2NH_3 \cdot H_2O \longequal Ag(NH_3)_2^+ + Cl^- + 2H_2O$$

$$Ag(NH_3)_2^+ + 2H^+ + Cl^- \longequal AgCl\downarrow + 2NH_4^+$$

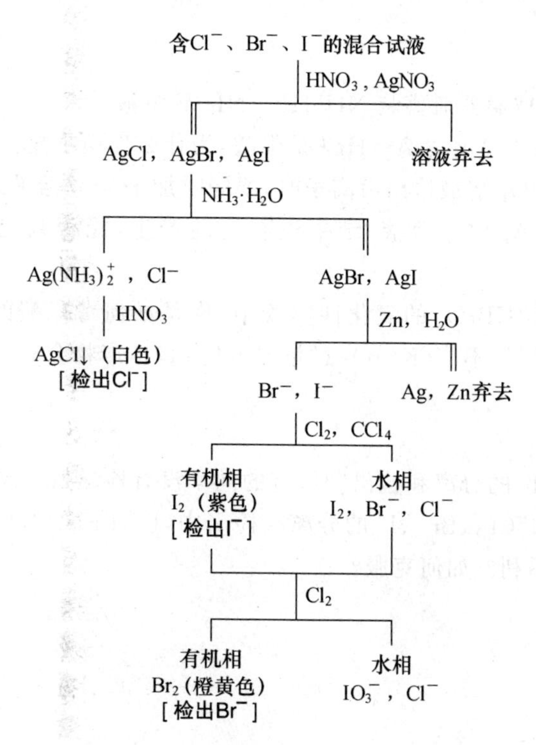

图 3.25.1 Cl^-、Br^-、I^- 的分离和检出

(3) **Br^-、I^- 的分离和检出** 往上面的沉淀上加 1～2 mL 去离子水和少量锌粉，充分搅拌，沉淀变为黑色，离心分离，弃去残渣。

$$2AgBr + Zn \longequal Zn^{2+} + 2Br^- + 2Ag\downarrow$$

$$2AgI + Zn \longequal Zn^{2+} + 2I^- + 2Ag\downarrow$$

取少量含 Br^- 和 I^- 的清液，向其中加 1 mL CCl_4，然后滴加氯水，每加 1 滴后都要振荡试管，并观察 CCl_4 层的颜色变化。CCl_4 层变为紫色，表示有 I^-。继续滴加氯水，I_2 即被氧化为无色的 HIO_3，CCl_4 层颜色变浅。

$$I_2 + 5Cl_2 + 6H_2O \longequal 2HIO_3 + 10HCl$$

继续滴加氯水，CCl_4 层为黄色或橙黄色，即表示有 Br^- 存在于混合试液中。

【注意事项】

1. 做“实验内容4”氟化氢的生成和它对玻璃的腐蚀作用时,要在通风橱中进行。玻璃片上刻的字迹一定要粗一些,否则腐蚀玻璃的现象不明显。

2. 做“实验内容6”Cl^-、Br^-、I^-的分离和检出时,卤化银沉淀生成后加热时间不要过长;溶解AgCl时氨水的量不要太多;Br^-、I^-的检出时加入锌粉后要充分搅拌;滴加氯水前注意溶液的酸碱性。

【预习思考题】

1. 为什么不能用玻璃器皿盛装NH_4HF_2、NH_4F溶液?

2. HF是弱酸,能够腐蚀玻璃。HCl是强酸,为什么反而不能?

3. 为什么用$AgNO_3$溶液检出卤离子时,要同时加HNO_3溶液酸化,它有什么作用?向一个未知溶液中加$AgNO_3$溶液,结果没有沉淀产生,能否判定该溶液中不存在卤离子?

4. 在“实验内容5”$KBrO_3$的氧化性实验中,你是如何考虑酸的用量的?当$KBrO_3$和KI反应时,试剂的用量不同($KBrO_3$过量或KI过量),产物会有何不同?

【课后问题】

1. 做“Cl^-、Br^-、I^-的分离和检出”时,有的同学没有检出Br^-或I^-的原因何在?

2. 在“实验内容6”Cl^-、Br^-、I^-的分离和检出中,I^-、Br^-的浓度之比较大时,对I^-、Br^-的分离检出有何不利?如何克服?

实验 3.26 未知液的分析(一)

(一) 安全提示

可溶性钡盐有毒,请将可溶性钡盐沉淀为硫酸钡后丢弃。萘斯勒试剂含有汞离子,请将其废液倒入指定回收桶。

(二) 目的要求

(1) 复习、掌握 Na^+、K^+、NH_4^+、Mg^{2+}、Ca^{2+}、Ba^{2+}、Cl^-、Br^-、I^- 等离子的分离、检出条件。

(2) 检出未知液中的阴、阳离子。

(三) 实验内容

领取未知液一份,其中可能含有的离子是:Na^+、K^+、NH_4^+、Mg^{2+}、Ca^{2+}、Ba^{2+}、Cl^-、Br^-、I^-,参考实验 3.24 和实验 3.25,自己拟定分析步骤,确定未知液中含有哪些离子。

【注意事项】

1. 做此类未知液分析实验时,可先进行一些初步检验,再根据未知液中可能含有离子的具体情况,得出既切合实际又简便易行的分析方案。因本实验的未知液既要分析阴离子,又要分析阳离子,就可能有多种方案,例如:(1)本实验中阴、阳离子在检出时互不干扰,可取两份未知液,分别检出阴、阳离子。(2)先用 $AgNO_3$ 溶液沉淀卤离子,再在沉淀与溶液中分别做阴、阳离子的检出,但要注意溶液中引入了 Ag^+。

2. 进行未知液的分析实验时,还应随时做空白实验和对照实验,以保证分析结果的准确性。

【预习思考题】

1. 在本实验中,能否用原未知液直接检出某些阴、阳离子?如果能,有无前提条件?

2. 在 Cl^-、Br^-、I^- 混合液中,用 $AgNO_3$ 沉淀卤离子时,如果沉淀不完全,一般对哪种离子的检出有影响?

3. 如按实验 3.25 的"实验内容 6(1)和(2)"检验未知液中有无 Cl^- 时,若未知液中有 Cl^- 也有 Br^-,则 AgBr 能否明显地溶于 2 mol/L $NH_3 \cdot H_2O$ 溶液中?若未知液中有 Br^- 而无 Cl^-,则情况又将如何?这时,往用 2 mol/L $NH_3 \cdot H_2O$ 溶液处理卤化银沉淀后的清液中加入 HNO_3 溶液,为什么又会产生混浊?

【课后问题】

1. 请设计一个分离检出 K^+、Mg^{2+}、Ba^{2+}、I^- 的分析步骤。

2. 请根据自己的实验结果,找到可能分析相同未知液的同学,并讨论实验结果,进一步确定未知液的组成。

实验 3.27 氧、硫

(一) 安全提示

本实验中使用的铬盐、镉盐有毒，请将含铬、镉的废液及沉淀倒入指定回收桶。

在“过氧化氢的鉴定反应”实验中，要用到乙醚，因为乙醚是一种易燃的有机物，使用时应远离明火，并及时把用过的溶液处理掉。

(二) 目的要求

(1) 了解臭氧的生成及性质。

(2) 试验过氧化氢的性质。

(3) 试验不同氧化态的硫的化合物的性质。

(4) 分离检出水溶液中的 S^{2-}、SO_3^{2-}、$S_2O_3^{2-}$。

(5) 用球棍模具制作硫的氧化物及某些含氧酸根的模型，进一步了解其结构特点。

(三) 实验内容

1. 过氧化氢的性质

(1) **过氧化氢的氧化性** 往离心管中加入少量 0.2 mol/L $Pb(NO_3)_2$ 溶液和 H_2S 水溶液，观察反应产物的颜色和状态。离心分离，用少量去离子水洗涤沉淀 3 次。然后往沉淀上加入 3% H_2O_2 溶液。观察反应情况和沉淀的变化，解释实验现象并写出反应方程式。

(2) **过氧化氢的还原性** 现有 3% H_2O_2 溶液、2 mol/L H_2SO_4 溶液、0.01 mol/L $KMnO_4$ 溶液，请试验 H_2O_2 的还原性。写出实验的试剂用量、步骤、现象及反应方程式。

(3) **过氧化氢的鉴定反应** 在试管中加入 1 mL 3% H_2O_2 溶液、1 mL 乙醚和 0.5 mL 2 mol/L H_2SO_4 溶液，再加入 2 滴 0.1 mol/L $K_2Cr_2O_7$ 溶液，振荡试管，观察溶液和乙醚层的颜色有何变化。请写出相应的化学反应方程式。

在酸性溶液中，H_2O_2 和 $Cr_2O_7^{2-}$ 反应生成蓝色的 CrO_5（过氧化铬，O—O 与 O—O 两组过氧键连于 Cr，另有 Cr=O），CrO_5 能被乙醚萃取，形成蓝色液层。CrO_5 不稳定，在酸性介质中会逐渐分解产生 O_2。

(4) **过氧化氢的催化分解** 在试管中加入 1 mL 3% H_2O_2 溶液，微热试管，有什么现象？向试管内加入少量 MnO_2 固体（注意，加入的量一定要少，以防由于分解速度过快使反应液喷溅到管外），又有什么变化？

比较以上两种情况,说明 MnO_2 对 H_2O_2 的分解有何影响,并写出反应方程式。

2. 硫化氢的还原性

往 1 mL 0.01 mol/L $KMnO_4$ 溶液中滴加饱和 H_2S 溶液,观察溶液的颜色有什么变化。试管中有没有其他物质析出?写出反应方程式。

3. 多硫化钠的制备和性质

(1) **多硫化钠的制备** 往试管中加入 2 mL 0.1 mol/L Na_2S 溶液,再加入少量硫粉及几滴 6 mol/L NaOH 溶液,将试管放在水浴中加热,观察现象并加以解释。溶液供以下实验使用。

(2) **多硫化钠和酸的反应** 取 1 mL 多硫化钠溶液,用 6 mol/L HCl 溶液酸化,观察有何现象。生成了什么气体?如何检验?

(3) **多硫化钠的氧化性** 在离心管中加入 1 mL 0.5 mol/L $SnCl_2$ 溶液和 2 mL 饱和 H_2S 溶液,观察产物的颜色和状态。离心分离,洗涤沉淀,然后往沉淀中加入多硫化钠溶液,水浴加热,观察有何变化。反应方程式如下:

$$SnS + Na_2S_x = Na_2SnS_3 + (x-2)S$$

生成的 S 将和 S_x^{2-} 结合成 S_y^{2-} $(y>x)$ 多硫离子,所以一般看不到 S 单质的析出。

4. 亚硫酸盐的性质

现有试剂:0.5 mol/L Na_2SO_3 溶液,2 mol/L H_2SO_4 溶液、0.1 mol/L $K_2Cr_2O_7$ 溶液,饱和 H_2S 水溶液。请试验 SO_3^{2-} 的氧化还原性。写出实验的试剂用量、步骤、现象及有关的化学反应方程式。

5. 硫代硫酸盐的性质

请用 0.1 mol/L $Na_2S_2O_3$ 溶液分别与碘水、2 mol/L HCl 溶液、0.1 mol/L $AgNO_3$ 溶液进行反应。写出实验的试剂用量、步骤、现象及反应方程式。并由实验结果小结硫代硫酸盐的性质。

注意:① $Na_2S_2O_3$ 与 HCl 反应时,可水浴加热。② $Na_2S_2O_3$ 与 $AgNO_3$ 反应,若 $AgNO_3$ 过量时,先产生白色沉淀 $Ag_2S_2O_3$,沉淀由白变黄变棕,最后变为黑色的 Ag_2S。

6. 过二硫酸盐的氧化性

把 2 mL 2 mol/L H_2SO_4 溶液、2 mL 去离子水和 4 滴 0.005 mol/L $MnSO_4$ 溶液混合均匀后,再加入 1 滴浓 HNO_3 溶液。把这一溶液分成两份:

- 往一份溶液中加 1 滴 0.1 mol/L $AgNO_3$ 溶液和少量 $K_2S_2O_8$ 固体,微热之,溶液的颜色有什么变化?
- 另一份溶液中只加少量 $K_2S_2O_8$ 固体,微热之,溶液的颜色有没有变化?

$$2Mn^{2+} + 5S_2O_8^{2-} + 8H_2O = 2MnO_4^- + 10SO_4^{2-} + 16H^+$$

比较上面两个实验结果,并加以解释。

7. S^{2-}、SO_3^{2-}、$S_2O_3^{2-}$ 的分离和检出

取含有 S^{2-}、SO_3^{2-}、$S_2O_3^{2-}$ 的混合试液,按以下步骤进行分离和检出(图 3.27.1):

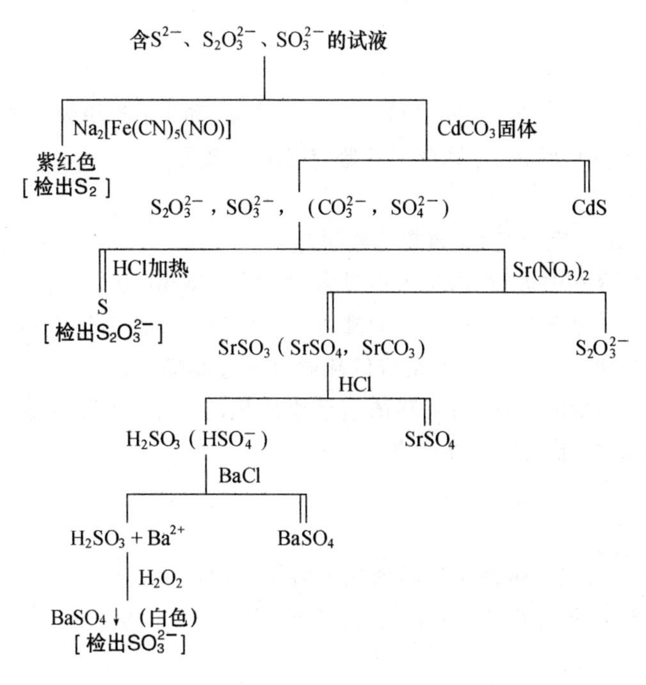

图 3.27.1 S^{2-}、SO_3^{2-}、$S_2O_3^{2-}$ 的分离和检出

(1) **S^{2-}的检出** 取 1～2 滴 S^{2-}、SO_3^{2-}、$S_2O_3^{2-}$ 的混合试液至点滴板上，加入 1 滴 $Na_2[Fe(CN)_5(NO)]$溶液，如显紫红色(生成 $Na_4[Fe(CN)_5(NOS)]$)，表明有 S^{2-} 存在。

(2) **S^{2-}的分离** 取 2 mL 混合试液加适量 $CdCO_3$ 固体，搅拌，离心分离，取 1 滴清液检查 S^{2-} 是否除净。如果还有 S^{2-}，应再加 $CdCO_3$ 固体直到检不出 S^{2-} 为止。离心分离，然后用清液检出 $S_2O_3^{2-}$ 和 SO_3^{2-}。

(3) **$S_2O_3^{2-}$ 的检出** 取几滴清液加入试管中，再加 2 滴 6 mol/L HCl 溶液，加热，出现白色混浊，表示有 $S_2O_3^{2-}$ 存在。

(4) **SO_3^{2-} 的分离和检出** 另取一些清液加到离心管中，并加入 0.5 mol/L $Sr(NO_3)_2$ 溶液使 SO_3^{2-}(SO_4^{2-})沉淀为 $SrSO_3$($SrSO_4$)。加热 3～4 分钟，离心分离，弃去清液；沉淀用去离子水洗一次后，再用 2 mol/L HCl 溶液处理，搅拌之，再进行离心分离，弃去沉淀。把清液移至另一离心管中，并在清液中滴加浓度为 0.5 mol/L 的 $BaCl_2$ 溶液。如果有沉淀产生，进行离心分离，把上层清液移至一试管中，往试管中加 3% H_2O_2 溶液数滴，生成白色沉淀，表示有 SO_3^{2-} 存在。

8. 模型制作

用球棍模具制作 SO_2、SO_3、SO_3^{2-}、SO_4^{2-}、$S_2O_3^{2-}$、$S_2O_4^{2-}$、$S_2O_6^{2-}$、$S_2O_7^{2-}$、$S_2O_8^{2-}$ 等结构

模型,进一步了解其结构特点。

【选做实验】

用4 g固体Na_2SO_3(或8 g $Na_2SO_3 \cdot 7H_2O$结晶)和1 g硫粉为原料制备硫代硫酸钠晶体。观察晶体颜色和形状,计算产率并鉴定$S_2O_3^{2-}$离子。

提示:

(1) 为使Na_2SO_3反应完全,硫粉应稍过量。

(2) 反应在水溶液中进行,水量不可过多,以10~25 mL为宜。

(3) 为使大部分硫溶解,反应应在微沸情况下维持0.5小时以上,在反应过程中要根据情况适当补加少量去离子水。未反应的硫通过热过滤除去。

(4) 第一次结晶后的滤液,可加热浓缩至原体积的一半,然后冷却,制取第二次的结晶。合并两次的晶体,干燥后计算产率。

【注意事项】

在做"实验内容1(4)"过氧化氢的催化分解实验时,加入MnO_2的量一定要少(固体控制在一个小米粒大小就可以),否则反应太剧烈。

【预习思考题】

1. 长期敞口放置的H_2S、Na_2S、Na_2SO_3和$Na_2S_2O_3$溶液会发生什么变化?为什么在分离检出混合液中的SO_3^{2-}、$S_2O_3^{2-}$时常常会检出SO_4^{2-}?

2. 实验中,制备H_2S时不用HCl而HNO_3溶液,行不行?Mn^{2+}被$S_2O_8^{2-}$氧化成MnO_4^-时如不用$MnSO_4$而用$MnCl_2$,行不行?为什么?

3. 许多古画中用的白色颜料大多数是铅白[$2PbCO_3 \cdot Pb(OH)_2$]。天长日久,这些画会逐渐变黑,如小心地用H_2O_2稀溶液处理一下,又可以恢复原来的色彩。请解释其原因,并写出有关的化学反应方程式。

4. $Na_2S_2O_3$溶液和$AgNO_3$溶液反应时,若试剂用量不同,产物有何不同?

5. 实验中,为什么S^{2-}会干扰SO_3^{2-}、$S_2O_3^{2-}$的检出?而$S_2O_3^{2-}$又会干扰SO_3^{2-}的检出?

6. 某清液中可能存在S^{2-}、SO_3^{2-}、S_x^{2-}、$S_2O_3^{2-}$、SO_4^{2-}、Cl^-等离子,但往清液中滴加酸,只嗅到腐卵气味而未见浑浊,请问溶液中可能存在哪些离子?

7. 根据实验结果,比较:

(1) $S_2O_8^{2-}$与MnO_4^-氧化性的强弱。

(2) $S_2O_3^{2-}$与I^-还原性的强弱。

【课后问题】

1. 在 $KMnO_4$ 溶液和饱和 H_2S 溶液的反应中,生成的沉淀是什么颜色?是什么物质?

2. 硫代硫酸钠晶体的化学式中含有几个结晶水?你能自己设计实验方案进行测定吗?

3. 试比较过氧化氢、过二硫酸中过氧基团的氧化性有何差异。过氧基团的氧化性大小与其相连的基团有关吗?

实验3.28 氮、磷

(一) 安全提示

“亚硝酸的生成”实验中有 NO、NO_2 气体放出，应在通风橱中进行实验，实验后及时清洗试管。

本实验中使用的钼盐、偏磷酸盐有毒，应将含钼和偏磷酸盐的废液及沉淀倒入指定回收桶中。奈斯勒试剂含有汞离子，请将其废液倒入指定回收桶。

(二) 目的要求

(1) 试验硝酸、亚硝酸的生成和性质。

(2) 试验硝酸盐的热分解反应。

(3) 试验磷的化合物的主要性质。

(4) 试验铵离子、硝酸根、亚硝酸根、偏磷酸根、正磷酸根与焦磷酸根的鉴定反应的条件与现象，掌握偏磷酸根、正磷酸根、焦磷酸根的区别方法。

(5) 用球棍模具制作 P_4、磷的氧化物及某些含氧酸根的模型，进一步了解其结构特点。

(三) 实验内容

1. 硝酸的氧化性

(1) **HNO_3 与 Zn 的反应** 用浓 HNO_3 溶液和 2 mol/L HNO_3 溶液分别与一颗 Zn 粒进行反应。观察不同浓度的 HNO_3 溶液与 Zn 作用，其反应物和反应速度有何不同。

试管中取稀 HNO_3 溶液与 Zn 反应得到的溶液，往其中慢慢加入 6 mol/L 的 NaOH 溶液，直到生成的白色沉淀溶解为止。再多加一些 NaOH 溶液，在水浴中加热之，用湿润的 pH 试纸移近试管口，观察试纸的颜色变化，说明试管中逸出的气体是什么。

(2) **HNO_3 与 S 的反应** 在试管内放入少许 S 粉，加入 0.5 mL 浓 HNO_3 溶液在水浴中加热到反应进行，观察何种气体产生。冷却，取少许反应后的溶液，在另一支试管中检查有无 SO_4^{2-} 生成。

2. 亚硝酸的生成和性质

(1) **亚硝酸的生成** 在通风橱中，把已在冰水中冷却过的 1 mL 饱和 $NaNO_2$ 溶液和 1 mL 2 mol/L H_2SO_4 溶液混合均匀，观察反应情况和产物的颜色，写出反应方程式。把溶液放置一段时间，有什么变化？为什么？

(2) **亚硝酸的性质** 现有下列试剂:0.5 mol/L $NaNO_2$ 溶液,0.1 mol/L KI 溶液,0.01 mol/L $KMnO_4$ 溶液,1 mol/L H_2SO_4 溶液。请试验亚硝酸的氧化还原性,写出试剂用量、步骤、现象及有关的反应方程式。

3. 硝酸盐的热分解

在通风橱中,向3支干燥的小试管中分别加入少量 $AgNO_3$、$Pb(NO_3)_2$、$NaNO_3$ 固体,加热之。观察比较反应情况和产物的颜色、状态有何不同。将带有余烬的火柴伸入试管中,检验气体产物是什么。写出化学反应方程式。

4. 铵离子、亚硝酸根、硝酸根的鉴定反应

(1) **NH_4^+ 的鉴定反应**

- 在小坩埚中加1 mL 1 mol/L NH_4Cl 溶液和1 mL 6 mol/L NaOH 溶液,将一小片润湿的 pH 试纸贴在表面皿的底部,将表面皿盖在小坩埚上,检验反应产生的 NH_3。

- 在点滴板上加1滴0.1 mol/L NH_4Cl 溶液,再加1滴奈斯勒试剂,即生成棕红色沉淀。此反应极为灵敏,用以检验少量的 NH_4^+ 离子。NH_4^+ 离子极少时,生成棕黄色溶液。

奈斯勒试剂是 K_2HgI_4 的 KOH 溶液,与 NH_4^+ 反应的方程式为

$$HgI_4^{2-} + NH_3 + 3OH^- = O\begin{matrix}\diagup Hg \diagdown \\ \diagdown Hg \diagup\end{matrix}NH_2I\downarrow(\text{棕色}) + 7I^- + 2H_2O$$

(2) **NO_2^- 的鉴定反应**

在试管中加1滴0.5 mol/L $NaNO_2$ 溶液和2 mL 去离子水,再加几滴6 mol/L HAc 溶液酸化,然后加1滴对氨基苯磺酸和1滴 α-萘胺,溶液显粉红色,证明有 NO_2^-。这个试验常用来检验小量的 NO_2^-。当 NO_2^- 浓度大时,粉红色很快褪去,并生成黄色溶液或褐色沉淀。

(3) **NO_3^- 的鉴定反应**

- **当 NO_2^- 不存在时的检出方法** 在试管中加入0.5 mL 二苯胺的浓硫酸溶液,然后慢慢地沿试管壁加入0.5 mL 用 H_2SO_4 酸化过的0.5 mol/L $NaNO_3$ 溶液,即在两种溶液的界面处出现蓝色环。

- **当有少量 NO_2^- 存在时的检出方法** 在试管中加入5滴0.5 mol/L $NaNO_3$ 溶液、1滴0.5 mol/L $NaNO_2$ 溶液、10滴去离子水和3滴饱和尿素[$CO(NH_2)_2$]溶液,一边搅拌,一边逐滴加入2 mol/L H_2SO_4 至溶液显酸性为止,然后再多加2滴 H_2SO_4 溶液,继续搅拌2分钟,等到反应缓慢后,加热5分钟。取一滴溶液加在点滴板穴内,加几滴2 mol/L NaAc 将溶液调至弱酸性,再加1滴对氨基苯磺酸、1滴 α-萘胺以检查 NO_2^- 是否除净,如果仍有粉红色,则再加尿素除 NO_2^-。在确证 NO_2^- 已除尽后,就可以用二苯胺的浓硫酸溶液检出 NO_3^-。

NO_2^- 可与 $CO(NH_2)_2$ 发生如下反应：

$$2NO_2^- + CO(NH_2)_2 + 2H^+ \longrightarrow CO_2\uparrow + 2N_2\uparrow + 3H_2O$$

除去 NO_2^- 的过程中,常会有一些 NO_2^- 转化为 NO_3^-,所以大量 NO_2^- 存在时检出小量 NO_3^- 是很困难的。

5. 偏磷酸和正磷酸的生成

(1) **磷酸酐的生成和吸水性** 在通风橱中,往干燥的蒸发皿内加入少量红磷,上面倒扣一个漏斗颈塞有棉花的玻璃漏斗,把玻璃棒用本生灯烧至发红,掀开漏斗,用灼热的玻璃棒引燃红磷,迅速扣上漏斗,观察反应情况和产物颜色、状态(为使红磷燃烧完全,可用玻璃棒在漏斗和蒸发皿之间支出一个缝隙,补充氧气)。反应结束后,揭开漏斗,稍等片刻,观察生成物有什么变化,写出反应方程式。

(2) **偏磷酸 HPO_3 和正磷酸 H_3PO_4 的生成** 把生成的 P_4O_{10} 溶于 10～15 mL 去离子水中,得 HPO_3 溶液。取 5 mL HPO_3 溶液,加 1 mL 浓 HNO_3 溶液,煮沸 15 分钟(煮沸过程中应不断补充去离子水),即得 H_3PO_4 溶液。保留 HPO_3 和 H_3PO_4 溶液,供下面实验使用。

注：P_4O_{10} 和 H_2O 反应,水解成环状 HPO_3,继续水解生成 $H_4P_2O_7$,最后生成 H_3PO_4。HNO_3 能加速这个反应过程。

6. PO_3^-、PO_4^{3-}、$P_2O_7^{4-}$ 的区别和鉴定

(1) **磷的含氧酸根的鉴定** 如果只需知道有无磷的含氧酸根而不必区别是 PO_3^-、PO_4^{3-} 还是 $P_2O_7^{4-}$ 时,可用如下方法鉴定：

往试管中加入 2 滴 0.1 mol/L Na_3PO_4 溶液、4 滴 6 mol/L HNO_3 溶液和 8 滴饱和 $(NH_4)_2MoO_4$ 溶液,加热至 60～70℃,用搅棒摩擦管壁,有黄色沉淀产生,证明有 PO_4^{3-} 存在。

$$PO_4^{3-} + 3NH_4^+ + 12MoO_4^{2-} + 24H^+ \longrightarrow (NH_4)_3PO_4\cdot 12MoO_3\cdot 6H_2O\downarrow + 6H_2O$$

用自制的 HPO_3 和 H_3PO_4 做同样的实验,观察实验现象。

(2) **PO_3^-、PO_4^{3-}、$P_2O_7^{4-}$ 的区别和鉴定** 在 $NaPO_3$(自制 HPO_3 用 Na_2CO_3 溶液调节 pH 至 4～5)、Na_3PO_4 和 $Na_4P_2O_7$ 溶液中,各加入 $AgNO_3$ 溶液,观察现象。

分别用 Na_2CO_3 或 HAc 溶液将自制 HPO_3、Na_3PO_4 和 $Na_4P_2O_7$ 溶液的 pH 调至 1～4,再加入鸡蛋白水溶液,观察现象。

根据实验结果,说明如何区别和鉴定 PO_3^-、PO_4^{3-} 和 $P_2O_7^{4-}$。

7. 正磷酸盐的性质

(1) **酸碱性** 用 pH 试纸分别测定 0.1 mol/L NaH_2PO_4、Na_2HPO_4、Na_3PO_4 溶液的酸碱性,它们的 pH 有何不同？为什么？

分别往两支试管中加入0.5 mL 0.1 mol/L NaH_2PO_4 和0.1 mol/L Na_2HPO_4 溶液，再分别滴加0.1 mol/L $AgNO_3$ 溶液，直至不再有沉淀生成为止。用pH试纸检验在滴加$AgNO_3$ 溶液的过程中，两种溶液的pH如何改变的？Ag^+ 过量后，两者的pH又如何？请说明原因。

(2) **溶解度** 分别往3支试管中加入0.5 mL 0.1 mol/L NaH_2PO_4、Na_2HPO_4、Na_3PO_4 溶液，再各加入0.5 mL 0.2 mol/L $CaCl_2$ 溶液，是否有沉淀生成？再各滴加2 mol/L $NH_3 \cdot H_2O$，观察有何变化？最后再各滴加2 mol/L HCl溶液，沉淀是否溶解？比较 $Ca_3(PO_4)_2$、$CaHPO_4$ 和 $Ca(H_2PO_4)_2$ 的溶解度，说明它们之间相互转化的条件，写出化学反应方程式，并加以解释。

8. 五氯化磷的水解反应

把少量五氯化磷(PCl_5)固体加入到盛有10 mL去离子水的烧杯中，观察现象。然后加热至沸，设法检验水解产物。写出相应的化学反应方程式。

9. 模型制作

用球棍模具制作 P_4、PO_4^{3-}、PO_3^-(环状及链状)、$P_2O_7^{4-}$、P_4O_6、P_4O_{10} 等的结构模型，进一步了解其结构特点，并将模型的示意图画在实验报告上。

【注意事项】

1. 在"实验内容2(1)"亚硝酸的生成中，要先把饱和 $NaNO_2$ 溶液和2 mol/L H_2SO_4 溶液分别充分冷却，再混合均匀，才可观察到实验现象。

2. 在"实验内容4(1)"NH_4^+ 的鉴定反应中，用两种方法对 NH_4^+ 进行检验。气室法是特效反应，不受其他离子的干扰。但要注意的是，做气室法检出时，当pH试纸很快变为蓝紫色时，才表明溶液中有 NH_4^+。如试纸只是慢慢变为绿色，则不能认为溶液中有 NH_4^+。而用奈斯勒试剂检出 NH_4^+ 时干扰较多：如重金属离子 Fe^{3+}、Cr^{3+}、Co^{2+}、Ni^{2+}、Ag^+ 等能与试剂中的碱反应生成有色的氢氧化物沉淀；S^{2-} 能与试剂反应生成HgS沉淀，破坏试剂；大量 I^- 的存在会使检出反应向左移动，使反应难以生成褐色沉淀，从而降低了此检出的灵敏度。此外，此鉴定反应应在强碱性条件下进行。

3. "实验内容4(3)"NO_3^- 的鉴定反应中，当有少量 NO_2^- 存在时，要用尿素[$CO(NH_2)_2$]除去。检验 NO_2^- 是否完全除净时，要用去离子水做空白实验，以确定加入2 mol/L NaAc溶液和对氨基苯磺酸、α-萘胺后产生的红色是由于 NO_2^- 没有除净所致，还是因为去离子水的本底引起的。

蓝色环鉴定 NO_3^- 的化学反应方程式为

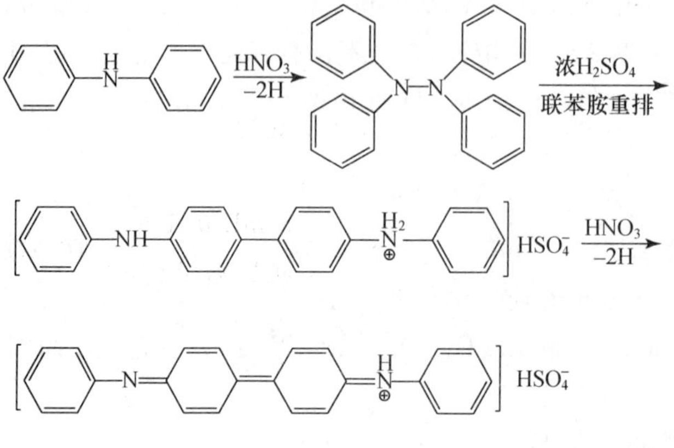

$\xrightarrow[-2H]{HNO_3}$ $\xrightarrow[\text{联苯胺重排}]{\text{浓}H_2SO_4}$

HSO_4^- $\xrightarrow[-2H]{HNO_3}$

HSO_4^-

N,N'-二苯醌二亚胺硫酸盐（蓝色）

4. 在“实验内容5(1)”磷酸酐的生成和吸水性中，所用玻璃漏斗一定是干燥的，否则无法观察磷酸酐的吸水性。

【预习思考题】

1. 在氧化还原反应中，为什么一般不用 HNO_3、HCl 溶液作为反应的酸性介质？在哪些情况下可以用它们作酸性介质？

2. 活泼金属 Zn 分别与浓、稀 HNO_3 溶液反应，产物有何不同？

3. 用生成钼磷酸铵的方法鉴定 PO_4^{3-} 时，$S_2O_3^{2-}$、S^{2-} 等还原性离子的存在对鉴定有何影响？

4. 在区别 PO_3^-、PO_4^{3-}、$P_2O_7^{4-}$ 时，为什么既要用 $AgNO_3$ 溶液，又要用蛋白水溶液？用生成钼磷酸铵的方法行不行？为什么？

5. PCl_5 固体水解后，溶液中存在 Cl^- 和 H_3PO_4。当往其中加入 $AgNO_3$ 溶液时，为什么只有 AgCl 沉淀检出？在什么条件下可使 Ag_3PO_4 沉淀析出？

6. 某人分析一瓶脱落标签的纯化合物。把它溶于水得一无色的弱碱性溶液，加入 $AgNO_3$ 溶液得到一黄色沉淀，于是他判断这一化合物为 KI 或 NaI。这一判断对不对？应怎样进一步证实？

【课后问题】

1. 浓 HNO_3 具有很强的氧化性，而稀 HNO_3 及硝酸盐的氧化性较弱，为什么？试从浓 HNO_3 氧化性的机理来阐明。

2. 为什么自然界选择磷作为重要的生命元素？（文献选读：*Science*，1987，235，1173；中国科学：化学，2010，40，927.）

实验 3.29　碳、硅、硼

(一) 安全提示

在“一氧化碳的制备”实验中所用浓硫酸有强氧化性和脱水性，甲酸有刺激性气味且有腐蚀性，生成的 CO 有毒，故该实验必须在通风橱内进行，并应戴橡胶手套。

铅盐有毒，请将含铅的废液及沉淀倒入指定回收桶。

可溶性钡盐有毒，请将可溶性钡盐沉淀为硫酸钡后丢弃。

(二) 目的要求

(1) 制备一氧化碳，并试验其还原性。

(2) 试验活性炭的吸附作用。

(3) 试验碳酸盐和硅酸盐的性质。

(4) 试验硼酸和硼砂的性质。

(5) 用球棍模具制作硅、硼的化合物及含氧酸根的模型，进一步了解其结构特点。

(三) 实验内容

1. 一氧化碳的制备及其还原性

(1) **一氧化碳的制备**　在烧瓶中加入 4 mL HCOOH，分液漏斗内加入 5 mL 浓 H_2SO_4，洗气瓶内装水以除去酸雾。然后按图 3.29.1 把仪器连接好，由分液漏斗慢慢往烧瓶中加入浓 H_2SO_4，并加热之，观察到什么现象？写出化学反应方程式。

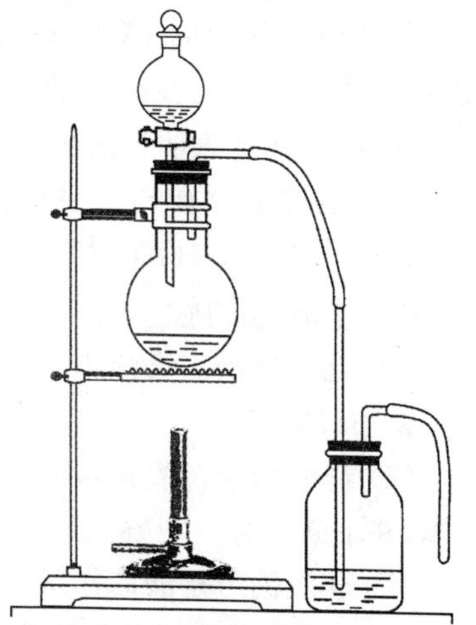

图 3.29.1　制备一氧化碳装置图

(2) **一氧化碳的还原性**　往 1 mL 0.5 mol/L $AgNO_3$ 溶液中滴入 2 mol/L $NH_3 \cdot H_2O$ 溶液，直到最初生成的沉淀刚好溶解为止，此时溶液的组成是什么？把 CO 气体通入到上述溶液中，观察产物的颜色和状态，写出相应的化学反应方程式。

2. 活性炭的吸附作用

(1) **活性炭对靛蓝的吸附作用**　往 2 mL 靛蓝溶液中加入一小匙活性炭，振荡试管，然后滤去活性炭。观察溶液的颜色有何变化，试加以解释。

(2) **活性炭对铅盐的吸附作用**　往 1 mL 0.001 mol/L 的 $Pb(NO_3)_2$ 溶液中加入几

滴 0.5 mol/L K_2CrO_4 溶液，观察反应产生的颜色和状态，写出化学反应方程式。

往另一支盛有 1 mL 0.001 mol/L $Pb(NO_3)_2$ 溶液的试管中加入一小匙活性炭，振荡试管，然后滤去活性炭。往清液中加入几滴 0.5 mol/L K_2CrO_4 溶液，观察有何变化。和未加活性炭的实验相比，有何不同？试解释之。

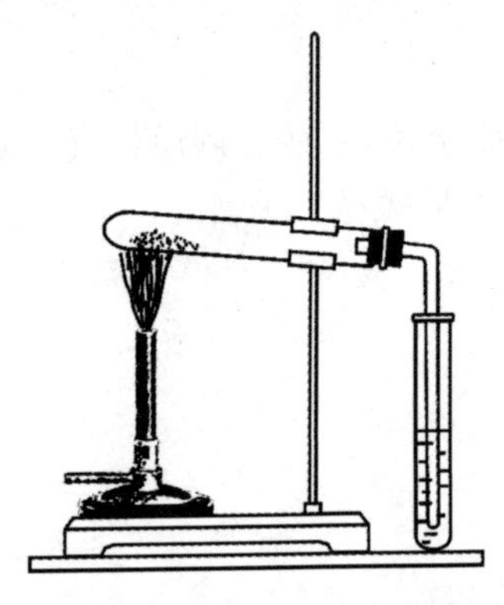

图 3.29.2　碳酸盐热分解装置图

3. 碳酸盐的性质

(1) **碳酸盐和碳酸氢盐热稳定性的比较**　按图 3.29.2 所示，把仪器装好。上管中放入 2 g $NaHCO_3$ 固体，在下管中加入澄清的石灰水，用本生灯加热固体，使它分解，观察石灰水有何变化。

用相同的方法加热 Na_2CO_3 固体，把观察的结果与 $NaHCO_3$ 的分解反应比较，说明哪一种固体容易分解。

(2) **CO_3^{2-} 的鉴定反应**　浓度较大的 CO_3^{2-} 溶液经酸化后即产生 CO_2 气体，由此可以证明 CO_3^{2-} 的存在。但当 CO_3^{2-} 的量较少时，或者同时存在其他能与酸反应产生气体的物质(如 NO_2^-、SO_3^{2-}、H_2O_2 等)时，则要用 $Ba(OH)_2$ 气瓶法检出 CO_3^{2-}。图 3.29.3 是这一方法的装置。使用方法如下：取下滴管，在玻璃瓶中加入少量 CO_3^{2-} 试液，从滴管口吸入少许饱和 $Ba(OH)_2$ 溶液，然后往玻璃瓶中加入 5 滴 2 mol/L HCl 溶液，立即将滴管插入瓶中，塞紧，轻捏滴管胶头，使管口处有一滴饱和 $Ba(OH)_2$ 溶液悬而不落，用手指轻敲瓶底，放置 2 分钟。如果 $Ba(OH)_2$ 液滴变混，表示有 CO_3^{2-}；如果 $Ba(OH)_2$ 液滴混浊的程度不大(产生混浊的原因可能是由于它吸收空气中的 CO_2 所致)，这时，就需要做空白实验加以比较，即以去离子水代替试样，重复以上操作，如果试样的混浊程度比空白实验大，才能表明试液中含有 CO_3^{2-}。

图 3.29.3　气瓶法装置

如果试液中含有 SO_3^{2-} 或者 $S_2O_3^{2-}$，它们会干扰 CO_3^{2-} 的检出，需要加入 5 滴 3% H_2O_2，把干扰物氧化后再检出 CO_3^{2-}。

4. 硅酸盐的性质及硅酸凝胶的生成

(1) **硅酸钠的水解作用**　用 pH 试纸测试 20% Na_2SiO_3 溶液的 pH，并用学过的理论知识加以解释。

(2) **硅酸钠与二氧化碳的作用**　往盛有 2 mL 20% Na_2SiO_3 溶液的试管中通入 CO_2 气体，并不断搅拌。观察反应产物的颜色与状态，写出化学反应方程式。

(3) **硅酸钠与盐酸的作用**　往 2 mL 20% Na_2SiO_3 溶液中滴加纯净的 2 mol/L HCl 溶液，观察反应产物的颜色和状态。

(4) **硅酸钠与氯化铵的作用**　用 2 mol/L NH_4Cl 溶液代替 HCl 溶液，进行与步骤(3)同样的实验并观察现象。

根据以上后 3 个实验结果，说明硅酸凝胶生成的条件，并比较 H_2SiO_3 和 H_2CO_3、HCl、NH_4Cl 酸性的强弱。

(5) **硅胶的吸水性** 用一个干燥的坩埚在台秤上称取 2 g 烘干的蓝色硅胶(即变色硅胶，其中含有蓝色的无水 $CoCl_2$，吸水后变为粉红色的 $CoCl_2 \cdot 6H_2O$)，把坩埚放入盛有少量水的烧杯中，烧杯中的水面要低于坩埚口，不得使水溢进坩埚内。烧杯上盖上表面皿。待硅胶全部变成粉红色(约需 1～2 天的时间)，再称硅胶的质量。计算每克干燥的硅胶能吸多少克水。

5. 硼酸的生成、性质及硼的焰色实验

(1) **硼酸的生成** 在试管中加 1 g 硼砂固体(化学式为 $Na_2[B_4O_5(OH)_4] \cdot 8H_2O$)和 5 mL 去离子水，稍微加热使之溶解，冷却后，用 pH 试纸测试此溶液的酸碱性，并加以解释。

往硼砂溶液中加入数滴 6 mol/L H_2SO_4 溶液，并将试管放在冷水中冷却，不断搅拌，观察产物的颜色和状态，写出化学反应方程式。

(2) **硼酸的性质** 试管中加入少量硼酸固体[化学式为 $B(OH)_3$]和 5 mL 去离子水，微热之，使固体溶解，冷却后用精密 pH 试纸测试溶液的 pH。再往溶液加 1～2 滴甲基橙指示剂，溶液变成什么颜色?

把试管中的溶液分成两份：一份留做比较用；在另一份溶液中加入 5 滴甘油，混匀，指示剂的颜色有什么变化? 为什么?

(3) **硼的焰色实验** 在蒸发皿中加入少量硼砂固体、1 mL 乙醇和几滴浓 H_2SO_4，混合均匀后，点燃之，观察火焰的颜色有什么特征? 写出化学反应方程式(注：这一反应可用来鉴定含硼化合物，如 $B(OH)_3$、$Na_2[B_4O_5(OH)_4] \cdot 8H_2O$ 等)。

6. 硼砂珠的制备和应用

(1) **硼砂珠的制备** 用 2 mol/L HCl 溶液把顶端弯成小圈的镍丝洗净，在本生灯的氧化焰中烧至近无色，然后用镍丝蘸上一些硼砂固体，在氧化焰中灼烧和熔融成圆珠，观察硼砂珠的颜色和状态。

(2) **用硼砂珠鉴定钴盐和铬盐** 用烧红的硼砂珠分别蘸上少量 $CoCl_2 \cdot 6H_2O$ 固体和 $CrCl_3 \cdot 6H_2O$ 固体，熔融之，冷却后，观察硼砂珠的颜色。

$$B_2O_3 + CoCl_2 \cdot 6H_2O = Co(BO_2)_2 + 2HCl\uparrow + 5H_2O$$

$$B_2O_3 + 2CrCl_3 \cdot 6H_2O = 2Cr(BO_2)_2 + 6HCl\uparrow + 9H_2O$$

7. 模型制作

用球棍模具制作 SiO_4^{4-}、$Si_2O_7^{6-}$、$Si_3O_9^{6-}$、$Si_4O_{10}^{4-}$、$Si_6O_{18}^{12-}$、$(SiO_3)_n^{2n-}$、SiO_2、$B(OH)_3$、$B(OH)_4^-$、$B_4O_5(OH)_4^{2-}$ 等的结构模型，进一步了解它们的结构特点。

【注意事项】

1. 在“实验内容 1(2)”一氧化碳的还原性中，$NH_3 \cdot H_2O$ 的加入量不可过多，至生成

的 Ag_2O 刚溶解即可,否则实验现象不明显。

2. 在"实验内容6(2)"用硼砂珠鉴定钴盐和铬盐中,样品取样要少,取样太多会导致颜色太深,难以分辨钴盐和铬盐。

【预习思考题】

1. 比较 H_2CO_3 和 H_2SiO_3 的性质有何异同?下列两个反应有无矛盾?为什么?

$$CO_2 + Na_2SiO_3 + H_2O = H_2SiO_3 + Na_2CO_3$$

$$Na_2CO_3(s) + SiO_2(s) = Na_2SiO_3(s) + CO_2$$

2. 为什么不能用磨口玻璃器皿来储藏碱液?在空气中久放的 $Ba(OH)_2$ 溶液为什么会变混浊?把稀的 NaOH 溶液与 $BaCl_2$ 溶液混合时,理论上不应该生成 $Ba(OH)_2$ 沉淀,而事实上,混合液往往会变混浊,这是为什么?

3. 用气瓶法鉴定少量 CO_3^{2-} 时,为什么用 $Ba(OH)_2$,而不用 $Ca(OH)_2$?当估计试液中含有少量碳酸盐时,你如何进一步确定它是正盐还是酸式盐?

4. 用气瓶法鉴定 CO_3^{2-} 时,为什么 SO_3^{2-}、$S_2O_3^{2-}$ 的存在会干扰鉴定?如何消除干扰?

5. 在"实验内容5(2)"中,加入甘油后,为什么硼酸溶液的酸度会变大?

6. 为什么能用硼砂珠来鉴定金属氧化物或盐类?如果不用硼砂而用硼酸代替,是否可以?

【课后问题】

你是如何理解"CO_2 不能助燃"这句话的?试用热力学数据说明:在室温下燃着的镁能在 CO_2 中继续燃烧,而 C 不能在 CO_2 中燃烧;但在高温下,C 也能和 CO_2 反应生成 CO。

实验 3.30　未知液的分析(二)

(一) 安全提示

镉盐有毒,请将含镉的废液及沉淀倒入指定回收桶。

可溶性钡盐有毒,请将可溶性钡盐沉淀为硫酸钡后丢弃。

(二) 目的要求

(1) 了解分离检出 11 种常见阴离子的方法、步骤和条件。

(2) 熟悉常见阴离子的有关性质。

(3) 检出未知溶液中的阴离子。

(三) 实验内容

领取未知溶液一份,其中可能含有的阴离子是:CO_3^{2-}、NO_2^-、NO_3^-、PO_4^{3-}、S^{2-}、SO_3^{2-}、SO_4^{2-}、$S_2O_3^{2-}$、Cl^-、Br^-、I^-。按以下步骤检出未知溶液中的阴离子。

1. 阴离子的初步检验

(1) **溶液酸碱性的检验**　用 pH 试纸测定未知液的酸碱性。如果溶液显强酸性,则不可能存在 CO_3^{2-}、NO_2^-、S^{2-}、SO_3^{2-}、$S_2O_3^{2-}$;如有 PO_4^{3-},也只能以 H_3PO_4 形式存在。

如果溶液显碱性,在试管中加几滴试液,加 2 mol/L H_2SO_4 溶液酸化,轻敲管底,也可稍微加热,观察有无气泡生成。如有气泡产生,表示可能存在 CO_3^{2-}、S^{2-}、SO_3^{2-}、$S_2O_3^{2-}$、NO_2^-(若所含离子浓度不高时,就不一定观察到明显的气泡)。

(2) **钡组阴离子的检验**　在试管中加 3 滴未知液,加新配制的 6 mol/L $NH_3 \cdot H_2O$ 溶液,使溶液显碱性。此时,若加 2 滴 0.5 mol/L $BaCl_2$ 溶液后,有白色沉淀产生,可能存在 CO_3^{2-}、SO_4^{2-}、SO_3^{2-}、PO_4^{3-}、$S_2O_3^{2-}$(浓度大于 0.04 mol/L 时);如果不产生沉淀,则这些离子不存在($S_2O_3^{2-}$ 不能肯定)。

(3) **银组阴离子的检验**　在试管中加 3 滴未知液和 5 滴去离子水,再滴加 0.1 mol/L $AgNO_3$ 溶液,如产生沉淀,继续滴加 $AgNO_3$ 溶液至不再产生沉淀为止,然后加 8 滴 6 mol/L HNO_3 溶液,如果沉淀不消失,表示 S^{2-}、$S_2O_3^{2-}$、Cl^-、Br^-、I^- 可能存在。并可由沉淀的颜色进行初步判断:纯白色沉淀为 Cl^-;淡黄色为 Br^-、I^-;黑色为 S^{2-},但黑色可能掩盖其他颜色的沉淀;沉淀由白变黄再变橙最后变黑,为 $S_2O_3^{2-}$。如果没有沉淀生成,说明上述阴离子都不存在。

(4) **还原性阴离子的检验**　在试管中加 3 滴未知液,滴加 2 mol/L H_2SO_4 溶液酸化,然后加入 1～2 滴 0.02 mol/L $KMnO_4$ 溶液,如果紫色褪去,表示 SO_3^{2-}、$S_2O_3^{2-}$、S^{2-}、Br^-、

I^-、NO_2^- 可能存在。如果现象不明显,可温热之。

当检出有还原性阴离子后,取3滴未知液(若未知液显碱性,先用2 mol/L H_2SO_4 溶液调至近中性),再用碘-淀粉溶液检验是否存在强还原性阴离子。如果蓝色褪去,则可能存在 S^{2-}、SO_3^{2-}、$S_2O_3^{2-}$。

(5) **氧化性阴离子的检验** 在试管中滴加3滴未知液,并滴加2 mol/L H_2SO_4 溶液酸化,再加几滴 CCl_4 和1～2滴1 mol/L KI溶液,振荡试管。如果 CCl_4 层显紫色,表示存在 NO_2^-(在可能存在的11种阴离子中,只有 NO_2^- 有此反应)。

2. 阴离子的检出

经过以上初步检验,可以判断哪些离子可能存在,哪些离子不可能存在。对可能存在的离子进行分离检出,最后确定未知溶液中有哪些阴离子。

【注意事项】

1. 要充分认识在阴离子分析中采用"消去法"进行初步检验的必要性,从而重视并认真仔细地做好初步检验。这不仅因为初检有可能简便整个分析过程,而且对初检结果的分析,更需要同学全面掌握并灵活运用有关阴离子性质方面的知识。

同学可以根据未知液的初检结果,自行拟定实验方案检出其中全部离子。

2. 初检时应注意:

(1) 首先应检验未知液的酸碱性,这是某些离子存在与否的重要判据。如果未知液不显碱性,则 CO_3^{2-}、PO_4^{3-}、S^{2-} 等离子就不会存在,至少不会以所写的这些形式存在;若未知液显较强的酸性,则 S^{2-} 和 SO_3^{2-},以及 NO_2^- 和 I^- 还因它们两两间会在酸性介质中发生反应而不能共存。

(2) 与稀 H_2SO_4 溶液作用时,H_2SO_4 溶液的加入量要足以使溶液呈强酸性。若观察不到明显气泡,不一定没有 CO_3^{2-} 等挥发性酸根离子。

(3) 检验钡组阴离子时,如稍混浊,也可能是因为 $NH_3 \cdot H_2O$ 中有少量 CO_3^{2-} 所致。应取所用 $NH_3 \cdot H_2O$ 做空白实验以确定混浊的原因。

(4) 检验银组阴离子时,在加入 $AgNO_3$ 溶液后,不要立即加 HNO_3,看看沉淀颜色是否逐渐变深,然后再加 HNO_3。

(5) 初检中没有进行 NO_3^- 离子的检验,所以初检后不能确定 NO_3^- 离子是否存在,在分别检出时应进行检验。

【预习思考题】

1. 请举例说明什么是空白实验?什么是对照实验?

2. 某碱性无色未知液,用HCl溶液酸化后变浑浊,此未知液中可能有哪些阴离子?

3. 在用 $Sr(NO_3)_2$ 分离 SO_3^{2-}、$S_2O_3^{2-}$ 时,如果 $Sr(NO_3)_2$ 溶液呈明显酸性,则对分离可能会产生什么影响?

4. 钡组阴离子检验时，为什么要强调所加的 6 mol/L $NH_3 \cdot H_2O$ 溶液是新配制的？

5. 在用碘-淀粉溶液检验未知液中有无强还原性阴离子时，为什么要把未知液调至近中性？

6. 用 CCl_4 和氯水检出 Br^-、I^- 时，如试液中 I^- 的浓度较之 Br^- 很大且取液量又较多时，即使加入很多氯水也难以使 CCl_4 层中 I_2 的紫色褪去，从而干扰了 Br^- 的检出。此时可采取什么方法排除 I^- 的干扰？

7. 在酸性条件下，用 KI 检验未知液中有无 NO_2^- 时，如产生 I_2，表示 NO_2^- 一定存在。如果不产生 I_2，能否说明 NO_2^- 一定不存在？为什么？

【课后问题】

请根据自己的实验结果，找到可能分析相同未知液的同学，并讨论实验结果，进一步确定未知液的组成。

实验 3.31 铝、锡、铅

(一) 安全提示

浓氢氧化钠溶液有强烈腐蚀性,操作时应佩戴橡胶手套。如有少量洒漏,应及时用抹布擦拭;其废液应稀释后排放。

汞盐、铅盐、铬盐有毒,应将含汞、铬、镉的废液及沉淀倒入指定回收桶。

(二) 目的要求

(1) 了解金属铝的还原性。

(2) 了解并比较 γ-Al_2O_3、α-Al_2O_3 的吸附性。

(3) 了解锡、铅氢氧化物的酸碱性。

(4) 了解锡(Ⅱ)的还原性、铅(Ⅳ)的氧化性。

(5) 了解锡(Ⅱ)、铅(Ⅱ)难溶盐的生成及性质。

(三) 实验内容

1. 金属铝的还原性

(1) 在试管中加入 0.5 mL 0.5 mol/L $NaNO_3$ 溶液,再加入 40% NaOH 溶液,使溶液显碱性。然后再加入少量铝屑,即发生以下反应:

$$3NO_3^- + 8Al + 5OH^- + 18H_2O \longrightarrow 3NH_3 + 8Al(OH)_4^-$$

用湿润的 pH 试纸检验管口的 NH_3。

(2) 取一小片铝片,用细砂纸将其表面擦拭至光亮,再用木质试管夹夹取一小团棉球,蘸取少量 1 mol/L $Hg(NO_3)_2$ 溶液,反复擦拭铝片,观察并解释现象。

2. γ-Al_2O_3 的吸附性

取长度为 50 cm、直径为 8～10 mm 的玻璃吸附管一支(也可用碱式滴定管代替),在其底部铺上玻璃棉。然后将浸泡在 0.5 mol/L HNO_3 溶液中作层析用的 γ-Al_2O_3 缓慢地加到吸附管内,边加边用长玻璃棒搅拌管中的 γ-Al_2O_3,使其成为较紧密而无气泡空隙的 γ-Al_2O_3 吸附柱,γ-Al_2O_3 的充填高度约为 30 cm。按柱直径大小剪一片圆形滤纸盖在 Al_2O_3 上部,并在滤纸上面铺一层玻璃棉。全部 Al_2O_3 吸附柱浸泡在 0.5 mol/L HNO_3 溶液中(图 3.31.1)。

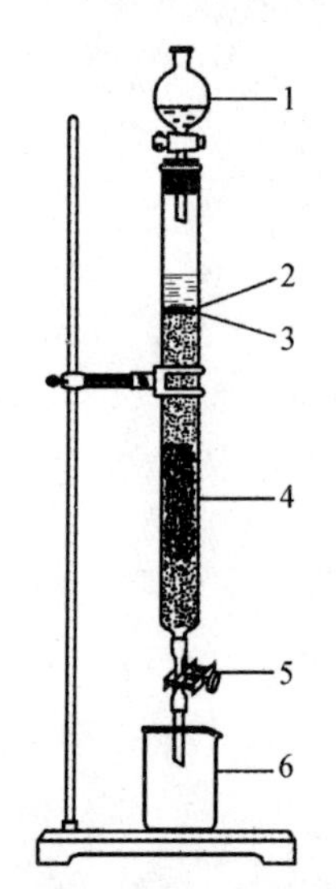

图 3.31.1 Al_2O_3 吸附柱

1. 分液漏斗;2. 玻璃纤维;3. 滤纸;4. γ-Al_2O_3;5. 螺旋夹;6. 烧杯

取 0.1 mol/L $KMnO_4$ 溶液和 0.1 mol/L $K_2Cr_2O_7$ 溶液各 3 mL，混合均匀后，从滴液漏斗中加到吸附管内，调好流速。待混合液进入吸附柱后，再用 0.5 mol/L HNO_3 溶液淋洗。在吸附和淋洗时，要始终保持 Al_2O_3 吸附柱有足够溶液浸泡，不要让吸附柱上面的溶液流干。

混合液在吸附柱上部有彩色环形带。用 HNO_3 溶液淋洗时，吸附柱上的色层下移，上层是棕黄色的 $K_2Cr_2O_7$，下层是紫色的 $KMnO_4$。

使用过的 γ-Al_2O_3，可用 6 mol/L HNO_3 溶液进行解吸再生。

用 α-Al_2O_3 代替 γ-Al_2O_3 另装一吸附柱，重复上述实验，观察 α-Al_2O_3 有无吸附性。

3. 锡(Ⅱ)、铅(Ⅱ)氢氧化物的酸碱性

现有试剂：0.2 mol/L $SnCl_2$，0.2 mol/L $Pb(NO_3)_2$，2 mol/L NaOH，6 mol/L NaOH，2 mol/L HNO_3 溶液。请制备少量 $Sn(OH)_2$、$Pb(OH)_2$，并分别试验它们的酸碱性。

写出实验步骤、现象及试剂的用量，并把实验结果填入表 3.31.1 中。

表 3.31.1 $Sn(OH)_2$ 与 $Pb(OH)_2$ 的性质比较

氢氧化物		溶解情况			氢氧化物酸碱性
化学式	颜色	NaOH (2 mol/L)	NaOH (6 mol/L)	HNO_3 (2 mol/L)	
$Sn(OH)_2$					
$Pb(OH)_2$					

4. α-锡酸与β-锡酸的生成与性质

(1) **α-锡酸的生成** 往盛有 1 mL 0.2 mol/L $SnCl_2$ 溶液的离心管中滴加 2 mol/L NaOH 溶液，观察产物的颜色和状态。离心分离，用去离子水洗涤，即得 α-锡酸。

(2) **β-锡酸的生成** 取少量金属锡与浓 HNO_3 作用，加热之(NO_2 有毒，应在通风橱内操作)。观察反应情况及产物的颜色和状态。将反应物转移至离心管中，离心分离，用去离子水洗涤，即得 β-锡酸。

(3) **α-锡酸与β-锡酸的性质比较** 分别试验并比较 α-锡酸和 β-锡酸在 2 mol/L HCl、2 mol/L NaOH 溶液中的溶解情况，必要时可微微加热。

写出实验步骤、现象，把实验结果填入表 3.31.2 中。

表 3.31.2 α-锡酸与β-锡酸的性质比较

	溶解情况	
	HCl(2 mol/L)	NaOH(2 mol/L)
α-锡酸		
β-锡酸		

5. 锡(Ⅱ)盐的水解性、还原性及Pb(Ⅳ)的氧化性

(1) **氯化亚锡的水解** 把少量$SnCl_2 \cdot 2H_2O$晶体溶于去离子水中,观察现象。写出化学反应方程式,并加以解释。

(2) **氯化亚锡的还原性** 往0.5 mL 0.2 mol/L $HgCl_2$溶液中逐滴加入0.2 mol/L $SnCl_2$溶液,即生成白色的Hg_2Cl_2沉淀,请写出相应的反应方程式。

继续加过量的0.2 mol/L $SnCl_2$溶液,并不断搅拌,然后放置2~3分钟,Hg_2Cl_2又会被还原为Hg,请写出相应的反应方程式。这一反应常用于Sn^{2+}和Hg^{2+}的鉴定。

(3) **亚锡酸钠的还原性** 往0.5 mL 0.2 mol/L $SnCl_2$溶液中加入2 mol/L NaOH溶液,至生成的沉淀溶解后,此时生成了亚锡酸钠[$Sn(OH)_3^-$]溶液,请写出相应的化学反应方程式。再加几滴NaOH溶液,然后加几滴0.2 mol/L $Bi(NO_3)_3$溶液,立即析出黑色的金属铋。

请写出相应的化学反应方程式。这一反应用于鉴定Bi^{3+}。

(4) **二氧化铅的氧化性**

- 取少量PbO_2固体与浓HCl作用,观察现象,写出化学反应方程式,并用湿润的碘化钾-淀粉试纸检验气体产物。

- 在试管中加几滴0.02 mol/L $MnSO_4$溶液和1 mL 6 mol/L HNO_3溶液,再加一小匙PbO_2固体,搅拌之,把试管放在水浴中加热,发生什么变化?请写出相应的化学反应方程式。

6. 铅(Ⅱ)、锡(Ⅱ)的难溶化合物

(1) **铅(Ⅱ)的难溶化合物** 现有试剂:0.02 mol/L $Pb(NO_3)_2$,2 mol/L HCl,0.5 mol/L K_2CrO_4,0.2 mol/L K_2SO_4,6 mol/L HNO_3,6 mol/L NaOH,饱和NH_4Ac溶液。先制备少量$PbCl_2$、$PbCrO_4$、$PbSO_4$沉淀,然后分别试验并比较它们在热水、6 mol/L NaOH、6 mol/L HNO_3及饱和NH_4Ac溶液中的溶解情况,把实验结果填入表3.31.3中。

表3.31.3 Pb^{2+}的难溶化合物的性质比较

难溶化合物		溶解情况			
化学式	颜色	热水	NaOH(6 mol/L)	HNO_3(6 mol/L)	NH_4Ac(饱和)
$PbCl_2$					
$PbCrO_4$					
$PbSO_4$					

(2) **锡(Ⅱ)、铅(Ⅲ)的硫化物** 往两支离心管中分别加入1 mL 0.2 mol/L $Pb(NO_3)_2$和1 mL 0.2 mol/L $SnCl_2$溶液,然后滴加饱和H_2S溶液,观察反应产物的颜色和状态。离心分离,弃去溶液,把沉淀分成两份,分别试验它们与6 mol/L HNO_3和$(NH_4)_2S$溶液的作用,写出化学反应方程式。

【选做实验】

明矾的制备及其单晶的培养

(1) 请用 Al 屑(也可用废的铝合金罐头盒)、1.5 mol/L KOH 溶液、9 mol/L H_2SO_4 溶液制备 15 g 明矾[$KAl(SO_4)_2 \cdot 12H_2O$]。写出试剂的用量并计算产率。

(2) 称取 10 g 明矾,放入 150 mL 烧杯中,加入 70 mL 去离子水,小火加热使其溶解,静置溶液使其冷却至室温。取一小段干净的细棉线,一端系在玻璃棒上,另一端系一明矾小晶粒作为晶种,调节线的长度,使玻璃棒架在烧杯口上时晶种正好悬在溶液中央,在烧杯口上轻轻地盖上一张滤纸。

静置数日后,观察所得明矾晶体的几何外形。

【注意事项】

在"实验内容 5(3)"亚锡酸钠的还原性中,在碱性介质中,$Sn(OH)_3^-$ 发生歧化反应生成单质 Sn,也能使溶液慢慢变黑。所以在做 Bi^{3+} 的鉴定反应时,只有在加入 $Sn(OH)_3^-$ 溶液后,立即产生黑色沉淀,才表示有 Bi^{3+} 存在;溶液缓慢变黑,是没有 Bi^{3+} 存在。

【预习思考题】

1. 实验室配制 $SnCl_2$ 溶液时,为什么既要加 HCl,又要加锡粒?久置此溶液,其中的 Sn^{2+}、H^+ 的浓度能否保持不变?为什么?

2. 能否在水溶液中制得 As_2S_3?为什么?

3. 如何鉴别下列物质?

(1) $BaSO_4$ 与 $PbSO_4$;

(2) $BaCrO_4$ 与 $PbCrO_4$;

(3) $PbSO_4$ 与 $PbCrO_4$。

4. 如何鉴定 PbO_2 与浓 HCl 反应时所产生的气体?

5. 用向溶液中通 CO_2 的方法制取 $PbCO_3$ 沉淀时,应选用 $Pb(Ac)_2$ 溶液还是 $Pb(NO_3)_2$ 溶液?为什么?

实验3.32 铜、银、锌、镉、汞

(一) 安全提示

镉盐有毒,请将含镉的废液及沉淀倒入指定的回收桶。

银氨溶液蒸发或加入强碱会生成易爆炸的氮化银,实验之后应及时将银氨溶液酸化后弃去。

选做实验中使用的锌粉活性很高,易自燃,需回收到指定容器中,并加入少量水保存。

(二) 目的要求

(1) 试验铜、银、锌、镉、汞的氢氧化物(氧化物)、氨配合物及硫化物的生成和性质。

(2) 试验铜、银化合物的氧化还原性。

(三) 实验内容

1. Cu^{2+}、Ag^{+}、Zn^{2+}、Cd^{2+}、Hg^{2+}与 NaOH 的反应

分别试验 0.2 mol/L $CuSO_4$、$AgNO_3$、$ZnSO_4$、$CdSO_4$、$Hg(NO_3)_2$ 溶液与 2 mol/L NaOH 溶液的作用,观察沉淀的颜色和形态。继续加 NaOH 溶液至过量,又发生什么变化?分别在 0.2 mol/L 的 $CuSO_4$ 和 $Hg(NO_3)_2$ 溶液中逐滴加入过量的 6 mol/L NaOH 溶液,观察现象。比较 Cu^{2+}、Ag^{+}、Zn^{2+}、Cd^{2+}、Hg^{2+} 与 NaOH 反应的产物及产物性质有何不同。哪些产物具有两性?

2. Cu^{2+}、Ag^{+}、Zn^{2+}、Cd^{2+}、Hg^{2+}与 $NH_3 \cdot H_2O$ 的反应

分别试验 0.2 mol/L 的 $CuSO_4$、$AgNO_3$、$ZnSO_4$、$CdSO_4$、$Hg(NO_3)_2$ 溶液与 2 mol/L $NH_3 \cdot H_2O$ 溶液的作用。如果加少量 $NH_3 \cdot H_2O$,产物是什么?加过量 $NH_3 \cdot H_2O$,又发生什么变化?写出反应方程式。

3. Cu^{2+}、Ag^{+}、Zn^{2+}、Cd^{2+}、Hg^{2+}与 H_2S 的反应

分别试验 0.2 mol/L 的 $CuSO_4$、$AgNO_3$、$ZnSO_4$、$CdSO_4$、$Hg(NO_3)_2$ 溶液与饱和 H_2S 溶液的作用,观察沉淀的颜色。试验这些硫化物能不能溶于 6 mol/L HCl 溶液中。如果不溶,再试验它们能否溶于 6 mol/L HNO_3 溶液。最后,把不溶于 HNO_3 的沉淀与王水进行反应。写出反应方程式,参考这几种硫化物的溶度积,解释实验现象。

根据以上实验结果,总结ⅠB、ⅡB族元素氢氧化物的稳定性、硫化物的溶解性以及形成氨配合物的能力,并与ⅠA、ⅡA族元素进行比较。

4. Cu^{2+}、Ag^{+}、Hg^{2+}与 KI 的反应

现有试剂:0.2 mol/L $CuSO_4$ 溶液,0.2 mol/L $AgNO_3$ 溶液,0.2 mol/L $Hg(NO_3)_2$ 溶液,0.1 mol/L KI 溶液,0.5 mol/L KI 溶液。请比较 Cu^{2+}、Ag^{+}、Hg^{2+} 与 I^- 的作用,写

出实验步骤、试剂用量、现象及反应方程式，并加以解释。

5. 铜、银化合物的氧化还原性

(1) **氯化亚铜的生成和性质** 在离心管中加入 3 mL 6 mol/L HCl 溶液、3 mL 1 mol/L $CuCl_2$ 溶液和 1 g NaCl 固体，搅拌使固体溶解。之后加入 0.5 g 铜粉，加塞振荡数分钟，静置，待铜粉沉降后离心分离。将上层清液倒入盛有约 50 mL 除氧的去离子水(煮沸后迅速冷却)中，得到白色的氯化亚铜沉淀。观察放置过程中氯化亚铜的变化，解释之。

用滴管取适量氯化亚铜悬浊液，分别试验其与下列试剂的作用：浓盐酸，浓 $NH_3 \cdot H_2O$，0.5 mol/L $Na_2S_2O_3$ 溶液，饱和 KCl 溶液，硼砂水溶液，观察并解释现象。

在氯化亚铜与饱和 KCl 溶液作用后的清液中，加入 0.5 mL 乙二胺溶液，静置片刻后，观察现象并解释。

(2) **银镜反应** 用浓硝酸浸洗试管，再依次用自来水和去离子水洗涤。往试管中加入 2 mL 0.1 mol/L $AgNO_3$ 溶液，逐滴加入 2 mol/L $NH_3 \cdot H_2O$ 溶液，直到生成的沉淀刚好溶解为止。这时再滴加 $AgNO_3$ 溶液至刚出现混浊。然后往溶液中加几滴 10% 葡萄糖溶液，并把试管放在水浴中加热，观察试管壁上生成的银镜，写出反应方程式。

请试验 Fe(Ⅲ)水溶液能否洗去银镜上的银：分别用 1 mol/L 的 $FeCl_3$ 和 $Fe(NO_3)_3$ 溶液以及 0.5 mol/L 的 $Fe_2(SO_4)_3$ 溶液溶解银，何者效果最佳？此实验可与同一实验室的同学合作完成。

【选做实验】

铜片镀锌及黄铜的生成 在蒸发皿里放入一药匙锌粉，然后加入 3 mol/L NaOH 溶液，使之浸没锌粉，加热至 NaOH 溶液沸腾。待溶液稍冷后，把一洁净的铜片浸入其中，使铜片和锌粉直接接触，立刻就会看到有银白色的锌镀于铜片表面。待铜片表面全部被锌覆盖后，取出铜片，洗净晾干后待用。

移取上述反应后的清液，把另一洁净的铜片浸入其中，观察铜片上能否镀上锌。

将得到的镀锌铜片在火焰上直接加热，待铜片由银白色变为黄色时，立即停止加热，放在冷水中冷却后，取出擦干，铜片表面变成黄色，说明生成铜锌合金。解释上述现象。

【预习思考题】

1. 在做 Ag_2S 在酸中溶解的实验时，加入 HCl 后，如果出现白色沉淀，可能的原因是什么？
2. $CuSO_4$ 和 NaOH 反应得到的是 $Cu(OH)_2$ 还是碱式铜盐？如何证实？
3. 如何制备高质量的银镜？

【课后问题】

1. 如何制备不含其他阴离子的纯 $Cu(OH)_2$？
2. 试从软硬酸碱理论(HSAB)出发，解释为什么 Cu(Ⅰ)在水溶液中不稳定。(文献选读：*J. Am. Chem. Soc.* 1963, 85, 3533.)

实验 3.33 水溶液中 Ag^{+}、Pb^{2+}、Hg^{2+}、Cu^{2+}、Bi^{3+}、Zn^{2+} 等离子的分离和检出

(一) 安全提示

铅盐、汞盐、铋盐有毒,请将含铅盐、汞盐、铋盐的废液倒入指定回收桶。

(二) 目的要求

(1) 将 Ag^{+}、Pb^{2+}、Hg^{2+}、Cu^{2+}、Bi^{3+}、Zn^{2+} 等离子进行分离和检出,并掌握它们的分离条件和检出条件。

(2) 复习并掌握以上各离子的有关性质。

(三) 实验内容

取 Ag^{+} 试液 2 滴,Pb^{2+}、Hg^{2+}、Cu^{2+}、Bi^{3+}、Zn^{2+} 等试液各 5 滴,加到离心管中,混合均匀后,按以下步骤(图 3.33.1)进行分离和检出。

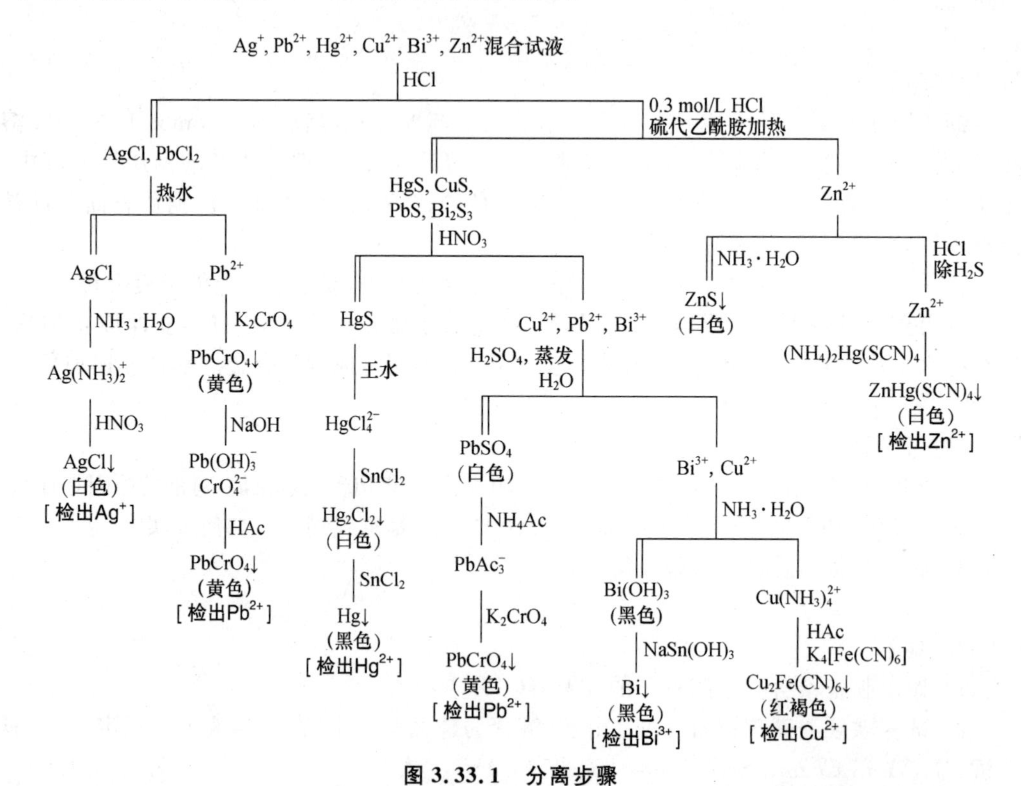

图 3.33.1 分离步骤

(1) **Ag^+、Pb^{2+}的沉淀**　在试液中加1滴6 mol/L HCl溶液，剧烈搅拌，有沉淀生成时再滴加HCl溶液至沉淀完全。然后多加1滴，搅拌片刻，离心分离，把清液移到另一支离心管中。沉淀用0.5 mol/L HCl溶液洗涤，洗涤液并入上面的清液。清液按步骤(4)处理。

(2) **Pb^{2+}的检出**　在步骤(1)的沉淀上加1 mL去离子水，放在水浴上加热2分钟，并不时搅拌，稍加冷却，离心分离，立即将清液移到另一支试管中，沉淀按步骤(3)处理。

往清液中加5滴0.1 mol/L K_2CrO_4溶液，生成黄色沉淀，表示有Pb^{2+}。把沉淀溶于6 mol/L NaOH溶液中，然后用6 mol/L HAc溶液酸化，又会析出黄色沉淀，可以进一步确证有Pb^{2+}。

(3) **Ag^+的检出**　用1 mL去离子水加热洗涤步骤(2)的沉淀，离心分离，弃去清液。往沉淀上加入2 mol/L $NH_3 \cdot H_2O$溶液，搅拌，如果溶液显混浊，可再进行离心分离，不溶物并入步骤(4)中处理。在所得清液中加6 mol/L HNO_3溶液酸化，有白色沉淀析出，表示有Ag^+。

(4) **Hg^{2+}、Cu^{2+}、Bi^{3+}、Zn^{2+}的沉淀**　往步骤(1)的清液中先滴加浓$NH_3 \cdot H_2O$，中和大部分HCl，再滴加6 mol/L $NH_3 \cdot H_2O$溶液至显碱性，然后慢慢滴加2 mol/L HCl溶液，至溶液近中性。再加入2 mol/L HCl溶液(体积为原溶液体积的1/6)，此时溶液的酸度约为0.3 mol/L。加入5%硫代乙酰胺溶液10～12滴，放在水浴中加热5分钟，并不时搅拌，再加入1 mL去离子水，加热3分钟，搅拌，冷却，离心分离，然后加1滴硫代乙酰胺检验沉淀是否完全。离心分离，清液中含有Zn^{2+}，按步骤(11)处理。沉淀用1滴1 mol/L NH_4NO_3溶液和10滴去离子水洗涤2次，弃去洗涤液，沉淀按步骤(5)处理。

(5) **Hg^{2+}的分离**　往步骤(4)的沉淀上加10滴6 mol/L HNO_3溶液，放在水浴中加热数分钟，搅拌使PbS、CuS、Bi_2S_3沉淀溶解后，溶液移到坩埚中按步骤(7)处理。不溶残渣用去离子水洗2次，第一次洗涤液合并到坩埚中，沉淀按步骤(6)处理。

(6) **Hg^{2+}的检出**　往步骤(5)的残渣上加3滴浓HCl和1滴浓HNO_3，加热使沉淀溶解后，再继续加热，使王水分解，以赶尽氯气(此步骤须在通风橱中操作!)。溶液再用几滴去离子水稀释，然后逐滴加入0.5 mol/L $SnCl_2$溶液，产生白色沉淀，并逐渐变黑，表示有Hg^{2+}。

(7) **Pb^{2+}的分离和检出**　往步骤(5)的坩埚内加3滴浓H_2SO_4，放在石棉网上小火加热。直到冒出刺激性的白烟(SO_3)为止(此步骤须在通风橱中操作!)，切勿将H_2SO_4蒸干！冷却后加10滴去离子水，用一干净滴管将坩埚中的混浊液吸入离心管中，放置后析出白色沉淀，表示有Pb^{2+}。离心分离，把清液移到另一支试管中，按步骤(9)处理。

(8) **Pb^{2+}的检出**　在步骤(7)的沉淀上加10滴3 mol/L NH_4Ac溶液，水浴加热，搅拌，如果溶液混浊，还要进行离心分离。把所得清液加到另一支试管中，再加1滴2 mol/L HAc溶液和2滴0.1 mol/L K_2CrO_4溶液，产生黄色沉淀，表示有Pb^{2+}。

(9) **Bi^{3+}的分离和检出**　在步骤(7)的清液中加浓$NH_3 \cdot H_2O$至显碱性，并加入过

量的 $NH_3 \cdot H_2O$ 至能嗅到氨味,产生白色沉淀,表示有 Bi^{3+}。溶液为蓝色,表示有 Cu^{2+}。

离心分离,把清液移到另一支试管中,按步骤(10)处理。沉淀用去离子水洗 2 次,弃去洗涤液,往沉淀上加少量新配制的 $NaSn(OH)_3$ 溶液,立即变黑,表示有 Bi^{3+}。

(10) **Cu^{2+} 的检出** 将步骤(9)的清液用 6 mol/L HAc 溶液酸化,再加 2 滴 0.1 mol/L $K_4[Fe(CN)_6]$溶液,产生红褐色沉淀,表示有 Cu^{2+}。

(11) **Zn^{2+} 的检出和证实** 在步骤(4)的溶液内加 6 mol/L $NH_3 \cdot H_2O$ 溶液,调节 pH 为 3～4,再加 1 滴硫代乙酰胺溶液,在水浴中加热,生成白色沉淀,表示有 Zn^{2+}。

如果沉淀不白,可把它溶解在 HCl 溶液(2 滴 2 mol/L HCl 溶液中加 8 滴去离子水)中,然后把清液移到坩埚中,加热赶掉 H_2S。再把清液加到试管中,加等体积的 $(NH_4)_2Hg(SCN)_4$ 溶液,用玻璃棒摩擦管壁,生成白色沉淀 $ZnHg(SCN)_4$,证实是 Zn^{2+}。

【注意事项】

1. 由于硫代乙酰胺在酸性溶液中水解生成 H_2S,因此可以代替 H_2S;在碱性溶液中生成 HS^-,因此可以代替$(NH_4)_2S$。用硫代乙酰胺作沉淀剂时,其用量应当过量,且在沸水浴中加热时间应该足够长,以促进硫代乙酰胺的水解,保证硫化物沉淀完全。

2. 阳离子的分离要控制好分离条件,做好有关操作。即使是简单的操作,也要认真对待,如:

(1) 分离 Ag^+、Pb^{2+}时,加浓 HCl 后要剧烈搅拌,以促使 $PbCl_2$ 沉淀。

(2) 分离 AgCl、$PbCl_2$ 时,加热过程中也要充分搅拌,以促使 $PbCl_2$ 溶解。加热后要趁热进行分离,且离心时间不要太长,不然溶液冷却后,$PbCl_2$ 又结晶出来,而溶液中则难以检出 Pb^{2+}。

3. 当溶液酸度不够时会引起 Bi^{3+} 离子的水解,生成 BiOCl 或$(BiO)_2SO_4$,从而造成 Bi^{3+} 离子的漏检。

4. 实验中 0.3 mol/L HCl 溶液的调准:量取 1/6 体积的 2 mol/L HCl 溶液时,可用两种方法:一是用滴管数溶液的滴数,然后用同一滴管取 1/6 滴数的 2 mol/L HCl 溶液;二是在同样大小的离心管中,加水使其体积等于溶液体积,再将此离心管中的水倒入小量筒,量其体积,然后算出应加入的 2 mol/L HCl 溶液体积。无论用哪种方法,都要使其尽量准确。

5. 本实验中如果分离条件控制得不好,Pb^{2+} 的检出就会较为困难,Pb^{2+} 可能分至三处,而每一处的现象都不是很明显。Pb^{2+} 可能分在:(1) HCl 组:部分溶于去离子水中,还有部分可能与 AgCl 一起留在沉淀中;(2) H_2S 组;(3) $(NH_4)_2S$ 组:由于 PbS 沉淀不完全而与 Zn^{2+} 一起留在溶液中。因此,在 HCl 组检不出 Pb^{2+},并不能肯定溶液中没有 Pb^{2+},而应在后续步骤中检出。

【预习思考题】

1. 在生成和洗涤 Ag^{+}、Pb^{2+} 的氯化物沉淀时为什么要用 HCl 溶液，改用 NaCl 溶液或浓 HCl 溶液行不行？为什么？

2. 在用硫代乙酰胺从离子混合试液中沉淀 Pb^{2+}、Hg^{2+}、Cu^{2+}、Bi^{3+} 等离子时，为什么要控制溶液的酸度为 0.3 mol/L？酸度太高或太低对分离有何影响？控制酸度为什么要用 HCl 溶液，而不用 HNO_3 溶液？在沉淀过程中，为什么还要加水稀释溶液？

3. 洗涤 CuS、HgS、Bi_2S_3、PbS 沉淀时，为什么要加 1 滴 NH_4NO_3 溶液？如果沉淀没有洗净而还沾有 Cl^{-} 时，对 HgS 硫化物的分离有何影响？

4. 当 HgS 溶于王水后，为什么要继续加热使剩余的王水分解？不分解干净对后续实验有何影响？

5. 在分离检出时，如果坩埚内溶液被蒸干，对分离有何影响？

6. 用 $(NH_4)_2Hg(SCN)_4$ 证实 Zn^{2+} 的存在时，为什么要赶掉溶液中的 H_2S？

7. 用 $K_4[Fe(CN)_6]$ 检出 Cu^{2+} 时，为何要用 HAc 酸化溶液？

实验3.34 未知液的分析(三)

(一) 安全提示

铅盐、汞盐、铋盐有毒,请将含铅盐、汞盐、铋盐的废液倒入指定的回收桶。

(二) 目的要求

(1) 复习Ag^{+}、Pb^{2+}、Hg^{2+}、Cu^{2+}、Bi^{3+}、Zn^{2+}等离子的分离和检出条件。

(2) 进一步熟悉以上各离子的有关性质。

(3) 检出未知溶液中所含的阳离子。

(三) 实验内容

领取未知溶液1份,其中可能含有的阳离子是:Ag^{+}、Pb^{2+}、Hg^{2+}、Cu^{2+}、Bi^{3+}、Zn^{2+}等。自己拟定实验步骤,确定未知溶液中含有哪些阳离子。

【注意事项】

本实验可参考实验3.33的方法,也可自拟实验方案,对阳离子进行分离与检出。

【预习思考题】

1. 向未知液中滴加HCl溶液,如果没有白色沉淀,能否说明Ag^{+}、Pb^{2+}都不存在?如果所生成的沉淀经热水和$NH_3 \cdot H_2O$反复处理后,还有不溶物,这可能是什么化合物?

2. 如果未知液中有Bi^{3+},而检出时根本没有检验出来或检出反应不明显,试分析造成漏检的原因。

【课后问题】

怎样用下列方法分离Ba^{2+}和Pb^{2+}?

(1) 利用化合物溶解度的差异;

(2) 利用难溶化合物在酸、碱中溶解性的差异;

(3) 利用配位性的差异;

(4) 利用氧化还原性的差异。

实验 3.35 钛、钒

(一) 安全提示

浓硫酸具有强氧化性和腐蚀性，使用时应佩戴橡胶手套，含浓硫酸废液应冲稀后排放。

(二) 目的要求

(1) 试验钛的含氧酸的生成及性质。

(2) 试验五氧化二钒的生成及性质。

(3) 试验低氧化态的钛、钒化合物的生成和性质。

(4) 试验钛、钒过氧化物的生成及性质。

(5) 试验钒酸根的缩合反应。

(三) 实验内容

1. 钛(Ⅲ)化合物的生成和还原性

往 1 mL $TiOSO_4$ 溶液中加入一粒锌粒，观察溶液颜色的变化。把溶液放置几分钟后，倾入到少量 0.2 mol/L $CuCl_2$ 溶液中，观察有什么物质生成。

$$2TiO^{2+} + Zn + 4H^+ \longrightarrow 2Ti^{3+} + Zn^{2+} + 2H_2O$$

$$Ti^{3+} + Cu^{2+} + Cl^- + H_2O \longrightarrow CuCl\downarrow + TiO^{2+} + 2H^+$$

根据上述现象，说明三价钛离子的还原性。

2. 钛(Ⅲ)过氧化物的生成

往 0.5 mL $TiOSO_4$ 溶液中滴加 3% H_2O_2 溶液，观察反应产物的颜色。此时发生的化学反应可能是

$$TiO^{2+} + H_2O_2 \longrightarrow Ti(O_2)^{2+} + H_2O$$

3. α-钛酸和β-钛酸的生成和性质

(1) **α-钛酸的生成和性质** 取 4 支试管，分别加入 0.5 mL $TiOSO_4$ 溶液，并滴加 2 mol/L $NH_3 \cdot H_2O$ 溶液，到有沉淀产生为止，此时的产物为 α-钛酸，观察反应产物的颜色。

取两份 α-钛酸沉淀分别试验在 6 mol/L NaOH 溶液和 6 mol/L HCl 溶液中的溶解情况(可用生成过氧钛离子的方法加以检验)。

(2) **β-钛酸的生成和性质** 往上面剩余的两份 α-钛酸沉淀中加少量去离子水，移至小坩埚中在本生灯上加热，煮沸几分钟，即转变为 β-钛酸。试验 β-钛酸在 6 mol/L NaOH

溶液和 6 mol/L HCl 溶液中的溶解情况(可用生成过氧钛离子的方法加以检验)。

根据实验结果,比较 α-钛酸和 β-钛酸的生成和性质有何不同。

4. 五氧化二钒的生成和性质

取少量 NH_4VO_3 固体放在坩埚中,用小火加热并不断搅拌,观察反应过程中固体颜色的变化和产物的颜色。然后把分解产物分成 4 份。

先试验一份固体与浓 H_2SO_4 的作用,固体是否溶解?然后把所得的溶液稀释(稀释时,应把含浓 H_2SO_4 的溶液加入水中),其颜色有什么变化?往第二份固体中加入 6 mol/L NaOH 溶液,加热,有何变化?往第三份固体中加入少量去离子水,煮沸,待其冷却后用 pH 试纸测试溶液的 pH。

最后往第四份固体中加入浓 HCl,观察有何变化。煮沸,观察反应产物的颜色和状态。再用水稀释溶液,其颜色有什么变化?

$$V_2O_5 + H_2SO_4 = (VO_2)_2SO_4 + H_2O$$

$$V_2O_5 + 6NaOH = 2Na_3VO_4 + 3H_2O$$

$$V_2O_5 + 6HCl = 2VOCl_2 + Cl_2\uparrow + 3H_2O$$

5. 钒酸根的缩合反应

取 10 mL 饱和 NH_4VO_3 溶液,置于 50 mL 小烧杯中,加热至微沸。在不断搅拌下,逐滴加入 2 mol/L HCl 溶液,边加边观察溶液颜色的变化。当出现沉淀时,测试溶液的 pH 为多少。再继续滴加 HCl 溶液,观察又有何变化。解释实验现象。

6. 低氧化态的钒化合物的生成

往 2 mL VO_2Cl 溶液中加入 2 粒锌粒,把溶液放置数分钟,观察反应过程中溶液的颜色有何变化。分别写出 VO_2^+、VO^{2+}、V^{3+}、V^{2+} 的颜色,并说明实验中溶液颜色变化的原因。

$$2VO_2Cl + 4HCl + Zn = 2VOCl_2 + ZnCl_2 + 2H_2O$$

$$2VOCl_2 + 4HCl + Zn = 2VCl_3 + ZnCl_2 + 2H_2O$$

$$2VCl_3 + Zn = 2VCl_2 + ZnCl_2$$

7. 钒(Ⅴ)过氧化物的生成

往 0.5 mL 饱和 NH_4VO_3 溶液中加入 0.5 mL 2 mol/L HCl 溶液和 2 滴 3% H_2O_2 溶液,观察反应产物的颜色和状态。

$$VO_3^- + 2H^+ = VO_2^+ + H_2O$$

$$VO_2^+ + H_2O_2 + 2H^+ = V(O_2)^{3+} + 2H_2O$$

【注意事项】

1. 在"实验内容 1"钛(Ⅲ)化合物的生成和还原性中,Zn 还原的时间要适当延长,使所得 Ti^{3+} 的浓度大一些,以保证后续反应实验现象的观察。另外,在与 $CuCl_2$ 反应时,未反应的 Zn 粒应取出,以免影响反应。

2. 在“实验内容3(2)”β-钛酸的生成和性质中，制备β-钛酸时，应将α-钛酸煮沸的时间长一些，以确保转化完全。

3. 在“实验内容6”低氧化态的钒化合物的生成中，一开始看到的绿色是VO_2^+（黄色）和VO^{2+}（蓝色）的混合色，而不是V^{3+}的颜色。

【预习思考题】

1. 钒的各种氧化态的化合物有哪几种颜色？
2. 如VO_2Cl溶液的颜色发绿，说明发生了什么变化。引起变化的可能原因是什么？

【课后问题】

1. 比较α-钛酸、β-钛酸与α-锡酸、β-锡酸的生成条件和性质有何异同。
2. 结合实验说明V_2O_5的酸碱性。
3. 比较低氧化态的钛、钒化合物有什么相似之处。

实验3.36 铬、锰

(一) 安全提示

铬盐有毒,请将含铬的废液及沉淀倒入指定回收桶。

(二) 目的要求

(1) 了解铬的常见氧化态及其颜色,掌握其相应的转化条件。

(2) 了解锰的常见氧化态及其颜色、存在条件及性质。

(3) 根据"四大平衡"原理,特别是氧化还原反应知识,利用电极电势解释所观察到的实验现象。

(三) 实验内容

1. 铬(Ⅲ)与铬(Ⅵ)的性质及其相互转化

(1) **铬(Ⅲ)氢氧化物的生成与性质** 取2 mL 0.2 mol/L $KCr(SO_4)_2$ 溶液加入到小试管中,逐滴加入2 mol/L NaOH溶液,观察生成物的颜色和状态。继续加入过量NaOH溶液,观察沉淀是否溶解。将所得溶液分成两份(体积比为1∶2),一份(1/3量)放在水浴中加热数分钟,有何现象?另一份(2/3量)供步骤(2)使用。

(2) **铬(Ⅲ)向铬(Ⅵ)的转化** 在步骤(1)提供的溶液中滴入3% H_2O_2 溶液,边加边摇动试管,观察溶液颜色变化。加3% H_2O_2 溶液至足量,微热,试管中的溶液颜色如何变化?继续加热至除尽剩余的 H_2O_2,供步骤(3)使用。

(3) **铬(Ⅵ)在溶液中的存在状态与酸碱性的关系** 将步骤(2)中溶液分成两份,其中一份(记做A)暂且不用,作为对比。向另外一份溶液中逐滴加入2 mol/L H_2SO_4 溶液至显强酸性,观察其颜色变化。再滴加2 mol/L NaOH溶液,又有什么变化?解释所观察到的现象。

(4) **铬(Ⅵ)向铬(Ⅲ)的转化** 在A溶液中加适量2 mol/L H_2SO_4 溶液,再加入3% H_2O_2 溶液,观察现象。微热之,所得溶液呈什么颜色?

综合步骤(1)~(4)中的实验,说明铬(Ⅲ)与铬(Ⅵ)在不同介质条件下的存在状态及二者之间的相互转化条件,并运用电极电势数据予以解释。

(5) **选做实验:铬(Ⅱ)的生成与性质** 在离心管中加入1 mL 0.2 mol/L $KCr(SO_4)_2$ 溶液,加数滴2 mol/L H_2SO_4 溶液酸化,加入适量锌粉,放置,注意溶液颜色变化。离心分离,将清液转移至另一试管中,振荡,溶液颜色又如何改变?解释实验现象,说明铬(Ⅱ)的稳定性如何。

2. 锰(Ⅱ)、锰(Ⅲ)、锰(Ⅳ)、锰(Ⅵ)、锰(Ⅶ)的生成、颜色与存在条件

(1) **锰(Ⅱ)氢氧化物、锰(Ⅳ)羟基氧化物[$MnO(OH)_2$]的生成与性质** 在试管中加0.5 mL 0.2 mol/L $MnSO_4$ 溶液,再滴加 2 mol/L NaOH 溶液,观察产物的颜色和状态;放置数分钟观察沉淀的颜色变化。向试管中滴加 2 滴 3% H_2O_2 溶液,沉淀颜色有何变化?向试管中滴加 2 mol/L H_2SO_4 溶液酸化,再滴加 3% H_2O_2 溶液,又发生什么变化?解释实验现象,说明酸碱介质对反应方向的影响。

(2) **锰(Ⅲ)的生成**

方法 1 在小试管中加入 1 mL 0.2 mol/L $MnSO_4$ 溶液中,再加入 0.5 mL 浓 H_2SO_4,冷水冷却混合液后,再加入 1 滴 0.01 mol/L $KMnO_4$ 溶液,仔细观察溶液颜色。与 $KMnO_4$ 溶液的颜色有何不同?

方法 2 在离心管中加入 1 mL 0.2 mol/L $MnSO_4$ 溶液中,加入少许 PbO_2 固体,然后再加入 1 mL 浓 H_2SO_4,搅拌。离心分离,观察溶液颜色。与"方法 1"所得溶液颜色是否相似?

(3) **锰(Ⅳ)的生成与性质** 取少许(约米粒大小)MnO_2 于离心管中,加入 2 mL 浓 HCl,充分搅拌(请勿加热!),离心分离,观察溶液颜色。取约 1 mL 清液至另一试管中,用水浴微热之,溶液颜色怎样变化?用湿的 KI-淀粉试纸移近管口,有何现象?

(4) **锰(Ⅵ)的生成与性质** 向离心管中加入 1 mL 0.01 mol/L $KMnO_4$ 溶液,加 1 mL 40% NaOH 溶液,然后加入 MnO_2 固体,搅拌,用水浴加热离心管,观察管中颜色变化。离心分离,将上层清液转移至另一试管中,滴入数滴 2 mol/L H_2SO_4 溶液,又有什么现象?

(5) **锰(Ⅶ)的生成** 向盛有 2 滴 0.05 mol/L $MnSO_4$ 溶液的试管中加入 3 mL 2 mol/L HNO_3 溶液,再加入少许 $NaBiO_3$ 固体,搅拌,微热试管,观察管中颜色变化(此反应可用来鉴定 Mn^{2+})。

3. 高锰酸钾的氧化性

分别试验在酸性(2 mol/L H_2SO_4 溶液)、中性(去离子水)、碱性(6 mol/L NaOH 溶液)介质中 0.01 mol/L $KMnO_4$ 溶液与 Na_2SO_3 固体的反应,比较它们的产物有何不同。写出反应方程式。

【选做实验】

● **重铬酸钾的制备**

现有试剂:$CrAc_3 \cdot H_2O$ 晶体(或 50% $CrAc_3$ 溶液),3% H_2O_2 溶液,6 mol/L KOH 溶液,冰醋酸,乙醇。请自己设计实验步骤,制备 $K_2Cr_2O_7$ 晶体。

提示和要求:

(1) 事先查阅有关物质的标准电极电势数据,写出有关化学反应的方程式。

(2) 建议反应在 250 mL 锥形瓶中进行,为使反应完全,有些试剂要适当过量。例

如,先取 25 mL 6 mol/L KOH 溶液置于瓶中,然后将制得的 $CrAc_3$ 溶液缓慢加入其中;H_2O_2 溶液的用量约是计算量的 3 倍,在反应结束时再加 10 mL;冰醋酸加完后仍需多加约 3 mL 等。

(3) 实验中注意安全,注意控制加热和加料速度,使反应不致过于激烈。

(4) 写出所有试剂的用量,并计算产率。

(5) 查出有关物质的溶解度数据,并讨论你所得到的产品的纯度。

- **水中溶解氧(DO)的测定**

往一定量水样中加入 $MnSO_4$ 和碱性 KI 溶液,生成的 $Mn(OH)_2$ 被溶解在水中的 O_2 氧化成 $MnO(OH)_2$,$MnO(OH)_2$ 又与剩余的 $Mn(OH)_2$ 作用生成棕色的 $MnMnO_3$ 沉淀。注意:在用硫酸酸化前,应尽量减少溶液与空气的接触(为什么?)。用 H_2SO_4 酸化含有的悬浊液,$MnMnO_3$ 和 KI 反应生成 I_2。以淀粉溶液为指示剂,用标准 $Na_2S_2O_3$ 溶液滴定 I_2,可以测定水样中溶解氧的量。主要反应方程式如下:

$$MnSO_4 + 2NaOH = Mn(OH)_2 \downarrow + Na_2SO_4$$

$$2Mn(OH)_2 + O_2 = 2MnO(OH)_2 \downarrow$$

$$MnO(OH)_2 + Mn(OH)_2 = MnMnO_3 \downarrow + 2H_2O$$

$$MnMnO_3 + 2KI + 3H_2SO_4 = 2MnSO_4 + K_2SO_4 + I_2 + 3H_2O$$

$$I_2 + 2Na_2S_2O_3 = 2NaI + Na_2S_4O_6$$

【注意事项】

1. 标准电极电势的数值与介质有关,在解释反应现象时注意使用不同介质中的标准电极电势数据。

2. 应用电极电势只能判断反应发生的方向,并不能判断该反应的速率。

3. 用 H_2O_2 氧化 $Cr(OH)_4^-$ 成 CrO_4^{2-} 时,先生成褐色溶液,经放置或加热后变成 CrO_4^{2-} 的黄色,且同时伴有气泡生成。这是因为生成了过氧铬酸根 CrO_8^{3-} 所致,待其分解后才生成 CrO_4^{2-} 并放出 O_2。所以实验时勿一下加入太多 H_2O_2。

【预习思考题】

1. $K_2Cr_2O_7$ 溶液与 $BaCl_2$ 溶液作用,为什么得到的是 $BaCrO_4$ 而不是 $BaCr_2O_7$?怎样才能使这个反应进行得完全?

2. 写出 3 种可能将 Mn^{2+} 氧化为 MnO_4^- 的强氧化剂,并用化学反应方程式表示所进行的反应。

3. 怎样用生成过氧化铬的方法来鉴定 Cr^{3+} 的存在?

4. Mn^{2+} 在碱性介质中生成的 $MnO(OH)_2$ 沉淀能溶于 HCl 溶液或 H_2SO_4 和 H_2O_2 的混合溶液中,但不易溶于稀 H_2SO_4 或 HNO_3 溶液中,这是为什么?

【课后问题】

众所周知，Mn(Ⅲ)和 Mn(Ⅴ)在水溶液中不能稳定存在，那么这两种离子在什么条件下可以稳定存在？或者说，如何能得到 Mn(Ⅲ)和 Mn(Ⅴ)的稳定化合物？

实验 3.37 铁、钴、镍

(一) 安全提示

可溶性钡盐有毒，请将可溶性钡盐沉淀为硫酸钡后丢弃。

(二) 目的要求

(1) 试验铁、钴、镍氢氧化物的生成和性质。

(2) 试验铁盐的氧化还原性。

(3) 试验铁、钴、镍配合物的生成和性质。

(三) 实验内容

1. 二价氢氧化物的生成和性质

(1) **氢氧化亚铁的生成和性质** 在小烧杯中加入 10 mL 去离子水和几滴 2 mol/L H_2SO_4 溶液，煮沸以赶尽溶于其中的氧气，冷却后加少量$(NH_4)_2Fe(SO_4)_2 \cdot 6H_2O$ 晶体，令其溶解。在另一小烧杯中加入 1 mL 6 mol/L NaOH 溶液，煮沸，以赶尽氧气，冷却备用。取 1 mL $(NH_4)_2Fe(SO_4)_2$ 溶液，置于小试管中，再用滴管吸取 0.5 mL NaOH 溶液，插入$(NH_4)_2Fe(SO_4)_2$ 溶液内(直至试管底部)，慢慢放出 NaOH 溶液，观察产物颜色和状态。然后加入 2 mol/L HCl 溶液，沉淀是否溶解?

用同样方法，再制一份 $Fe(OH)_2$，振荡后放置一段时间，观察有何变化。写出相应的化学反应方程式。

(2) **氢氧化钴(Ⅱ)的生成和性质** 往两支分别盛有 0.5 mL 0.2mol/L $CoCl_2$ 溶液的试管中滴加 2 mol/L NaOH 溶液，制得两份沉淀，观察反应产物的颜色和状态。微热之，产物颜色有何变化?

往一份沉淀中加入 2 mol/L HCl 溶液，沉淀是否溶解? 另一份沉淀放置一段时间后，观察有何变化。解释现象，并写出相关的化学反应方程式。

(3) **氢氧化镍(Ⅱ)的生成和性质** 往两支分别盛有 0.5 mL 0.2 mol/L $NiSO_4$ 溶液的试管中滴加 2 mol/L NaOH 溶液，制得两份沉淀，观察反应产物的颜色和状态。然后往一份沉淀中加入 2 mol/L HCl 溶液，沉淀是否溶解? 另一份沉淀放置一段时间后，观察有无变化。

综合上述实验，说明 $Fe(OH)_2$、$Co(OH)_2$、$Ni(OH)_2$ 在空气中的稳定性。

2. 三价氢氧化物的生成和性质

(1) **氢氧化铁的生成和性质** 往两支小试管中分别加入 1 mL 0.2 mol/L $FeCl_3$ 溶

液，再向其中一支试管中加入1～2滴2 mol/L NaOH溶液，观察生成物的颜色和状态。在沸水浴上加热片刻，有何变化？

另一份中加入数滴2 mol/L NaOH溶液，观察产物的颜色和状态。然后往沉淀中加0.5 mL浓盐酸，沉淀是否溶解？检验有无氯气生成。

(2) **氢氧化钴(Ⅲ)的生成和性质** 往0.5 mL 0.2 mol/L $CoCl_2$溶液中加入数滴氯水，再滴加2 mol/L NaOH溶液，观察反应产物的颜色和状态。离心分离，沉淀用去离子水洗涤2次，然后往沉淀中加0.5 mL浓盐酸，微热之，观察有何现象。检验气体产物是什么，用去离子水稀释上述溶液，颜色有何变化？

解释现象，写出反应方程式。

(3) **氢氧化镍(Ⅲ)的生成和性质** 往0.5 mL 0.2 mol/L $NiSO_4$溶液中加入数滴氯水，再滴加2 mol/L NaOH溶液，搅拌，放置数分钟，观察反应产物的颜色和状态。离心分离，沉淀用去离子水洗涤2次，然后往沉淀中加0.5 mL浓盐酸，观察有何变化。

检验气体产物是什么，写出反应方程式。

综合上述实验，说明$Fe(OH)_3$、$Co(OH)_3$、$Ni(OH)_3$与相应的$Fe(OH)_2$、$Co(OH)_2$、$Ni(OH)_2$的颜色有何不同；$Fe(OH)_3$、$Co(OH)_3$、$Ni(OH)_3$的生成条件有何不同；酸性溶液中，Fe(Ⅲ)、Co(Ⅲ)、Ni(Ⅲ)的氧化性有何不同。

3. 配合物的生成和性质

(1) 铁配合物的生成

● **滕氏蓝的生成** 往0.5 mL 0.2 mol/L $FeSO_4$溶液中加入1滴0.1 mol/L $K_3[Fe(CN)_6]$溶液，观察产物的颜色和状态，并写出反应方程式。

● **普鲁氏蓝的生成** 往0.5 mL 0.2 mol/L $FeCl_3$溶液中加入1滴0.1 mol/L $K_4[Fe(CN)_6]$溶液，观察产物的颜色和状态，并写出反应方程式。

● 往0.5 mL 0.2 mol/L $FeSO_4$溶液中加入几滴邻菲罗啉溶液，即生成橘红色的配合物。

(2) 钴、镍配合物的生成和性质

● **钴氨配合物的生成和性质** 往0.5 mL 0.2 mol/L $CoCl_2$溶液中滴加浓$NH_3 \cdot H_2O$至沉淀溶解为止，观察反应产物的颜色。把溶液放置一段时间，溶液的颜色有什么变化？解释现象，并写出反应方程式。

注意：Co(Ⅱ)在氨性条件下很容易被氧化成Co(Ⅲ)，但实际上很难得到6个配体全是NH_3的Co(Ⅲ)配合物，通常条件下得到的配合物均有水参与配位。若在氧化过程中加入活性炭作催化剂，则可得到$Co(NH_3)_6^{2+}$。

● **镍氨配合物的生成和性质** 往盛有2 mL 0.2 mol/L $NiSO_4$溶液的离心管中逐滴加入浓$NH_3 \cdot H_2O$，边加边振荡，观察沉淀的颜色。再加入浓$NH_3 \cdot H_2O$至沉淀溶解为止，观察溶液的颜色。然后把溶液分成4份。往两份溶液中分别加入2 mol/L NaOH溶液和2 mol/L H_2SO_4溶液，观察有何变化。把一份溶液用水稀释，是否有沉淀产生？最后把另外一份溶液放入沸水浴中加热,观察有何变化。请问这4个实验中得到的产物相同吗?是氢氧化物还是碱式盐?应如何鉴别?

综合实验结果,写出反应方程式,说明镍氨配合物的稳定性。

4. 铁(Ⅲ)配离子稳定性比较

在盛有1 mL 0.5 mol/L $Fe(NO_3)_3$ 溶液的小试管中,加入少量NaCl固体,搅拌,使之全部溶解,观察溶液颜色变化。随后,加入1滴1% NH_4SCN 溶液,试管中溶液变为什么颜色?接着,加入数十滴10% NH_4F 溶液,观察溶液颜色是否褪去。最后,往溶液中加入少量$(NH_4)_2C_2O_4$ 固体,搅拌,现象如何?查出配离子稳定常数,解释上述现象。

【注意事项】

1. 在"实验内容3(2)"钴氨配合物的生成和性质中,如果制得的 $Co(NH_3)_6^{2+}$ 在放置一段时间后溶液颜色的变化不易于观察时,可新制备一份 $Co(NH_3)_6^{2+}$ 作对比。

2. 在"实验内容3(2)"镍氨配合物的生成和性质中,浓氨水一定要逐滴加入,加1滴并振荡试管使溶液混合均匀后再加,否则后续实验的现象观察不明显。

【预习思考题】

1. 请通过查找资料写出 $Fe(OH)_2$、$Co(OH)_2$、$Ni(OH)_2$、$Fe(OH)_3$、$Co(OH)_3$、$Ni(OH)_3$ 的颜色。

2. 在碱性介质中,氯水能把Co(Ⅱ)氧化成Co(Ⅲ),而在酸性介质中,Co(Ⅲ)又能把 Cl^- 氧化成 Cl_2,两者有无矛盾?为什么?

3. 从平衡角度看,为什么在碱性介质中Fe(Ⅱ)极易被空气中的 O_2 氧化成Fe(Ⅲ)?

4. 通过必要的计算解释下列现象:

(1) Fe^{3+} 能把 I^- 氧化成 I_2,而 $Fe(CN)_6^{3-}$ 则不能;

(2) $Fe(CN)_6^{4-}$ 能把 I_2 还原成 I^-,而 Fe^{2+} 则不能。

【课后问题】

软硬酸碱理论在无机化学领域有广泛的应用,但也有一定的局限性。请举例说明它的局限性。

实验 3.38 水溶液中 Fe^{3+}、Co^{2+}、Ni^{2+}、Mn^{2+}、Al^{3+}、Cr^{3+}、Zn^{2+} 等离子的分离和检出

(一) 安 全 提 示

可溶性钡盐有毒,请将可溶性钡盐沉淀为硫酸钡后丢弃。

(二) 目 的 要 求

(1) 将 Fe^{3+}、Co^{2+}、Ni^{2+}、Mn^{2+}、Al^{3+}、Cr^{3+}、Zn^{2+} 等离子进行分离和检出,并掌握它们的检出条件。

(2) 熟悉以上各离子的有关性质,如氧化还原性、酸碱性、配位性质等。

(三) 实 验 内 容

取 Fe^{3+}、Co^{2+}、Ni^{2+}、Mn^{2+} 试液各 3 滴,Al^{3+}、Cr^{3+}、Zn^{2+} 试液各 5 滴,加到离心管中,混合均匀后,按以下步骤进行分离和检出(图 3.38.1)。

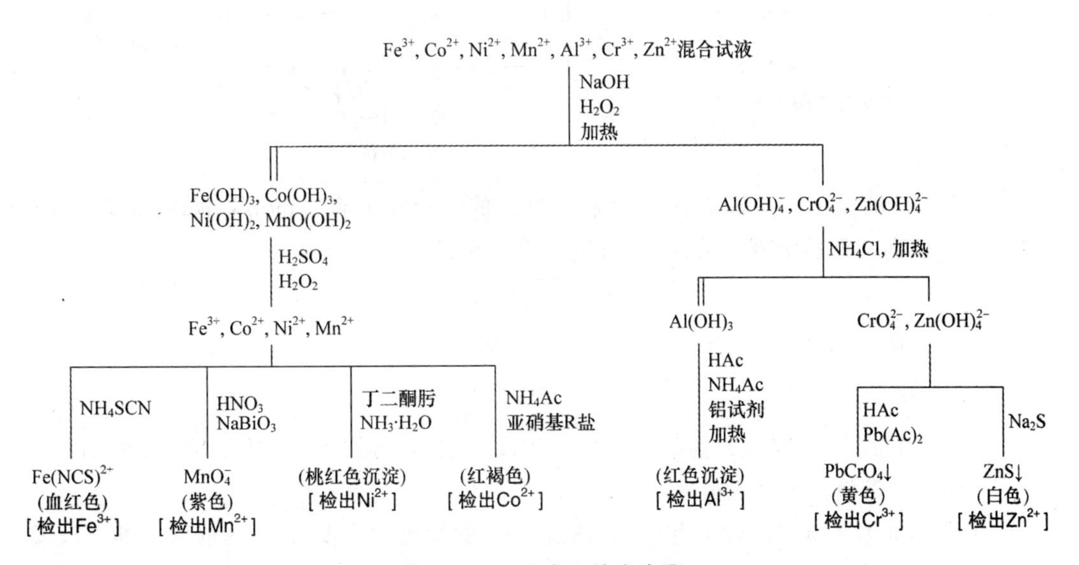

图 3.38.1 分离和检出步骤

(1) **Fe^{3+}、Co^{2+}、Ni^{2+}、Mn^{2+} 与 Al^{3+}、Cr^{3+}、Zn^{2+} 的分离** 往试液中加入 6 mol/L NaOH 溶液至呈强碱性后,再多加 5 滴 NaOH 溶液。然后逐滴加入 3% H_2O_2 溶液约 20 滴,每加 1 滴 H_2O_2 溶液,即用玻璃棒搅拌。加完后继续搅拌 3 分钟,加热至不再产生气

泡为止。离心分离,把清液移到另一支离心管中,按步骤(7)处理。沉淀用热水洗涤1次,离心分离,弃去洗涤液。

(2) **沉淀的溶解** 往步骤(1)的沉淀上加10滴2 mol/L H_2SO_4 溶液和2滴3% H_2O_2 溶液,搅拌后放在水浴中加热至沉淀全部溶解、H_2O_2 全部分解为止。

把溶液冷却至室温,进行以下实验。

(3) **Fe^{3+} 的检出** 方法一:取1滴步骤(2)的溶液加到点滴板穴中,再加1滴0.1 mol/L $K_4[Fe(CN)_6]$溶液。如产生蓝色沉淀,表示有 Fe^{3+}。

方法二:取1滴步骤(2)的溶液加到点滴板穴中,加1滴1% NH_4SCN 溶液。溶液变成血红色,表示有 Fe^{3+}。

(4) **Mn^{2+} 的检出** 取1滴步骤(2)的溶液,加3滴去离子水和3滴2 mol/L HNO_3 溶液及一小勺 $NaBiO_3$ 固体,搅拌,溶液变成紫红色,表示有 Mn^{2+}。

(5) **Ni^{2+} 的检出** 在离心管中加几滴步骤(2)的溶液,并加2 mol/L $NH_3 \cdot H_2O$ 溶液至呈碱性,如果有沉淀产生,则进行离心分离。然后往上层清液中加1~2滴丁二酮肟,产生桃红色沉淀,表示有 Ni^{2+}。

丁二酮肟检验 Ni^{2+} 的反应如下:

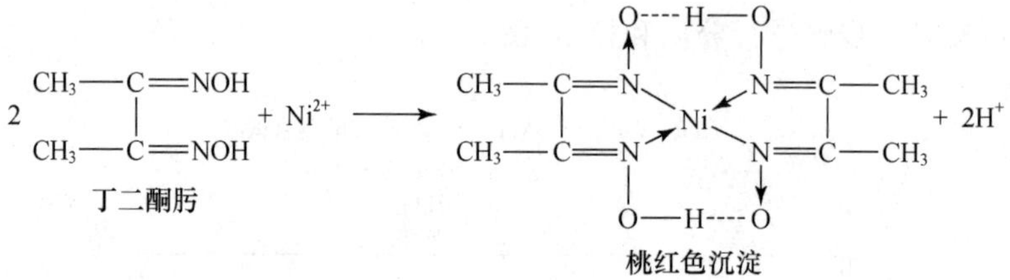

$$2\ \begin{matrix} CH_3-C=NOH \\ | \\ CH_3-C=NOH \end{matrix} + Ni^{2+} \longrightarrow \begin{matrix} & O\cdots H-O & \\ CH_3-C=N & & N=C-CH_3 \\ | & Ni & | \\ CH_3-C=N & & N=C-CH_3 \\ & O-H\cdots O & \end{matrix} + 2H^+$$

丁二酮肟 桃红色沉淀

(6) **Co^{2+} 的检出** 在试管中加几滴步骤(2)的溶液和1滴2 mol/L NH_4Ac 溶液,再加入1滴亚硝基R盐溶液。溶液呈红棕色,表示有 Co^{2+}。

亚硝基R盐的结构式为:(萘环:1-NO,2-OH,3-SO_3Na,6-NaO_3S)

NO

OH

NaO_3S SO_3Na

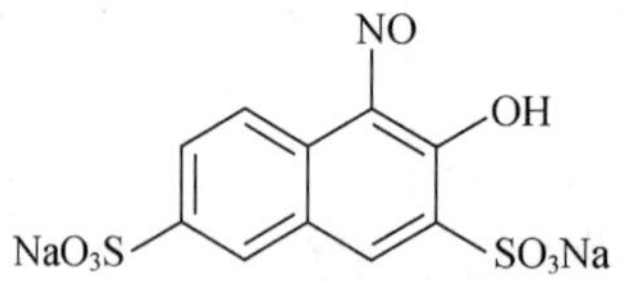

在试管中加2滴步骤(2)的溶液和少量 NH_4F 固体,再加入等体积的丙酮,然后加入1% NH_4SCN 溶液。溶液呈蓝色,表示有 Co^{2+}。

(7) **Al(Ⅲ)和Cr(Ⅵ)、Zn(Ⅱ)的分离及 Al^{3+} 的检出** 往步骤(1)的清液内加 NH_4Cl 固体,加热,产生白色絮状沉淀,即是 $Al(OH)_3$。离心分离,把清液移到另一支试管中,按步骤(8)和(9)处理。沉淀用2 mol/L $NH_3 \cdot H_2O$ 溶液洗涤1次,离心分离,洗涤液并入清液。在沉淀上加4滴6 mol/L HAc 溶液,加热使其溶解,再加2滴去离子水、2滴2 mol/L NH_4Ac 溶液和2滴铝试剂,搅拌后微热之,产生红色沉淀,表示有 Al^{3+}。

铝试剂与 Al^{3+} 发生如下反应:

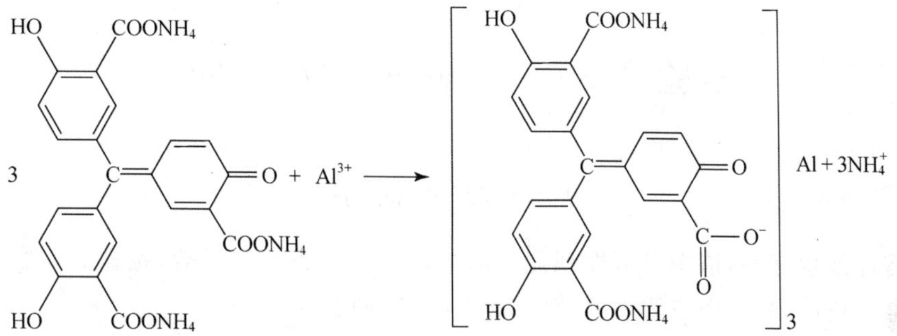

HO　COONH$_4$　HO　COONH$_4$

3　C　O + Al^{3+} ⟶　C　O　Al + $3NH_4^+$

COONH$_4$　C—O^-　O

HO　COONH$_4$　HO　COONH$_4$　3

铝试剂　　　鲜红色沉淀

(8) **Cr^{3+}的检出**　将步骤(7)的清液用6 mol/L HAc溶液酸化，再加2滴0.5 mol/L $Pb(Ac)_2$溶液，产生黄色沉淀，表示溶液中有CrO_4^{2-}，亦即原始溶液中有Cr^{3+}。

(9) **Zn^{2+}的检出**　方法一：取几滴步骤(7)的清液，滴加2 mol/L Na_2S溶液，产生白色沉淀，表示有Zn^{2+}。

方法二：取几滴步骤(7)的清液，用2 mol/L HAc溶液酸化，再加入等体积的$(NH_4)_2Hg(SCN)_4$溶液，用玻璃棒摩擦试管内壁，生成白色沉淀，表示有Zn^{2+}。

【注意事项】

1. 在“Fe^{3+}、Co^{2+}、Ni^{2+}、Mn^{2+}与Al^{3+}、Cr^{3+}、Zn^{2+}的分离”实验及后续的“沉淀的溶解”中，一定要加热至过量的H_2O_2完全分解，否则影响后续实验。

2. 用丁二酮肟检出Ni^{2+}时，由于Co^{2+}浓度过大，或Co^{2+}与Fe^{3+}同时存在时，会与试剂生成棕色或红棕色的沉淀，Mn^{2+}在碱性介质中也与试剂生成沉淀且颜色逐渐加深，影响Ni^{2+}的检出。所以在加丁二酮肟之前，要加入$NH_3 \cdot H_2O$，使Fe^{3+}、Mn^{2+}等沉淀。但如果$NH_3 \cdot H_2O$浓度过大，又会有利于生成$Ni(NH_3)_6^{2+}$，从而使检出反应的灵敏度受到影响。

【预习思考题】

1. 在使$Fe(OH)_3$、$Co(OH)_3$、$Ni(OH)_2$、$MnO(OH)_2$等沉淀溶解时，除加H_2SO_4外，为什么还要加H_2O_2？反应完全后，为什么要使过量的H_2O_2全部分解？

2. 分离$Al(OH)_4^-$、CrO_4^{2-}、$Zn(OH)_4^{2-}$时，加入NH_4Cl的作用是什么？

3. 用$Pb(NO_3)_2$溶液检出Cr(Ⅵ)时，为什么要用HAc酸化溶液？

4. $Al(OH)_3$沉淀经加热后为什么不易溶于HAc？遇此情况时应如何处理？

实验 3.39 未知液的分析(四)

(一) 安全提示

可溶性钡盐有毒,请将可溶性钡盐沉淀为硫酸钡后丢弃。铬盐、铅盐、镉盐、汞盐、单质汞有毒,请将含上述物质的废液及沉淀倒入指定回收桶。

(二) 目的要求

(1) 了解硫化氢系统分析法的离子分组、组试剂和分组分离条件。

(2) 总结、比较常见阳离子的有关性质。

(3) 检出未知溶液中的阳离子。

(三) 实验内容

领取未知溶液约 8～10 mL,其中可能含有的阳离子是:Na^+、K^+、NH_4^+、Mg^{2+}、Ca^{2+}、Ba^{2+}、Ag^+、Pb^{2+}、Hg^{2+}、Cu^{2+}、Bi^{3+}、Fe^{3+}(或 Fe^{2+})、Co^{2+}、Ni^{2+}、Mn^{2+}、Al^{3+}、Cr^{3+}、Zn^{2+}。取出部分未知溶液,按以下步骤进行分组分离。剩余溶液作个别检查和复查用。

(1) **盐酸组的沉淀生成** 按实验 3.33 中的有关步骤进行。

(2) **硫化氢组的沉淀生成** 按实验 3.33 中的有关步骤进行。

(3) **硫化铵组的沉淀生成** 取步骤(2)中留下的清液,加 3 滴 2 mol/L NH_4Cl 溶液,再加 6 mol/L 不含 CO_3^{2-} 的 $NH_3 \cdot H_2O$ 溶液中和至碱性,加热,如无沉淀生成,表明铁、铝、铬不存在。在搅拌下加入 8～10 滴 5%硫代乙酰胺溶液,在水浴上加热几分钟并不时搅拌,冷却,离心分离,再往上层清液中加 1 滴硫代乙酰胺溶液和 1 滴 $NH_3 \cdot H_2O$ 溶液,以试验沉淀是否完全。如果还有沉淀,则还要加入硫代乙酰胺及 $NH_3 \cdot H_2O$ 溶液,直到沉淀完全,离心分离,清液按步骤(4)处理。沉淀用热的 1 mol/L NH_4NO_3 溶液洗 2 次,弃去洗涤液,再在沉淀上加几滴 6 mol/L HNO_3 溶液,加热使它溶解,即得到硫化铵组离子溶液。按实验 3.28 中的有关步骤进行分离和检出。

(4) **碳酸铵组、易溶组的分组分离** 将分离掉硫化铵组的清液用 6 mol/L HAc 溶液酸化,移入坩埚中蒸发至一半体积后,转入离心管中,离心分离,除去少量硫和硫化物,然后将清液移到另一只坩埚中继续蒸干,至不再有浓厚的白烟冒出,以除去大量的铵盐。坩埚冷却后,再加入 2 滴 2 mol/L HCl 溶液和 10 滴去离子水,把溶液移到离心管中,并用 10 滴去离子水清洗坩埚,洗涤液也并入溶液中,此溶液中含有碳酸铵组和易溶组。按实验 3.24 中的有关步骤进行分组分离和检出。

根据以上分组分离，报告上述18种阳离子中哪些可能存在，哪些可能不存在。

(5) **一组阳离子的分离检出**　按照要求，在上述分组分离后的各组沉淀或试液中选一组，参考有关实验步骤对有关的阳离子做进一步的分离检出。

(6) **NH_4^+、Fe^{3+}、Fe^{2+}的检出**　如果做NH_4^+、Fe^{3+}、Fe^{2+}的检出，必须取原始溶液进行(为什么?)。NH_4^+的检出按实验3.24中的有关步骤进行。Fe^{3+}、Fe^{2+}的检出按实验3.37中的有关步骤进行。

【注意事项】

本实验中条件的控制至关重要，一定要认真预习，对18种阳离子分析的过程有一个系统全面的了解。

【预习思考题】

1. 参考前面做过的有关实验和附录Ⅰ的有关部分，小结18种常见阳离子的检出方法，写出反应条件、现象及反应方程式。

2. 在分离硫化铵组时，为什么要用不含CO_3^{2-}的氨水?

3. 在沉淀碳酸铵组之前和检出易溶组离子之前都要除NH_4^+，这两次除NH_4^+的目的是什么?要求是否相同?沉淀碳酸铵组之前除NH_4^+时只加HAc，检出易溶组离子之前除NH_4^+为什么要加HNO_3?

4. 请选用一种试剂，区别下列5种溶液：KCl、$Cd(NO_3)_2$、$AgNO_3$、$ZnSO_4$、$CrCl_3$。

5. 请选用一种试剂，区别下列6种溶液：Cu^{2+}、Zn^{2+}、Hg^{2+}、Fe^{3+}、Co^{2+}、Cd^{2+}。

6. 各用一种试剂分离下列各对离子：

(1) Zn^{2+}和Cd^{2+};

(2) Zn^{2+}和Al^{3+};

(3) Cu^{2+}和Hg^{2+}。

实验3.40 固体试样的分析

(一) 安全提示

可溶性钡盐有毒,请将可溶性钡盐沉淀为硫酸钡后丢弃。铬盐、铅盐、镉盐、汞盐、单质汞有毒,请将含上述物质的废液及沉淀倒入指定回收桶。

(二) 目的要求

(1) 了解固体试样的分析原理、方法及步骤。

(2) 练习根据试样的外形、溶解性、溶液的酸碱性和阴、阳离子的检出结果判断未知试样的组分。

(3) 复习常见阴、阳离子的有关性质。

(三) 实验内容

领取0.3 g未知固体试样。用约0.05 g试样配制阳离子分析溶液,用0.1 g配制阴离子分析溶液,剩余的供初步检验、复查用。

分析按以下步骤进行。

1. 外形观察

首先观察固体外形,结晶形的固体一般为盐类,粉末状的固体一般为氧化物;再观察它们的颜色;然后把少量固体放在干燥的试管中用小火加热,观察它们是否会分解或升华。

2. 溶解性实验

(1) 在试管中加少量试样和1 mL去离子水,放在水浴中加热,如果看不出试样有显著溶解,可取出上清液放在表面皿上,小火蒸干。若表面皿上没有明显的残渣,就可判断试样不溶于水。对可溶于水的试样,应检查溶液的酸碱性。

(2) 试样中不溶于水的部分改用稀HCl溶液试验它的溶解性。如不溶,可依次再改用浓HCl、稀HNO_3、浓HNO_3甚至王水来试验(包括不加热和在水浴中加热两种情况),然后选择能溶解试样且浓度较低或是无氧化性的酸作溶剂。

3. 阳离子分析

将0.05 g试样溶于2.5 mL去离子水中(若溶液呈碱性,可用稀HNO_3酸化)。如果试样不溶于水而溶于酸,则取0.05 g试样,用尽量少的酸溶解,然后稀释到2.5 mL。

取少量试液,按各组的沉淀条件顺序用6 mol/L HCl溶液等4种组试剂检验试液中含有哪几组离子。

用剩下的试液按实验 3.39 中阳离子系统分析的步骤检出各个阳离子。

4. 阴离子分析

将 0.1 g 研细的试样放入烧杯内，加 2.5 mL 2 mol/L Na_2CO_3 溶液，搅拌，加热至沸腾，保持微沸 5 分钟，并随时加去离子水补充蒸发掉的水分。如果有 NH_3 放出，继续煮沸至无 NH_3 产生为止。然后把烧杯内的溶液及残渣全部转移到离心管中，离心分离，把清液移到另一支试管中，按实验 3.30 中阴离子分析步骤检出各种阴离子。保留残渣。

如果在以上清液中没有检出 PO_4^{3-}、S^{2-}、Cl^-、Br^-、I^-，则需要按以下步骤在残渣中检验这些阴离子。

(1) 取一部分残渣，放入离心管内，加几滴 6 mol/L HNO_3 溶液，水浴加热，冷却后离心分离。把清液移到另一支试管中，再加过量$(NH_4)_2MoO_4$ 溶液检查 PO_4^{3-}。

(2) 另取一部分残渣，放入离心管中，用去离子水洗净，离心分离后加少量锌粉、4 滴去离子水、4 滴 2 mol/L H_2SO_4 溶液，搅拌之，用湿润的 $Pb(Ac)_2$ 试纸放在管口检验是否有 H_2S 气体生成。

离心分离，弃去残渣，清液按实验 3.25 中 Cl^-、Br^-、I^- 混合液的分离和检出方法检验。

由于制备阴离子试液中加入了大量的 CO_3^{2-}，所以在用 $BaCl_2$ 检出钡组阴离子时，应按以下步骤进行：取 3 滴试液，加 6 mol/L HCl 溶液酸化，并加热以赶掉 CO_2，然后加 6 mol/L $NH_3 \cdot H_2O$ 至溶液刚好呈碱性。如果酸化时溶液混浊(有 $S_2O_3^{2-}$，则酸化时会析出 S，使溶液变浑)，应离心分离。清液按实验 3.27 中有关步骤检出 SO_4^{2-}、SO_3^{2-}、$S_2O_3^{2-}$。

另外，由于制备溶液时引入了大量 CO_3^{2-}，所以检验 CO_3^{2-} 时要用原试样。

5. 分析结果的判断

根据已检出的阴、阳离子，结合试样的初步检验，判断固体试样中含有哪些组分。

【注意事项】

1. 先做阴离子分析还是先做阳离子分析均可。重要的是，做过阳离子(或阴离子)分析后，应结合初检的现象，判断哪些阴离子(或阳离子)肯定不存在，以简化下面的实验步骤。

2. 在用表面皿蒸干清液时，应特别注意用小火慢慢蒸干，否则表面皿很容易破裂。

3. 取分析试样时，应按规定的量取用，不要多取，以免给分析带来不必要的麻烦。如试样 $BiCl_3$ 取多了，就有可能得出水、酸都不溶的结论。

4. Fe(Ⅱ)的试样中通常含有 Fe(Ⅲ)，检出 Fe^{3+} 后，应取原液检测是 Fe^{2+} 还是 Fe^{3+}。此外，其他一些试样，如 CaO，可能吸收空气中的 CO_2 而含有少量 $CaCO_3$，实验中应进行对照实验，以作出正确的判断。

【预习思考题】

1. 一固体试样可溶于水,在阳离子分析中检出了 Ag^{+},则哪些阴离子不可能存在?

2. 一白色固体试样,不溶于水,但溶于 2 mol/L HCl 溶液,并产生大量 H_2S 气体。则哪些阳离子不可能存在?

3. 一未知溶液,无色无嗅,呈强碱性,则可能存在哪些阳离子?与这几种阳离子共存的阴离子可能有哪几种?

4. 向一酸性未知液中滴加 $KMnO_4$ 溶液,紫红色不褪,则哪些阴、阳离子不存在?

5. 已知某一酸性未知液中含 I^{-},则有哪些离子不可能存在?

6. 分别用简便方法鉴别 3 瓶红色粉末:HgS、HgI_2、Fe_2O_3,以及 3 瓶白色粉末:AgCl、$PbCl_2$、$ZnCl_2$。

实验 3.41 纸上色层分析

(一) 安全提示

本实验所用展开剂和显色剂都有刺激性气味,请在通风橱中使用。

(二) 目的要求

(1) 初步了解、学习纸上色层分析的原理和方法。

(2) 用纸上色层分析法鉴定未知液中的阳离子组分。

(三) 原 理

利用物质的迁移速度不同来鉴定物质的分析方法叫色层分析法。本实验利用纸上色层分析法来分离、鉴定某些阳离子。将少量含有一种或几种阳离子的溶液蘸浸到滤纸上,让滤纸的一个边接触展开液,当展开液(一般为含水的有机溶剂)利用滤纸的毛细现象在滤纸上渗透时,由于不同离子在有机相和水相中的溶解度不同,它们以不同的速度在纸上迁移(如图 3.41.1a 所示),从而达到分离的目的。将此滤纸再用化学试剂处理,纸上的离子就呈现出不同颜色的斑点,根据颜色和迁移速度(用 R_f 表示)的不同,就可以鉴定具体离子。

R_f 为离子迁移距离与有机溶剂迁移距离的比值。对于同一离子,在操作条件完全相同的情况下,R_f 是常数。但由于操作条件很难做到完全相同,导致 R_f 值的重复性较差,因此,多数情况下是通过与已知物对比的方法进行未知物的鉴定。

$$R_f=\frac{\text{离子斑点至原点的最远距离}}{\text{有机溶剂前沿线至原点线的距离}}$$

如图 3.41.1b 所示,离子 A、B 的 R_f 分别为

$$R_{f,A}=\frac{a}{c}=\frac{2.4}{7.8}=0.31$$

$$R_{f,B}=\frac{b}{c}=\frac{4.5}{7.8}=0.58$$

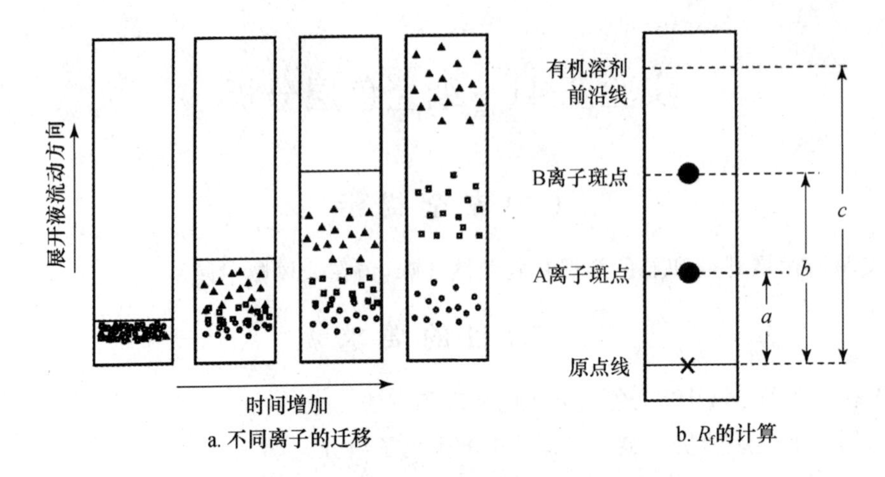

图 3.41.1 不同物质在滤纸上的迁移示意图

(其中 $a=2.4$ cm, $b=4.5$ cm, $c=7.8$ cm)

(四) 实验内容

(1) **制备展开液** 用 10 mL 7.0 mol/L HCl 溶液和 35 mL 丁酮在一干净的 600 mL 烧杯底部混匀,制得展开液,用塑料薄膜封盖杯口并用橡皮筋扣紧,放置备用。

(2) **色层分析用纸的制作** 取一张 11 cm×16.5 cm 的滤纸,用铅笔在离底边 2 cm 处画一条与底边平行的线,这就是原点线。然后从纸的侧边 2 cm 处开始,在线上每隔 2.5 cm 画一个小"×",共画 6 个,作为原点标记。

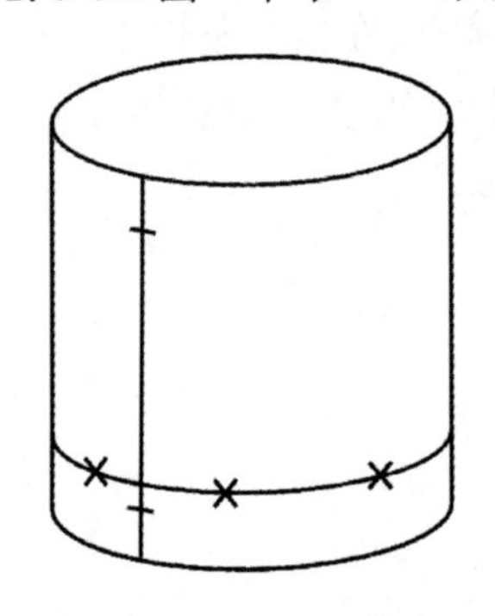

图 3.41.2 展开用的滤纸圆桶

(3) **色层分析** 用内径约为 0.5 mm 的毛细玻璃管分别蘸取 6 种不同溶液,点在 6 个画"×"的地方。6 种溶液分别是 $CoCl_2$、$CuCl_2$、$FeCl_3$、$MnCl_2$ 饱和溶液和可能含有 Co^{2+}、Cu^{2+}、Fe^{3+}、Mn^{2+} 中的几种离子的未知液Ⅰ、未知液Ⅱ。点样时,每个样点的直径不得大于 5 mm,并在已知溶液的样点下方注明。用吹风机吹干斑点,然后用钉书器把滤纸钉成圆桶形(如图 3.41.2 所示)。把滤纸桶放入装有展开液的烧杯里,有样点的一端靠近杯底,但展开液液面必须在样点以下,且纸桶不能与杯壁相碰。纸桶放好后,立即再用塑料薄膜封盖杯口,这时,可以看见展开液沿着滤纸向上渗透升高。当展开液前沿升到距滤纸顶边近 1 cm 时,把滤纸从烧杯中取出,并迅速在展开液前沿用铅笔画一条线,用电吹风吹干滤纸。

(4) **显色** 向一个 1000 mL 的干燥烧杯中加入 80 mL 浓氨水,再往烧杯中放一个蒸发皿,注意不要让氨水进入蒸发皿中。然后把吹干后的滤纸立在蒸发皿中,立即用塑料薄膜封盖杯口,10 分钟后取出滤纸。

(5) **鉴定** 用铅笔标出各展开点的位置,计算已知溶液展开点和未知溶液各展开点的 R_f 值。再根据每个展开点的颜色,通过与已知离子对比,得出未知液中阳离子的组成。

【预习思考题】

1. 当把已点样的桶形滤纸下底边浸入展开液时,如整个下底边不是同时浸入而是有先有后,这对分析结果有何影响?

2. 实验中,装有展开液和装有浓氨水的烧杯为什么都要用塑料薄膜封盖杯口?

3. 当把桶形滤纸置于氨气气氛中后,滤纸上原有的离子样点为什么会变色?

第四部分　综合性实验

实验3.42　草酸亚铁的制备及化学式的测定

(一) 安全提示

丙酮是易燃物品,它的蒸气有毒,使用时要在通风橱中进行,以防吸入;同时注意避开明火。

(二) 目的要求

(1) 制备草酸亚铁固体。

(2) 用氧化还原滴定法测定草酸亚铁的化学式。

(三) 原　　理

在一定条件下,Fe(Ⅱ)和 $H_2C_2O_4 \cdot 2H_2O$ 反应可得到草酸亚铁固体。一定量的草酸亚铁固体用酸溶解后,用 $KMnO_4$ 标准溶液滴定,可以测定其中 Fe^{2+}、$C_2O_4^{2-}$ 和 H_2O 的含量,进而确定草酸亚铁的化学式。

(四) 实验内容

已有试剂:铁粉,摩尔盐,锌粉,$H_2C_2O_4 \cdot 2H_2O$,2 mol/L H_2SO_4 溶液,6 mol/L $NH_3 \cdot H_2O$ 溶液,6 mol/L NaOH 溶液,丙酮,0.02 mol/L $KMnO_4$ 标准溶液,0.5 mol/L KSCN 溶液。

(1) **草酸亚铁固体的制备**　选择必要的试剂,拟定实验步骤,制备约 1.5 g 干燥的草酸亚铁固体。

(2) **草酸亚铁化学式的测定**　准确称取 0.2 g(称准至 0.1 mg)草酸亚铁固体,溶于 25 mL 2 mol/L H_2SO_4 溶液中,在水浴上加热到 60～80℃(溶液开始冒气),然后用 $KMnO_4$ 标准溶液滴定至溶液刚变浅红而又不褪为止。记录数据(此时溶液中发生了什么反应?),然后加入适量锌粉(目的是什么?)和 2 mL 2 mol/L H_2SO_4 溶液,反应一段时间后,取 1 滴试液放入点滴板穴中,用 KSCN 检验,至 Fe^{3+} 极微量。然后过滤除去锌粉,滤液收集在另一锥形瓶中,将滤纸及残余物充分洗涤,洗涤液并入滤液中,再补充约 2～3 mL 2 mol/L H_2SO_4 溶液,继续用 $KMnO_4$ 溶液滴定至终点。

(3) 写出每一步变化的反应方程式,并求出草酸亚铁的化学式。

【注意事项】

1. 称量草酸亚铁固体时要使用称量纸，而不要把锥形瓶放入天平中称量。但是需要将一个外壁擦干的、干净的锥形瓶及自己的实验记录本和笔带到天平室中，以便将称量好的固体试样及时转入锥形瓶中，并记录称量数据。

2. 对于 $KMnO_4$ 这样颜色太深的溶液，滴定管的读数需读取液面的最高点。

3. 本次滴定的终点是以过量的 $KMnO_4$ 为指示剂。$H_2C_2O_4$ 和 $KMnO_4$ 的反应是一个自催化反应，反应生成的 Mn^{2+} 是这个反应的催化剂，滴定过程中锥形瓶中溶液颜色的变化是：近乎无色—黄色—黄色加深—颜色变浅。当溶液呈现浅粉红色，表明达到终点。

【预习思考题】

1. 在草酸亚铁的制备中，根据反应的平衡常数，考虑要使沉淀完全应当采取哪些措施。

2. 如何尽快得到干燥的草酸亚铁固体？在过滤和洗涤操作中应注意什么？

3. 用锌粉还原溶液中的 Fe^{3+} 时，能否把 KSCN 溶液直接加到试液中检验 Fe^{3+} 转化是否完全？如果取出 1 滴试液进行检验，对测量结果有多大影响？

4. 加入略过量锌粉是否会将铁以单质形式置换出来？

5. 过量锌粉如何除去？如果试液中多余的锌粉未除净，对测定结果有何影响？

【课后问题】

请讨论并总结影响草酸亚铁产率及化学式测定结果的原因。

实验3.43 三草酸合铁(Ⅲ)酸钾的制备及酸根离子电荷数的测定

(一) 安全提示

乙醇、丙酮是易燃物品,丙酮蒸气有毒,使用这些药品要在通风橱中进行,以防吸入。同时注意避开明火。

铬盐有毒,请将含铬的废液及沉淀倒入指定回收桶。

(二) 目的要求

(1) 制备三草酸合铁(Ⅲ)酸钾,并了解它的性质。

(2) 用离子交换法测定三草酸合铁(Ⅲ)离子的电荷数。

(三) 原 理

三草酸合铁(Ⅲ)酸钾,即 $K_3Fe(C_2O_4)_3 \cdot 3H_2O$,为绿色单斜晶体,溶于水,难溶于乙醇。110℃下失去3分子结晶水而成为 $K_3Fe(C_2O_4)_3$,230℃时分解。该配合物对光敏感,光照下铁(Ⅲ)离子将草酸根氧化为二氧化碳,留下黄色的草酸亚铁沉积物:

$$2K_3Fe(C_2O_4)_3 = 2FeC_2O_4 + 2CO_2 + 3K_2C_2O_4$$

三草酸合铁(Ⅲ)酸钾是制备负载型活性铁催化剂的主要原料,也是一些有机反应很好的催化剂,因而具有工业生产价值。

三草酸合铁(Ⅲ)酸钾的制备方法有:(1) 以铁为原料制得硫酸亚铁铵,加草酸钾制得草酸亚铁后经氧化制得三草酸合铁(Ⅲ)酸钾;(2) 以三氯化铁或硫酸铁与草酸钾为原料直接合成三草酸合铁(Ⅲ)酸钾。本实验中采用草酸亚铁为原料制备三草酸合铁(Ⅲ)酸钾。

在有 $K_2C_2O_4$ 存在时,FeC_2O_4 和 H_2O_2 反应生成三草酸合铁(Ⅲ)酸钾,同时有 $Fe(OH)_3$ 生成,加适量 $H_2C_2O_4$ 溶液可使其转化成三草酸合铁(Ⅲ)酸钾。

$$6FeC_2O_4 + 3H_2O_2 + 6K_2C_2O_4 = 4K_3Fe(C_2O_4)_3 + 2Fe(OH)_3$$

$$2Fe(OH)_3 + 3H_2C_2O_4 + 3K_2C_2O_4 = 2K_3Fe(C_2O_4)_3 + 6H_2O$$

将一定量的 $K_3Fe(C_2O_4)_3 \cdot 3H_2O$ 溶解于水,使溶液通过氯型阴离子交换树脂,交换出相应量的 Cl^-,用 $AgNO_3$ 标准溶液滴定,可以测定 Cl^- 的量,再按下式求出三草酸合铁(Ⅲ)酸钾中酸根离子的电荷数(n):

$$n = \frac{\text{交换液中 } Cl^- \text{ 的总量(mol)}}{\text{配合物的总量(mol)}}$$

(四) 实验内容

1. 制备 $K_3Fe(C_2O_4)_3 \cdot 3H_2O$ 晶体

(1) 往草酸亚铁悬浊液(2.5 g 草酸亚铁中加 5 mL 水)中加入 15 mL 1.5 mol/L $K_2C_2O_4$ 溶液(15℃时已为饱和溶液),边加边搅拌,然后在水浴上加热到约 40℃,在此温度下用滴管向溶液中逐渐滴入 10 mL 6% H_2O_2 溶液。将溶液加热至微沸后,再加入 8 mL 1 mol/L $H_2C_2O_4$ 溶液。保持溶液微沸,继续边搅拌边用滴管逐滴加入 $H_2C_2O_4$ 溶液,直至溶液变为透明为止。待溶液稍冷却后,往其中加入 10 mL 无水乙醇,放在暗处令其冷却结晶。

(2) 将析出晶体的溶液进行减压过滤,用 1∶1 乙醇水溶液洗涤晶体,最后用少量丙酮淋洗,抽干得到亮绿色晶体。

2. $K_3Fe(C_2O_4)_3 \cdot 3H_2O$ 的性质

取 0.5 g $K_3Fe(C_2O_4)_3 \cdot 3H_2O$、0.6 g $K_3[Fe(CN)_6]$固体,加水 5 mL,配成溶液。用毛笔蘸取溶液在滤纸上写字或画画,在日光下放置一段时间,滤纸上就会显影出深蓝色的字或图案。

3. $K_3Fe(C_2O_4)_3 \cdot 3H_2O$ 中酸根离子电荷数的测定

(1) 将用去离子水浸泡的氯型阴离子交换树脂倒入盛有 1/3 体积去离子水的离子交换柱中(交换柱下端放有玻璃砂片或玻璃棉),待柱内树脂自然沉降,多余的水由柱下端的橡皮管导出,要求柱内树脂的高度约为 20 cm。在树脂上面也铺上一层玻璃棉,以防止加入溶液时将树脂冲起。整个操作过程自始至终都要使溶液浸没树脂。

(2) 用去离子水淋洗交换柱中游离的 Cl^-,直至流出液用 $AgNO_3$ 溶液检验无 Cl^- 时为止(可以做空白实验以对照)。

(3) 称取 0.25 g(称准至 0.1 mg)$K_3Fe(C_2O_4)_3 \cdot 3H_2O$ 晶体,置于小烧杯中,加入 10~15 mL 去离子水溶解,将溶液全部转移至交换柱内,松开交换柱下端螺旋夹,使交换柱内溶液以约 2 mL/min 的速度流入一干净的 100 mL 容量瓶中。用 5 mL 去离子水洗涤烧杯,当柱内液面下降到接近树脂面时,将洗涤液转入交换柱中,进行淋洗。如此重复 2~3 次后,可直接用去离子水淋洗交换柱,注意每次用水量应在 5 mL 左右,不可过多。待收集液达 60~70 mL 时,取少量流出液用 $AgNO_3$ 溶液检测[可与步骤(2)中的检测液比较]。当检验无 Cl^- 时即可停止淋洗,往容量瓶中加入去离子水至刻度,摇匀。

(4) 准确移取 25.00 mL 步骤(3)中的溶液于 250 mL 锥形瓶中,加入 1 mL 5% K_2CrO_4 溶液作指示剂,用 0.1 mol/L $AgNO_3$ 标准溶液滴定至出现淡红色沉淀且不消失为止,记录消耗的 $AgNO_3$ 标准溶液的体积。

(5) 计算 $K_3Fe(C_2O_4)_3 \cdot 3H_2O$ 中阴离子的电荷数。

【预习思考题】

1. 在测定 $K_3Fe(C_2O_4)_3 \cdot 3H_2O$ 中酸根离子电荷数时,如果晶体试样不干燥,或者有部分见光分解,将会对结果有何影响?

2. 通过 $Fe(CN)_6^{3-}$、$Fe(CN)_6^{4-}$ 和 $Co(NH_3)_6^{3+}$、$Co(NH_3)_6^{2+}$ 的稳定常数,判断它们是否都能利用离子交换法测定其相应的电荷数?

实验 3.44 铬(Ⅲ)和草酸根($C_2O_4^{2-}$)的三种配合物的制备及性质

(一) 安全提示

铬盐有毒,请将含铬的废液及沉淀倒入指定回收桶。

乙醇是易燃物品,使用时应注意避开明火。

(二) 目的要求

分别制备一定量的 $K_3[Cr(C_2O_4)_3] \cdot 3H_2O$、顺式 $K[Cr(C_2O_4)_2(H_2O)_2] \cdot 2H_2O$ 和反式 $K[Cr(C_2O_4)_2(H_2O)_2] \cdot 3H_2O$,并比较它们的制备方法和性质。

(三) 原 理

$K_2Cr_2O_7$ 和 $H_2C_2O_4 \cdot 2H_2O$ 发生氧化还原反应,随反应条件及 $C_2O_4^{2-}$ 溶液不同,可以生成不同的配合物: $K_3[Cr(C_2O_4)_3] \cdot 3H_2O$、顺式 $K[Cr(C_2O_4)_2(H_2O)_2] \cdot 2H_2O$ 和反式 $K[Cr(C_2O_4)_2(H_2O)_2] \cdot 3H_2O$。

$$K_2Cr_2O_7 + 7H_2C_2O_4 + 2K_2C_2O_4 = 2K_3[Cr(C_2O_4)_3] \cdot 3H_2O + 6CO_2\uparrow + H_2O$$

$$K_2Cr_2O_7 + 7H_2C_2O_4 \cdot 2H_2O = 2K[Cr(C_2O_4)_2(H_2O)_2] \cdot 2H_2O + 6CO_2\uparrow + 13H_2O$$

$$K_2Cr_2O_7 + 7H_2C_2O_4 + 3H_2O = 2K[Cr(C_2O_4)_2(H_2O)_2] \cdot 3H_2O + 6CO_2\uparrow$$

$K_3[Cr(C_2O_4)_3] \cdot 3H_2O$ 是蓝绿色晶体,其水溶液能和 $BaCl_2$ 发生沉淀反应;顺式 $K[Cr(C_2O_4)_2(H_2O)_2] \cdot 2H_2O$ 和反式 $K[Cr(C_2O_4)_2(H_2O)_2] \cdot 3H_2O$ 分别为紫黑色和玫瑰紫色,它们的水溶液都不能和 $BaCl_2$ 发生沉淀反应。

在水溶液中,顺、反式盐共存并达平衡。温度升高有利于生成顺式盐。反式盐的溶解度比顺式盐小得多,因此在温度较低、溶液不太浓的情况下,首先结晶析出的是反式盐。较纯顺式盐的制备,要求温度稍高,制备时应避免带入大量水分。它们与稀 $NH_3 \cdot H_2O$ 反应,分别生成深绿色、可溶于水的顺式二草酸羟基水合铬(Ⅲ)离子和浅棕色、不溶于水的反式二草酸羟基水合铬(Ⅲ)离子,利用这一性质,可以检验两种异构体的纯度。

(四) 实验内容

1. $K_3[Cr(C_2O_4)_3] \cdot 3H_2O$ 的制备

在 200 mL 烧杯中加入 3 g $H_2C_2O_4 \cdot 2H_2O$ 和 7 mL 去离子水,搅拌使草酸晶体溶解(可适当加热),然后慢慢加入 1 g 研细的 $K_2Cr_2O_7$ 固体粉末,边加边搅拌(反应激烈,注意安全),待反应平息后,将溶液加热至微沸,再加入 1.2 g $H_2C_2O_4 \cdot H_2O$,搅拌使其溶解。将溶液冷却至室温,加入 2 mL 无水乙醇,放置,令其结晶,过滤,然后用 10 mL 无水乙醇分两次洗涤产品并抽干,称量并计算产率。

2. 顺式 $K[Cr(C_2O_4)_2(H_2O)_2]\cdot 2H_2O$ 的制备

称取 1 g $K_2Cr_2O_7$ 和 3 g $H_2C_2O_4\cdot 2H_2O$,分别在研钵中研细,然后把两者混匀,放入干燥的蒸发皿中并堆成锥状,用玻璃棒在"锥体"中央捅一个小坑,滴入 1 滴去离子水于小坑内,用表面皿盖住蒸发皿,在短期诱导后开始反应并一下子变得很激烈,放出 H_2O 和 CO_2。待反应平息后,往蒸发皿中加入 5 mL 无水乙醇,搅拌混合物直到产物成小颗粒结晶状固体。如产物凝固缓慢,可再加入 5 mL 无水乙醇继续搅拌。减压过滤,抽干产品,称量并计算产率。

3. 反式 $K[Cr(C_2O_4)_2(H_2O)_2]\cdot 3H_2O$ 的制备

在 200 mL 烧杯中加入 4.5 g $H_2C_2O_4\cdot 2H_2O$ 和 15 mL 去离子水,搅拌使草酸晶体溶解(可适当加热),趁热慢慢加入 1.5 g 研细的 $K_2Cr_2O_7$ 固体粉末,边加边搅拌(反应激烈,注意安全),待反应平息后,蒸发溶液至原体积的一半,随后令其在室温下自然蒸发至原体积的 1/3,得到玫瑰紫色晶体(注意:过度的蒸发浓缩可能会导致生成顺式 $K[Cr(C_2O_4)_2(H_2O)_2]\cdot 2H_2O$)。减压过滤,用少量冷的去离子水洗涤产品 3 次,再用 10 mL 无水乙醇分两次洗涤产品并抽干,称量并计算产率。

4. 三种配合物的性质比较

(1) 在 3 支小试管中,分别加入 3 种配合物及少量去离子水配成溶液,然后分别滴加 $BaCl_2$ 溶液,观察并记录实验现象。

(2) 试验顺、反异构体的纯度:分别放几颗顺、反式盐小晶粒于滤纸上,在晶粒上滴 1 滴稀 $NH_3\cdot H_2O$,观察并记录实验现象。通过对实验现象的比较说明顺、反异构体的纯度。

【选做实验】

1. 请自己设计方案,测定 3 种异构体的组成及阴离子的电荷数。

2. 测定本实验中顺、反式盐的吸收光谱:分别配制浓度为 3 g/L 的顺、反式盐溶液(反式盐用冰水配制)。用分光光度计在 300～600 nm 之间测定不同波长时顺、反式盐的吸光度,作出它们的吸收光谱并比较之。

【预习思考题】

1. 在制备 Cr(Ⅲ)和 $C_2O_4^{2-}$ 的 3 种配合物中,$C_2O_4^{2-}$ 起了什么作用?
2. $K_3[Cr(C_2O_4)_3]\cdot 3H_2O$ 水溶液和 $BaCl_2$ 反应的产物是什么?
3. 制取顺式 $K[Cr(C_2O_4)_2(H_2O)_2]\cdot 2H_2O$ 时,为什么要尽量避免水溶液生成?
4. 制取反式 $K[Cr(C_2O_4)_2(H_2O)_2]\cdot 3H_2O$ 时,为什么不能使溶液过度蒸发浓缩?
5. 实验中配制反式 $K[Cr(C_2O_4)_2(H_2O)_2]\cdot 3H_2O$ 溶液时,为什么要用冰水?

实验 3.45 含铬(Ⅵ)废液的处理

(一) 安全提示

铬盐有毒,请将含铬的废液及沉淀倒入指定回收桶。

(二) 目的要求

(1) 了解含铬废液的处理方法。

(2) 学习使用分光光度计。

(三) 原理

铬(Ⅵ)化合物对人体的毒害很大,能引起皮肤溃疡、贫血、肾炎及神经炎。所以,铬的工业废水必须经过处理达到排放标准才可排放。

Cr(Ⅲ)的毒性远比 Cr(Ⅵ)小,所以可用硫酸亚铁石灰法来处理含铬废液,使 Cr(Ⅵ)转化成 $Cr(OH)_3$ 难溶物除去。

Cr(Ⅵ)与二苯碳酰二肼作用生成紫红色配合物,可进行比色测定,确定溶液中 Cr(Ⅵ)的含量。Hg(Ⅰ、Ⅱ)也与上述试剂生成紫色化合物,但在本实验的酸度下不灵敏。Fe(Ⅲ)浓度超过 1 mg/L 时,能与上述试剂生成黄色溶液,后者可用 H_3PO_4 掩蔽。因此,在本实验条件下,用二苯碳酰二肼显色反应对 Cr(Ⅵ)进行测定是可行的。

(四) 实验内容

(1) 在含 Cr(Ⅵ)废液中逐滴加入 H_2SO_4 使溶液呈酸性,然后加入 $FeSO_4 \cdot 7H_2O$ 固体。$FeSO_4 \cdot 7H_2O$ 的加入量可视溶液中 Cr(Ⅵ)的含量而定,可以在正式实验前取少量溶液进行试验。充分搅拌上述溶液,使溶液中的 Cr(Ⅵ)转变成 Cr(Ⅲ)。加入 CaO 或 NaOH 固体,将溶液的 pH 调至 9 左右,此时 $Cr(OH)_3$ 和 $Fe(OH)_3$ 沉淀,可过滤除去。

(2) 在碱性条件下,向除去 $Cr(OH)_3$ 的滤液中加入 H_2O_2,使溶液中残留的 Cr^{3+} 转变成 Cr(Ⅵ)。然后除去过量的 H_2O_2。

(3) 配制 Cr(Ⅵ)标准溶液:用移液管准确量取 10 mL Cr(Ⅵ)储备液[此储备液 1 mL 含 Cr(Ⅵ)0.100 mg]放入 1000 mL 容量瓶中,用去离子水稀释至刻度,摇匀备用。

用吸量管或移液管分别量取 1.0,2.0,4.0,6.0,8.0,10.0 mL 上面配好的 Cr(Ⅵ)标准溶液,放入 6 个 25 mL 比色管中,冲稀至刻度。用移液管量取 25 mL 步骤(2)得到的溶液放入另一比色管中。

分别往上面 7 份溶液中加入 5 滴 1∶1 H_3PO_4 溶液和 5 滴 1∶1 H_2SO_4 溶液,摇匀后再分别加入 1.5 mL 二苯碳酰二肼溶液，再摇匀。用 722 型分光光度计在波长 540 nm 处、以 2 cm 比色皿测定各溶液的吸光度。

(五) 数据记录及结果处理

溶液编号	1	2	3	4	5	6	含铬废液
标准溶液体积 V/mL	1.0	2.0	4.0	6.0	8.0	10.0	25.0
吸光度 A							

(1) 绘制 V-A 标准曲线。作吸光度-标准溶液中 Cr(Ⅵ)含量(μg)图。

(2) 从曲线中查出含铬废液中 Cr(Ⅵ)的含量(μg)。

(3) 求算废液中 Cr(Ⅵ)的含量，以 μg/mL 表示。

【预习思考题】

1. 在"实验内容(1)"中，加入 CaO 或 NaOH 固体后，首先生成的是什么沉淀？

2. 在"实验内容(2)"中，为什么要除去过量的 H_2O_2？

实验 3.46 糖精钴的制备和化学式的测定

(一) 安全提示

电磁搅拌加热时温度大于 300℃,使用时应避免接触热台。取用热的物品应戴棉线手套或加垫毛巾,以防烫伤。

(二) 实验目的

(1) 训练无机制备中基本操作的综合运用,制备配位化合物糖精钴。

(2) 学习通过络合滴定法确定配合物中金属离子的含量,进而确定配合物的摩尔质量及化学式。

(3) 强化对晶体生长、配合物生成、误差分析等化学基本原理的理解。

(三) 原 理

人们一直试图用人工合成甜味剂如糖精(saccharin)、阿斯巴甜糖(aspartame)来取代添加在食品中的天然糖类,以减少随饮食带来的热量摄入。糖精于 1879 年被发现,它的甜度为蔗糖的 300 多倍,曾被广泛添加于饮料和其他各类食品。糖精本身并不溶于水,使用时往往都是用它的钠盐或钙盐。它在人体中无法代谢,且没有任何食用价值。直到 1957 年,有研究通过动物实验发现,糖精有可能引发膀胱癌,该化合物遂被限制使用。随后,有关糖精对人体代谢影响的研究层出不穷,人体必需金属元素与糖精的相互作用备受关注。但直到目前为止,食用糖精是否安全仍无定论。我国现行压减糖精使用的政策,并规定不允许添加在婴儿食品中。

钴是人体必需的元素,在代谢中起着重要的作用。钴(Ⅱ)易于形成配合物,常见配位数为 6(八面体构型)和 4(四面体构型)。八面体的钴(Ⅱ)配合物溶液通常为粉红色,如 $Co[(H_2O)_6]^{2+}$。四面体构型的钴(Ⅱ)配合物溶液通常为蓝紫色,如 $CoCl_2$ 溶于浓盐酸,生成深蓝色的 $[CoCl_4]^{2-}$。

糖精是邻磺酰苯甲酰亚胺,其化学结构为如下图所示,化学式为 $C_7H_5NO_3S$。它的钠盐 $NaSac \cdot 2H_2O$ 溶于水后电离,分子中的 N 可以提供一对孤对电子,与金属离子形成配合物。

O NH S O O

糖精钠和 $CoCl_2 \cdot 6H_2O$ 在溶液中反应生成一种化学通式为 CoA_mB_n(A、B 为配体,其中部分 B 处于外界)的水溶性配合物——糖精钴。根据该化合物在冷水中溶解度较小,在热水中溶解度较大的性质,通过控制冷却其浓溶液,可获得结晶良好的糖精钴晶体。因为 EDTA 和金属离子可以生成摩尔比等于 1∶1 的配合物,通过 EDTA 滴定,可准确测定糖精钴样品中 Co 的含量，由此计算该配合物的摩尔质量，进而推测其化学式。

(四) 实验内容

1. 糖精钴的制备

(1) 称取 0.9～1.0 g $CoCl_2 \cdot 6H_2O$ 固体至烧杯中，加入 18 mL 去离子水，在电磁搅拌器上搅拌、溶解，并加热至近沸。

(2) 另称取 2.5～2.6 g $NaSac \cdot 2H_2O$ 至烧杯中，加 10 mL 去离子水，加热、搅拌，使其溶解。

(3) 将 NaSac 溶液较快地滴加到近沸的 $CoCl_2$ 溶液中，得到粉红色透明溶液。继续加热 1～2 分钟后停止加热，将烧杯从电磁搅拌器上取下，取出磁子，让溶液静置结晶。注意：此过程中将缓慢析出晶体，为保证良好的实验结果，在结晶全过程中不要破坏溶液的自然结晶过程。

(4) 有结晶析出后，将烧杯放入冰水浴中继续冷却。待大部分晶体析出，溶液颜色接近无色后，用倾析法小心将母液弃去。

(5) 用 5 mL 冷的 1% NaSac 溶液(自配，下同)洗涤烧杯中的晶体，洗涤液用倾析法弃去，用玻璃砂漏斗减压过滤晶体。再用 15 mL 冷的 1% NaSac 溶液分次洗涤晶体，之后用 20 mL 冷的去离子水分次洗涤晶体，直至滤液中无 Cl^-(用 $AgNO_3$ 溶液检验滤液中的 Cl^-)。最后用 3～5 mL 丙酮分两次洗涤晶体，减压抽干后，将晶体转移到表面皿上，在空气中晾干。

(6) 晶体恒重后(约 10～15 分钟)，将晶体转移到称量瓶中称量，计算产率。

2. 糖精钴化学式的测定

用万分之一电子天平准确称取 3 份 0.15～0.20 g 糖精钴样品，分别置于 3 个锥形瓶中。加入 80 mL 去离子水，在电热板或热水浴上加热，待样品溶解完全后，加入 10 mL pH=5.4 的六次甲基四胺缓冲溶液、4～5 滴二甲酚橙指示剂。在 50～60℃下用 EDTA 标准溶液滴定样品溶液由紫红色变成黄色，即为终点。

计算样品中钴的含量(n_{Co})，并计算糖精钴的摩尔质量(M_{CoSac})。

【预习思考题】

1. 洗涤糖精钴产品时为什么要用冰水冷却的溶液？用丙酮洗涤的目的是什么？
2. 在测定糖精钴中钴的含量时称取 0.15～0.20 g 样品是否过多？为什么要这样做？

【课后问题】

1. 请推算糖精钴的化学式，并写出糖精钠和氯化钴反应生成糖精钴的化学反应方程式。
2. 请推测糖精钴可能的结构式。
3. 请根据本实验说明影响晶体生长颗粒大小的因素有哪些？该如何控制？

附 录

附录Ⅰ 水溶液中常见离子的分离和检出

水溶液中离子的分离和检出是以各离子对于试剂的不同反应为依据的。这种反应常伴有特殊的现象,如沉淀的生成或溶解,特征颜色的出现,气体的产生等等。各离子对试剂作用的相似性和差异性就构成了离子分离方法与检出方法的基础。也就是说,离子的基本性质是进行分离检出的基础。显然,掌握分离检出的方法就有助于熟悉离子的基本性质。

此外,用于分离、检出的反应只有在一定条件下才能进行。这里的条件主要是指溶液的酸度、反应物的浓度、反应温度,以及能促进或妨碍此反应的物质是否存在等。为了使反应向我们期望的方向进行,就必须选择适当的反应条件。为此,除了要熟悉离子的有关性质外,还要会运用酸碱、沉淀、氧化还原、配位等化学平衡的规律控制反应条件。所以,学习离子分离条件和检出条件的选择与确定,既有利于熟悉离子性质,又有利于加深对各类离子平衡的理解。

(一) 与离子的分离检出有关的基本概念

1. 分别分析与系统分析

在多种离子共存时,不需要经过分离而直接检出离子的方法称为分别分析法。理想的分别分析法需要特效试剂或创造一种条件,在此条件下,所采用的试剂仅和一种离子发生作用。

对于组成较复杂的试样,要求对其中每种离子都进行检出时,如用分别分析法一一检出各离子,显然是困难的。这时可采用系统分析法。在系统分析法中,首先用几种组试剂将溶液中性质相近的离子分成若干组,然后在每一组中用适当的反应检出某种离子,也可以在各组内进一步分离和检出。

所谓“组试剂”,一般是指能将几种离子同时沉淀出来而与其他离子分开的试剂。理想的组试剂应能满足以下要求:① 归在一组的离子不要太多,免得沉淀太多,造成洗涤与分离困难;② 组与组之间分离要清楚,该沉淀的本组离子要沉淀完全,别组的离子不要混入本组;③ 反应要迅速,生成的沉淀容易分离与洗涤;④ 最好是易挥发的物质,不需要时容易除去。当把某种组试剂加入待测溶液后,未发生反应,表明在溶液中该组离子都不存在,就可不必费时去检出它们了。这种方法通常称为消除法,经过若干初步试验“消除”一些离子以后,可以拟定最简便的分析方法,从而大大简化整个分析过程。

2. 反应的灵敏度和选择性

每一种离子都有很多定性反应,在做离子的检出时,选择什么反应主要是从两个方面来考虑的,即反应的灵敏度和选择性。

(1) **反应的灵敏度** 反应的灵敏度可以用“检出限量”或“限界稀度”来表示。“检出限量”是指用某一反应可以检出的某种离子的最小量,通常用微克(μg)表示。“限界稀度”是指在所选定的反应条件下,待检出离子还能产生肯定反应的最低浓度,用 10^{-6}(以前使用 ppm)表示。检出限量越小,限界稀度越低,则反应的灵敏度越高。

反应的灵敏度可以用逐步降低检出物质浓度的方法试验得到。例如,用 K_2CrO_4 检出 Pb^{2+}:

$$Pb^{2+} + CrO_4^{2-} \longrightarrow PbCrO_4 \downarrow (\text{黄色})$$

配制一种 1000 g 水中含 1 g Pb^{2+} 的溶液,该溶液的浓度是 1∶1000。取 1 小滴(0.03 mL)这种溶液,加入 1 小滴 K_2CrO_4 溶液,立即生成黄色沉淀。然后再取一份配制的溶液,用水稀释 9 倍,这时溶液的浓度是 1∶10000。取此溶液 1 滴,加 1 滴 K_2CrO_4 溶液,也得到黄色沉淀。继续稀释下去,一直将溶液稀释到 1∶200000 时,加 K_2CrO_4 溶液还能勉强看出浑浊;如再稀释,就不能得到肯定的结果了。所以,该反应的灵敏度可以表示如下(由于溶液很稀,1 mL 溶液按 1 g 计):

检出限量为

$$1 : 200000 = m : 0.03$$

$$m = 1.5 \times 10^{-7}\,\text{g} = 0.15\,\mu\text{g}$$

限界稀度为

$$x = 1 : 200000 = 5 \times 10^{-6} (\text{即 } 5\,\mu\text{g/g})$$

对于同一离子,不同的检出反应具有不同的灵敏度,表Ⅰ.1列出了两种检出 Cu^{2+} 的反应的灵敏度(取 Cu^{2+} 溶液均为 0.05 mL)。

表Ⅰ.1 两种检出 Cu^{2+} 的反应的灵敏度

试 剂	反应产物及其颜色	检出限量/μg	限界稀度/(1×10^{-6})
$NH_3 \cdot H_2O$	$Cu(NH_3)_4^{2+}$ 蓝色	0.2	4
$K_4Fe(CN)_6$	$Cu_2Fe(CN)_6$ 红褐色	0.02	0.4

如不指明试液的体积时,反应的灵敏度通常同时用“检出限量”(绝对量)和“限界稀度”(相对量)来表示,只用一种方式来表示是不全面的。因为,尽管存在量足够,但溶液太稀时就达不到“限界稀度”,反应不会发生,或者观察不到反应产物。另一方面,试液溶液虽达到“限界稀度”,如果试液取样太少,其中被检离子含量达不到“检出限量”,也难以觉察到反应的发生。

(2) **反应的选择性** 如果一种试剂只能与少数几种离子发生反应产生类似现象,则该反应称为选择性反应,所用试剂称为选择性试剂。发生某一选择性反应的离子数目越少,则此反应的选择性越高。如果一种试剂只对一种离子有特殊现象,其他离子的存在不妨碍这种离子的检出,则这种反应称为特效反应,所用试剂称为特效试剂。

为了提高反应的选择性,一方面是寻求特效试剂,另一方面是创造使干扰物质的反应不能发生的条件。最常用的办法是通过配合物的形成、溶液酸度的控制或氧化还原反应的发生来降低干扰离子的浓度。例如,用 NH_4SCN 检出 Co^{2+} 时,SCN^- 与 Co^{2+} 将形成天蓝色的 $Co(SCN)_4^{2-}$。如果试液中同时存在 Fe^{3+},则 Fe^{3+} 会与 SCN^- 形成血红色的 $Fe(NCS)^{2+}$,掩盖了 $Co(SCN)_4^{2-}$ 的蓝色,从而干扰 Co^{2+} 的检出。为了消除 Fe^{3+} 对 Co^{2+} 检出的干扰,加入足量的 NH_4F 固体,由于 F^- 能与 Fe^{3+} 形成更稳定的、无色的 FeF_3,而使溶液中 Fe^{3+} 的浓度降至不能产生明显的红色,从而消除了 Fe^{3+} 的干扰,提高了用 SCN^- 检出 Co^{2+} 反应的选择性。

3. 空白实验和对照实验

用去离子水代替试液用同样的方法进行试验,称为空白实验。空白实验用于检查试剂或去离子水中是否含有被检验的离子。

用已知溶液代替试液,用同样的方法进行试验,称为对照实验。对照实验用于检查试剂是否失效或反应条件是否控制正确。

(二) 常见阳离子的分离和检出

本书正文部分列入了分离检出阳离子的若干实验。实验所用的方法基本上是根据硫化氢系统分析法拟定的。这里对硫化氢系统分析法的有关问题作一简单介绍。

硫化氢系统分析法是以硫化物溶解度的不同为基础的。它用 4 种组试剂把常见的阳离子分为 5 个组。硫化氢系统分析法一般包括 23 种阳离子,本书所做离子检出的实验只包括最常见的、较简单的 18 种阳离子,即 Ag^+、Pb^{2+}、Cu^{2+}、Hg^{2+}、Bi^{3+}、Fe^{3+}、Co^{2+}、Ni^{2+}、Mn^{2+}、Al^{3+}、Cr^{3+}、Zn^{2+}、Ba^{2+}、Ca^{2+}、Mg^{2+}、Na^+、K^+、NH_4^+。这些阳离子的分组情况及所用组试剂列于表Ⅰ.2 中。

硫化氢系统分析的过程是:在含有阳离子的酸性溶液中加 HCl,Ag^+、Pb^{2+} 形成氯化物沉淀,叫盐酸组;分离沉淀后所得清液调至 HCl 浓度为 0.3 mol/L,通入 H_2S 或加入硫代乙酰胺,Hg^{2+}、Cu^{2+}、Bi^{3+}、Pb^{2+} 形成硫化物沉淀,叫硫化氢组;在分离沉淀后所得清液中加氨水至呈碱性(NH_4Cl 存在下),通入 H_2S 或加入硫代乙酰胺,Fe^{3+}、Co^{2+}、Ni^{2+}、Mn^{2+}、Zn^{2+} 成硫化物,Al^{3+}、Cr^{3+} 成氢氧化物沉淀出来,叫硫化铵组;在分离沉淀后所得清液中加 $(NH_4)_2CO_3$,Ba^{2+} 和 Ca^{2+} 成碳酸盐沉淀出来,叫碳酸铵组;剩下的 Mg^{2+}、Na^+、K^+、NH_4^+ 不被上述任何组试剂所沉淀,留在溶液中,叫易溶组。这一分析过程示于图Ⅰ.1。

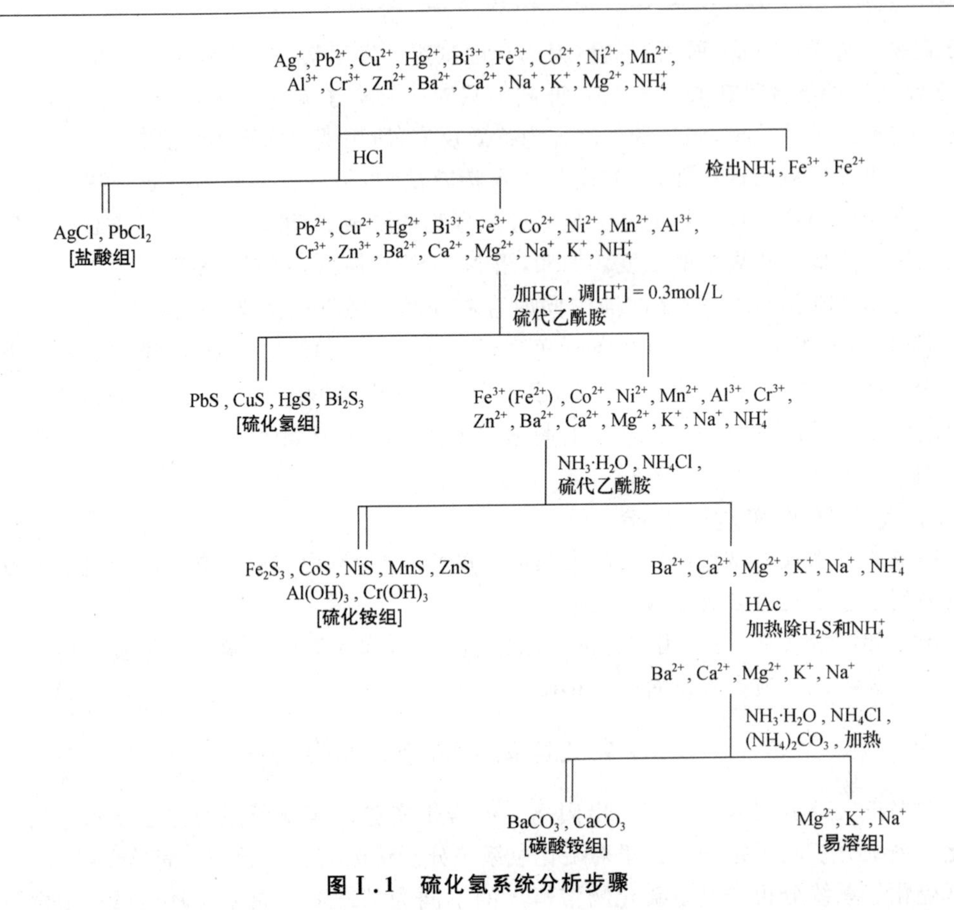

图Ⅰ.1 硫化氢系统分析步骤

表Ⅰ.2 阳离子的分析分组

分组根据的性质	硫化物不溶于水			硫化物溶于水	
	硫化物不溶于稀酸		硫化物溶于稀酸	碳酸盐不溶于水	碳酸盐溶于水
	氯化物不溶于水	氯化物溶于水			
包括的离子	Ag^+ Pb^{2+}[a]	Cu^{2+} Hg^{2+} Bi^{3+} Pb^{2+}	$Fe^{3+}(Fe^{2+})$ Co^{2+}、Al^{3+} Ni^{2+}、Cr^{3+} Mn^{2+}、Zn^{2+}	Ba^{2+} Ca^{2+}	K^+ Na^+ Mg^{2+} NH_4^+[b]
分组名称	盐酸组	硫化氢组	硫化铵组	碳酸铵组	易溶组
组试剂	HCl	0.3 mol/L $HCl+H_2S$	$NH_3 \cdot H_2O$ $+NH_4Cl$ $+H_2S$	$NH_3 \cdot H_2O$ $+NH_4Cl$ $+(NH_4)_2CO_3$	—

[a] $PbCl_2$ 的溶解度较大,沉淀不完全。

[b] 系统分析时加入了铵盐,故应另取原样检测 NH_4^+。

分成 5 个组后，再利用组内离子性质的差异性，用各种试剂和方法一一进行检出。

下面分别介绍各组离子的性质、分离条件及离子检出反应。为了与元素的周期分族相对应，我们分别把盐酸组与硫化氢组、易溶组与碳酸铵组放在一起介绍。

1. 盐酸组和硫化氢组阳离子的分离和检出

这两个组包括 Ag^+、Pb^{2+}、Cu^{2+}、Hg^{2+}、Bi^{3+} 等 5 种离子。由于 ZnS 的溶度积较大，要在 pH>2 时才能生成硫化物沉淀，所以 Zn^{2+} 属硫化铵组，但由于 Zn 在周期表中与 Ag、Cu、Hg 同属 ds 区，我们把它放在这里一起讨论。

(1) **离子的性质**

这两个组的离子形成的一些难溶化合物的溶度积常数列于表Ⅰ.3。

表Ⅰ.3　一些离子难溶化合物的溶度积常数

	Ag^+	Pb^{2+}	Hg^{2+}	Cu^{2+}	Bi^{3+}	Zn^{2+}
Cl^-	1.8×10^{-10}	1.6×10^{-5}	—	—	—	—
SO_4^{2-}	1.4×10^{-5}	1.6×10^{-8}	—	—	—	—
OH^-	2.0×10^{-8}	1.2×10^{-15}	3.0×10^{-26}	2.2×10^{-20}	4×10^{-31}	1.2×10^{-17}
S^{2-}	6.3×10^{-50}	8.0×10^{-28}	1.6×10^{-52}	6.3×10^{-36}	1×10^{-97}	2.5×10^{-22}

这些难溶化合物属于不同类型，不能用溶度积的数据直接比较其溶解度的大小，但从它们的数量级还是可以看出其硫化物、氢氧化物间溶解度的差别的。

● **氧化物和氢氧化物**　由表Ⅰ.3 可知，这两个组的离子的氢氧化物都难溶于水，在这些离子的溶液中加入强碱都生成氢氧化物沉淀。这些沉淀中除 $Cu(OH)_2$ 是蓝色外，其余皆为白色。其中 Ag、Hg 的氢氧化物不稳定，立即分解为褐色的 Ag_2O、黄色的 HgO；$Pb(OH)_2$ 和 $Zn(OH)_2$ 有明显的两性，可溶于过量的碱生成相应的羟配离子：

$$Pb(OH)_2+OH^- = Pb(OH)_3^-$$

$$Zn(OH)_2+2OH^- = Zn(OH)_4^{2-}$$

如用氨水和这些离子反应，开始时都生成氢氧化物沉淀（$HgCl_2$ 生成白色 $HgNH_2Cl$ 沉淀）。加入过量氨水后，Cu、Ag、Zn 的氢氧化物生成氨合离子而溶解：$Cu(NH_3)_4^{2+}$ 深蓝色，$Ag(NH_3)_2^+$、$Zn(NH_3)_4^{2+}$ 无色。

● **硫化物**　这两组离子的硫化物在所有的难溶盐中是溶解度最小的，而彼此间又相差很多，这对于利用硫化物的沉淀或溶解来分离这些离子都是有利的。它们都可以从酸性溶液中沉淀出来，并且带有颜色（硫化物中只有 ZnS 是白色的）。

Ag_2S	PbS	HgS	CuS	Bi_2S_3	ZnS
黑	黑	黑	黑	黑褐	白

由于溶度积的不同，其溶解性质也有差异。ZnS 可溶于 2 mol/L HCl 溶液中，Ag_2S、CuS、Bi_2S_3 可溶于热 HNO_3 溶液中，HgS 则只溶于王水中。

● **配合物** 这两个组的离子不少是副族元素,可生成多种配合物,如在盐酸或氯化物溶液中,能形成稳定性大小不同的氯配离子。因而 Cl^- 的存在会在不同程度上影响有关离子的浓度,造成分离与检出时的困难。此外,还能形成 $Ag(NH_3)_2^+$、$Cu(NH_3)_4^{2+}$、$Pb(Ac)_3^-$ 等配离子,对分离与检出提供了有利条件。

(2) **离子的沉淀条件**

由上述可知,在酸性溶液中通入 H_2S,可使这两个组的离子都沉淀为硫化物而与硫化铵组等分离。而调节酸度时不能用 H_2SO_4 或 HNO_3,因为前者可使 Ba^{2+}、Ca^{2+} 沉淀,后者能氧化 S^{2-}。所以只能用 HCl,这就导致了 AgCl、$PbCl_2$ 的沉淀,使这两种离子成为盐酸组。

在盐酸组沉淀时,AgCl 是可以沉淀完全的,而 $PbCl_2$ 由于溶解度较大(见表Ⅰ.4),则很难沉淀完全,就是加大 Cl^- 的浓度也无济于事。最后残留在母液中的 Pb^{2+} 的量还是较大的,可以在硫化氢组内找到。况且 Cl^- 浓度太大还会形成配离子 $AgCl_2^-$、$PbCl_3^-$,反而都沉淀不完全。所以,盐酸组的沉淀条件是:在酸性溶液中加入适当过量的 HCl。

表Ⅰ.4 AgCl、$PbCl_2$ 的溶解度(g/100 g H_2O)

	AgCl	$PbCl_2$
20℃	0.00015	0.99
100℃	0.02	3.34

由于硫化铵组的离子在一定条件下也能生成硫化物沉淀,所以分离硫化氢组时关键的条件是控制适当的 S^{2-} 浓度。

$$H_2S \rightleftharpoons H^+ + HS^- \quad K_1 = 1.1\times10^{-7}$$

$$HS^- \rightleftharpoons H^+ + S^{2-} \quad K_2 = 1.3\times10^{-13}$$

$$H_2S \rightleftharpoons 2H^+ + S^{2-} \quad K = K_1K_2 = 1.4\times10^{-20}$$

$$\frac{[H^+]^2[S^{2-}]}{[H_2S]} = K_1K_2 = 1.4\times10^{-20}$$

H_2S 饱和溶液中,$[H_2S]\approx0.1$ mol/L,则

$$[H^+]^2[S^{2-}] = 1.4\times10^{-21}$$

上式表明,在酸性或弱酸性的 H_2S 饱和溶液中,S^{2-} 浓度与 H^+ 浓度的平方成反比,因此改变 H^+ 浓度,可以使 S^{2-} 浓度在很大范围里变化。各种硫化物沉淀完全时所需的 S^{2-} 浓度是不同的,因此允许的最高酸度也是不同的。利用上述公式及有关的溶度积常数,可以通过计算得出一个酸度范围,在此范围里,硫化氢组的离子都可沉淀完全,而硫化铵组离子都不会生成沉淀。但是,由于 Cl^- 的配位作用和离子强度的影响等,使得这样计算得出的数值与实验得出的数值不完全符合。实验得出的各种硫化物完全沉淀时所允许的最高盐酸浓度如表Ⅰ.5 所示。

表Ⅰ.5　部分硫化物完全沉淀时允许的最高 HCl 浓度

硫化物	HgS	CuS	Bi_2S_3	PbS	ZnS	CoS	MnS
$c(HCl)$ /$(mol \cdot L^{-1})$	7.5	7.0	2.5	0.35	2×10^{-3}	1×10^{-3}	8×10^{-5}

由表Ⅰ.5可知，控制溶液中 HCl 浓度为 0.3 mol/L 时，硫化氢组离子可沉淀完全，而硫化铵组离子不会沉淀。所以，硫化氢组的沉淀条件是：调节溶液 HCl 浓度为 0.3 mol/L，加入硫代乙酰胺并加热。

(3) **盐酸组离子的检出**

● **Pb^{2+}的检出与证实**　由于 $PbCl_2$ 在水中的溶解度随温度变化较大，所以用热水处理氯化物沉淀时，$PbCl_2$ 溶解，所得清液中有 Pb^{2+} 和 Cl^-。若 Pb^{2+} 量大，冷却后即有白色针状 $PbCl_2$ 晶体析出；若 Pb^{2+} 量不大或成过饱和溶液而无结晶析出时，可在 HAc 介质中用 K_2CrO_4 试剂检出 Pb^{2+}，生成 $PbCrO_4$ 黄色沉淀，此沉淀能溶于 NaOH，溶后再加 HAc，黄色沉淀又会析出，从而证实 Pb^{2+} 的存在(黄色的 $BaCrO_4$ 不溶于 NaOH)。

$$PbCrO_4 + 3OH^- = Pb(OH)_3^- + CrO_4^{2-}$$

$$Pb(OH)_3^- + CrO_4^{2-} + 3HAc = PbCrO_4\downarrow(\text{黄色}) + 3Ac^- + 3H_2O$$

● **Ag^+的检出**　用热水处理后的沉淀，再用氨水处理，则 AgCl 成氨合离子而溶解。溶解后的清液再用硝酸酸化，随着配体 NH_3 变为 NH_4^+，AgCl 又沉淀出来，表示有 Ag^+。

$$AgCl + 2NH_3 = Ag(NH_3)_2^+ + Cl^-$$

$$Ag(NH_3)_2^+ + Cl^- + 2H^+ = 2NH_4^+ + AgCl\downarrow$$

(4) **硫化氢组的分离和检出**

● **硫化氢组的沉淀**　盐酸组沉淀后，溶液中 H^+ 的浓度是不知道的，所以通常是先用氨水将溶液中和到近中性(用 pH 试纸检验)，再加入 2 mol/L HCl 溶液，所加 2 mol/L HCl 溶液的体积是中和到近中性时溶液体积的 1/6，这样得到的溶液中 HCl 浓度即为 0.3 mol/L。然后加入硫代乙酰胺溶液，将试液加热，这时硫代乙酰胺发生下列水解反应而均匀地产生 H_2S(加热还可防止胶体溶液的生成)，硫化物开始沉淀。

$$CH_3CSNH_2 + 2H_2O = CH_3COO^- + NH_4^+ + H_2S$$

$$Cu^{2+}(Pb^{2+}、Hg^{2+}、Bi^{3+}) + H_2S = CuS\downarrow(PbS、HgS、Bi_2S_3) + 2H^+$$

由上式可见，随着硫化物沉淀的生成，溶液中 H^+ 浓度增加，以至大于 0.3 mol/L，最后溶解度较大的 PbS 会因而沉淀不完全。所以，反应一段时间后，要将溶液适当稀释，再加热反应，使 Pb^{2+} 沉淀完全。

● **硫化氢组沉淀的溶解**　在所得黑色沉淀上加 6 mol/L HNO_3 溶液，加热，则 PbS、CuS、Bi_2S_3 溶解，离心分离。

$$3PbS + 2NO_3^- + 8H^+ = 3Pb^{2+} + 3S\downarrow + 2NO\uparrow + 4H_2O$$

$$3CuS + 2NO_3^- + 8H^+ = 3Cu^{2+} + 3S\downarrow + 2NO\uparrow + 4H_2O$$

$$Bi_2S_3+2NO_3^-+8H^+ = 2Bi^{3+}+3S\downarrow+2NO\uparrow+4H_2O$$

● **Hg^{2+}的检出** 在不溶于硝酸的残渣上加王水并加热,HgS溶解。

$$3HgS+2NO_3^-+12Cl^-+8H^+ = 3HgCl_4^{2-}+3S\downarrow+2NO\uparrow+4H_2O$$

HgS全部溶解后,再加热几分钟,以分解过量的王水,否则它将干扰Hg^{2+}的检出。

$$NO_3^-+3Cl^-+4H^+ = NOCl+Cl_2\uparrow+2H_2O$$

王水分解后,用$SnCl_2$试剂检出Hg^{2+}。

$$2HgCl_4^{2-}+SnCl_2 = Hg_2Cl_2\downarrow(白色)+SnCl_4+4Cl^-$$

$$Hg_2Cl_2+SnCl_2 = 2Hg\downarrow(黑色)+SnCl_4$$

● **Pb^{2+}的分离和检出** 利用Pb^{2+}和H_2SO_4产生$PbSO_4$白色沉淀的性质,可以在Cu^{2+}、Bi^{3+}、Pb^{2+}溶液中分离和鉴定Pb^{2+}。但是在溶解硫化物所得到的试液中,若硝酸的浓度太大,过多的H^+和NO_3^-都将妨碍$PbSO_4$的析出。

$$PbSO_4+H^++NO_3^- = PbNO_3^++HSO_4^-$$

所以,沉淀前要把过量的硝酸除去。利用H_2SO_4和HNO_3沸点的不同,在溶液中加入H_2SO_4,然后加热蒸发,先是H_2O蒸发,其次是HNO_3蒸发(HNO_3沸点120℃),等到有H_2SO_4分解的SO_3白烟冒出时(约250℃),HNO_3已基本上除净。冷却后加水稀释,即可得到白色$PbSO_4$沉淀。

为了进一步证实白色沉淀是$PbSO_4$而不是$BaSO_4$或$(BiO)_2SO_4$,用水洗去沾附在沉淀上的H_2SO_4,然后用3 mol/L NH_4Ac溶液处理沉淀,$PbSO_4$能溶于NH_4Ac生成配离子:

$$PbSO_4+3Ac^- = PbAc_3^-+SO_4^{2-}$$

再向溶解后的清液中加HAc和K_2CrO_4,生成黄色沉淀,证实Pb^{2+}的存在,即

$$PbAc_3^-+CrO_4^{2-} = PbCrO_4\downarrow(黄色)+3Ac^-$$

● **Bi^{3+}的分离和检出** 分离$PbSO_4$沉淀后的溶液中含有Bi^{3+}、Cu^{2+},向此溶液中加入氨水,生成$Bi(OH)_3$和$Cu(OH)_2$沉淀;加入过量氨水时,$Cu(OH)_2$溶解生成$Cu(NH_3)_4^{2+}$,从而与$Bi(OH)_3$分开。为了检出Bi^{3+},在分离出的白色沉淀上加新制备的$NaSn(OH)_3$溶液,$NaSn(OH)_3$是很强的还原剂,$Bi(OH)_3$立刻被还原成黑色的金属铋:

$$2Bi(OH)_3+3Sn(OH)_3^-+3OH^- = 2Bi\downarrow(黑色)+3Sn(OH)_6^{2-}$$

其他可被还原的物质如$Sb(OH)_2$及试剂本身分解都可能产生黑色沉淀,但这些反应都比较慢。因此,加入试剂$NaSn(OH)_3$立刻产生黑色沉淀才表示有Bi^{3+}存在。

● **Cu^{2+}的检出** 分离$Bi(OH)_3$以后的试液呈深蓝色已表明Cu^{2+}的存在,此颜色比较特征,一般不必再做其他检出反应。如果Cu^{2+}含量较少,蓝色不甚明显,可以用更灵敏的反应进行检出,即用HAc酸化溶液后,加入$K_4[Fe(CN)_6]$试剂,Cu^{2+}存在时即生成红褐色的$Cu_2[Fe(CN)_6]$沉淀(本组其他离子的亚铁氰化物都不干扰)。

$$Cu(NH_3)_4^{2+}+4HAc = Cu^{2+}+4NH_4^++4Ac^-$$

$$2Cu^{2+}+Fe(CN)_6^{4-} = Cu_2[Fe(CN)_6]\downarrow(红褐色)$$

● **Zn^{2+}的检出和证实**　Zn^{2+}不属于硫化氢组，在上述组沉淀条件下，Zn^{2+}不被沉淀而留在溶液中。如果进行系统分析，则在分离硫化氢组后在硫化铵组中检出Zn^{2+}。

如果只是硫化氢组离子和Zn^{2+}，则在分离硫化氢组沉淀后，加入水以适当降低溶液的酸度，这时，随着H^+浓度的减少，S^{2-}浓度加大，析出白色ZnS沉淀。产生白色硫化物是Zn^{2+}的特征反应。所以，若得到纯白色沉淀，一般不必再经证实。若沉淀不白或量甚少而不能肯定时，可将沉淀溶于稀HCl，煮沸除去H_2S，在清液中加$(NH_4)_2Hg(SCN)_4$，生成白色$ZnHg(SCN)_4$沉淀，即表示有Zn^{2+}。

2. 硫化铵组阳离子的分离和检出

本组包括Fe^{3+}、Co^{2+}、Ni^{2+}、Mn^{2+}、Al^{3+}、Cr^{3+}、Zn^{2+}等7种离子。

(1) 离子的性质

● **离子的颜色**　在常见元素的有色离子中，除Cu^{2+}外，其余的有色阳离子都包括在本组内。下面列出这些阳离子的水合离子和氯配离子的颜色：

Fe^{3+}	Fe^{2+}	Cr^{3+}	Mn^{2+}	Co^{2+}	Ni^{2+}	$FeCl^{2+}$	$CrCl^{2+}$	$CoCl_4^{2-}$
浅紫	浅绿	紫	浅粉红	粉红	苹果绿	黄	绿	蓝

离子的颜色是鉴定本组离子的重要依据之一。但是如果试液没有明显的颜色，并不能说明某些有色离子一定不存在，例如Co^{2+}的粉红色和Ni^{2+}的苹果绿色是互补色，在两者按一定比例混合时会显浅灰色，所以最后结论还是要依靠分析结果。

● **氢氧化物**　本组离子与碱作用形成下列氢氧化物沉淀：

$Al(OH)_3$	$Cr(OH)_3$	$Fe(OH)_3$	$Mn(OH)_2$	$Co(OH)_2$	$Ni(OH)_2$	$Zn(OH)_2$
白	灰绿	红褐	白	粉红	绿	白

若有Fe^{2+}时，起初与碱生成白色$Fe(OH)_2$，逐渐被空气氧化为深绿色中间化合物，最后变为红褐色$Fe(OH)_3$。此外，$Mn(OH)_2$较快地被氧化为褐色的$MnO(OH)_2$，而$Co(OH)_2$慢慢地变为深褐色的$Co(OH)_3$。

若有氧化剂存在时，例如加入H_2O_2，则立即生成对应的高氧化态化合物，甚至$Cr(OH)_4^-$也可被氧化为CrO_4^{2-}。所以，在碱性条件下易氧化成高氧化态是本组离子的特点之一。本组离子的氢氧化物都是难溶的，三价离子的氢氧化物的溶解度又比二价的要小得多。

Fe^{3+}、Al^{3+}、Cr^{3+}水解的倾向很大，它们的氢氧化物溶解度又极小。当它们和一些弱酸的盐，如Na_2CO_3、$(NH_4)_2S$相作用时，常常得到氢氧化物沉淀。

$$2Fe^{3+} + 3CO_3^{2-} + 3H_2O = 2Fe(OH)_3\downarrow + 3CO_2\uparrow$$

$$2Al^{3+} + 3S^{2-} + 6H_2O = 2Al(OH)_3\downarrow + 3H_2S\uparrow$$

$Al(OH)_3$、$Cr(OH)_3$、$Zn(OH)_2$是典型的两性氢氧化物，与过量碱作用可以溶解生成$Al(OH)_4^-$、$Cr(OH)_4^-$（亮绿色）和$Zn(OH)_4^{2-}$。但$Cr(OH)_4^-$不很稳定，遇热又能沉淀出

来,所以在分离时,要把 $Cr(OH)_4^-$ 氧化成 CrO_4^{2-},避免 $Cr(OH)_3$ 部分沉淀造成分离不清。

● **硫化物** 本组离子在氨性或弱酸性介质中可以生成硫化物沉淀:

FeS	Fe_2S_3	MnS	CoS	NiS	ZnS
黑	黑	浅粉色	黑	黑	白

它们的溶解度都较小。在氨性介质中,Al^{3+}、Cr^{3+} 生成氢氧化物而不生成硫化物。这些硫化物(氢氧化物)沉淀都能溶于强酸。

● **配合物** 本组元素多为过渡元素,所以它们能形成配离子的倾向很大。在本组分析中最重要的配离子是氨合离子,如 Zn^{2+} 形成 $Zn(NH_3)_4^{2+}$(无色)用于分析。

(2) **离子的沉淀条件**

本组的沉淀条件是在 NH_4Cl 存在下,用氨溶液调节 pH≈9,此时 Fe^{3+}、Al^{3+}、Cr^{3+} 形成氢氧化物沉淀,根据有无沉淀(或混浊)可以初步判断这 3 种离子是否存在。然后将溶液加热,在热溶液中加硫代乙酰胺,Zn^{2+}、Co^{2+}、Ni^{2+}、Mn^{2+} 生成硫化物沉淀,$Fe(OH)_3$ 转变为溶解度更小的 Fe_2S_3,Al^{3+} 和 Cr^{3+} 仍以氢氧化物形式存在于沉淀中。加热的目的是为了防止硫化物生成胶态沉淀而不易分离。

实验室中常用的氨溶液由于配制、存放日久,常吸收空气中的二氧化碳而部分地形成碳酸铵:

$$2NH_3 \cdot H_2O + CO_2 = (NH_4)_2CO_3 + H_2O$$

当试液变为氨性时,其中少量的 CO_3^{2-} 会使 Ba^{2+}、Ca^{2+} 过早地沉淀,导致碳酸组分析中现象不明显,甚至不能检出。因此,本组分析所用的氨溶液要经过蒸馏,除去其中所含的 CO_3^{2-},以保证不干扰后面组分的检出。

进行沉淀时,溶液的酸度不能太高,否则本组离子沉淀不完全;但酸度也不能太低,否则 Mg^{2+} 可能部分地生成 $Mg(OH)_2$ 沉淀,具有两性的 $Al(OH)_3$ 沉淀也会部分地溶解。所以,要加入 NH_4Cl 与 $NH_3 \cdot H_2O$ 组成缓冲体系来控制溶液的 pH。

生成的硫化物沉淀要用热的 NH_4NO_3 溶液洗涤,以防止硫化物沉淀形成胶体。洗好的沉淀溶解在稀硝酸中,进行离子的检出。

(3) **离子的分离和检出**

● **Fe^{3+}、Co^{2+}、Ni^{2+}、Mn^{2+} 与 Al^{3+}、Cr^{3+}、Zn^{2+} 的分离** 在可能含有 Fe^{3+}、Fe^{2+}、Co^{2+}、Ni^{2+}、Mn^{2+}、Al^{3+}、Cr^{3+}、Zn^{2+} 的试液中,加入过量 NaOH 使溶液呈强碱性,Fe^{3+}、Fe^{2+}、Co^{2+}、Ni^{2+}、Mn^{2+} 生成氢氧化物沉淀,Al^{3+}、Cr^{3+}、Zn^{2+} 变为酸根形式 $Al(OH)_4^-$、$Cr(OH)_4^-$、$Zn(OH)_4^{2-}$ 而转入溶液中。为了使分离彻底,同时加入过氧化氢处理,某些元素被氧化成高氧化态:

$$2Fe(OH)_2 + H_2O_2 = 2Fe(OH)_3$$

$$Mn(OH)_2 + H_2O_2 = MnO(OH)_2$$

$$2Co(OH)_2 + H_2O_2 = 2Co(OH)_3$$

$$2Cr(OH)_4^- + 2OH^- + 3H_2O_2 = 2CrO_4^{2-} + 8H_2O$$

溶液里过量的 H_2O_2 必须煮沸分解除去，否则在酸化溶液时，六价铬将被 H_2O_2 还原：

$$Cr_2O_7^{2-} + 3H_2O_2 + 8H^+ = 2Cr^{3+} + 3O_2\uparrow + 7H_2O$$

将沉淀与溶液分开，沉淀中检查 Fe^{3+}、Mn^{2+}、Co^{2+}、Ni^{2+}，溶液中检查 Al^{3+}、Cr^{3+}、Zn^{2+}。

● **沉淀的溶解**　一些高价氢氧化物碱性较弱，不易溶于非还原性的酸中，需要用还原剂处理使其溶解成离子状态，这里不用 HCl（避免引入 Cl^-）而采用 H_2SO_4 加 H_2O_2。发生反应如下：

$$Fe(OH)_3 + 3H^+ = Fe^{3+} + 3H_2O$$

$$Ni(OH)_2 + 2H^+ = Ni^{2+} + 2H_2O$$

$$2Co(OH)_3 + H_2O_2 + 4H^+ = 2Co^{2+} + O_2\uparrow + 6H_2O$$

$$MnO(OH)_2 + H_2O_2 + 2H^+ = Mn^{2+} + O_2\uparrow + 3H_2O$$

4 种离子的检出反应相互干扰少，因此可以在同一溶液中控制条件，用分别分析法一一检出。

● **Fe^{3+} 的检出**　用 KSCN 或 $K_4[Fe(CN)_6]$ 检出 Fe^{3+}，分别得到血红色溶液或深蓝色沉淀，表示有 Fe^{3+}：

$$Fe^{3+} + SCN^- = FeNCS^{2+}\text{（血红色）}$$

$$Fe^{3+} + K^+ + Fe(CN)_6^{4-} = KFe[Fe(CN)_6]\downarrow\text{（深蓝色）}$$

● **Mn^{2+} 的检出**　用 HNO_3 和 $NaBiO_3$ 检出 Mn^{2+}，Mn^{2+} 被氧化成 MnO_4^-，呈特征的紫红色：

$$2Mn^{2+} + 5NaBiO_3 + 14H^+ = 2MnO_4^- + 5Bi^{3+} + 5Na^+ + 7H_2O$$

做此实验前，必须把溶液中的 H_2O_2 除尽，否则它会把加入的 $NaBiO_3$ 还原而干扰了检出。

● **Ni^{2+} 的检出**　取几滴试液加氨水调成碱性，此时可能有 Fe^{3+}、Mn^{2+} 的氢氧化物沉淀，分离除去，Ni^{2+} 成为氨合离子 $Ni(NH_3)_6^{2+}$。向清液中加入丁二酮肟，生成桃红色的丁二酮肟镍沉淀，表示有 Ni^{2+}。

● **Co^{2+} 的检出**　Co^{2+} 和亚硝基 R 盐在 HAc 介质中生成红褐色配合物，其他几种离子不干扰此反应，但 Fe^{3+} 和 Ac^- 能生成浅棕色配离子，应加以区别。溶液酸性太强，妨碍反应，可加入 NH_4Ac 或 NaAc 以形成缓冲溶液，控制酸度在适当范围之内。

Co^{2+} 与 NH_4SCN 作用生成蓝色 $Co(SCN)_4^{2-}$ 配离子。为了提高配离子稳定性，常用浓 NH_4SCN 试剂，并加入丙酮以减少 $Co(SCN)_4^{2-}$ 的离解。在此条件下这个检出 Co^{2+} 的反应很灵敏。

当溶液中有 Fe^{3+} 存在时，$FeNCS^{2+}$ 的血红色妨碍了蓝色的观察，这时须加入固体 NH_4F，使 Fe^{3+} 生成 FeF_3 配合物，从而消除干扰。

● **Al^{3+} 的检出**　向含有 $Al(OH)_4^-$ 的清液中加入固体 NH_4Cl，加热，如有白色絮状沉淀产生，表示有 Al^{3+}：

$$Al(OH)_4^- + NH_4^+ = Al(OH)_3 + NH_3\uparrow + H_2O$$

若有 $Zn(OH)_4^{2-}$ 共存,白色沉淀也可能是 $Zn(OH)_2$,所以应加以证实。将白色沉淀离心沉降,用 HAc 溶解,加 NH_4Ac 调节酸度,加入铝试剂并微热之,有 Al^{3+} 存在时生成鲜红色絮状沉淀。

● **Cr^{3+}的检出** 分离 $Al(OH)_3$ 沉淀后的溶液呈黄色,就表明原液中有 Cr^{3+},并已被氧化为 CrO_4^{2-}。

为了进一步证实是 CrO_4^{2-},可以取几滴溶液加入 $PbAc_2$ 溶液,生成黄色沉淀,表示原液中有 Cr^{3+}:

$$Pb^{2+} + CrO_4^{2-} = PbCrO_4\downarrow(\text{黄色})$$

这一反应在浓碱性溶液中不易进行,因为铅有两性性质,所以要先用 HAc 中和溶液中的碱,然后再进行检出反应。

● **Zn^{2+}的检出** 在分离 $Al(OH)_3$ 沉淀后的溶液中,Zn^{2+} 以 $Zn(NH_3)_4^{2+}$ 形式存在。

$$Zn(OH)_4^{2-} + 4NH_4^+ = Zn(NH_3)_4^{2+} + 4H_2O$$

在此溶液中加入 Na_2S 溶液产生白色 ZnS 沉淀,表示有 Zn^{2+}。

$$Zn(NH_3)_4^{2+} + S^{2-} = ZnS\downarrow + 4NH_3$$

也可以用 HAc 将 $Zn(NH_3)_4^{2+}$ 溶液酸化,再加 $(NH_4)_2Hg(SCN)_4$ 检出 Zn^{2+}(产生白色沉淀)。

3. 碳酸铵组、易溶组离子的分离和检出

这两个组包括碱金属、碱土金属的 K^+、Na^+、Mg^{2+}、Ca^{2+}、Ba^{2+},由于 NH_4^+ 的性质与碱金属离子相近,所以也归于易溶组。

(1) 离子的性质与沉淀条件的选择

碱金属盐的溶解度一般都很大,只有个别不常见的化合物溶解度较小,如 $K_2Na[Co(NO_2)_6]$、$NaSb(OH)_6$ 等,这些化合物的生成都可用于 Na^+、K^+ 的检出。而碱土金属的难溶盐就较多,其溶解度大小可归纳为表Ⅰ.6,以便比较。由表Ⅰ.6可见,碱土金属离子的碳酸盐溶解度都很小,如欲沉淀这些离子,可以用碳酸盐作组试剂。由于钾、钠离子的检出反应受到碱土金属离子的干扰,所以用碳酸铵(不能用碳酸钠,以免引入 Na^+)作为组沉淀剂,将碱土金属离子与 K^+、Na^+ 分离,Ca^{2+}、Ba^{2+} 为碳酸铵组,K^+、Na^+ 为易溶组。

表Ⅰ.6 碱金属、碱土金属盐类的溶解度($g/100\ g\ H_2O$)(20℃)

	K^+、Na^+	Mg^{2+}	Ca^{2+}	Ba^{2+}
碳酸盐	易溶	0.18	6.6×10^{-4}	1.4×10^{-3}
氢氧化物	易溶	6.9×10^{-4}	0.160	4.91
硫酸盐	易溶	35.7	0.205(25℃)	3.1×10^{-4}
铬酸盐	易溶	54.8(25℃)	13.2	2.6×10^{-4}
草酸盐	易溶	0.038(25℃)	6.1×10^{-4}	7.5×10^{-3}

在用$(NH_4)_2CO_3$沉淀Ca^{2+}、Ba^{2+}时，Mg^{2+}沉淀不完全。这一方面因为它的溶解度较大，另一方面由于$(NH_4)_2CO_3$是弱酸弱碱生成的盐，在水溶液中强烈水解：

$$NH_4^+ + CO_3^{2-} + H_2O = NH_3 \cdot H_2O + HCO_3^-$$

使得CO_3^{2-}浓度不够高，一部分Mg^{2+}漏入K^+、Na^+组中。为了易于检出，加入一定量的铵盐NH_4^+，促使CO_3^{2-}水解以降低它的浓度，达不到$MgCO_3$的溶度积，使Mg^{2+}不与Ca^{2+}、Ba^{2+}一起沉淀，而归入易溶组。

市售的碳酸铵是等摩尔的NH_4HCO_3和NH_2COONH_4(氨基甲酸铵)的混合物。加入$NH_3 \cdot H_2O$溶液可使酸式盐变为正盐：

$$NH_4HCO_3 + NH_3 \cdot H_2O = (NH_4)_2CO_3 + H_2O$$

加热到60℃，可使氨基甲酸铵变为碳酸铵：

$$NH_2COONH_4 + H_2O \xlongequal{60℃} (NH_4)_2CO_3$$

加热还可以促使沉淀的生成(破坏过饱和)，并得到较大的结晶。但加热的温度不可过高，否则会使碳酸铵分解：

$$(NH_4)_2CO_3 = 2NH_3\uparrow + CO_2\uparrow + H_2O$$

所以，碳酸铵组的沉淀条件是：在适量NH_4Cl存在的弱碱性溶液中，加入碳酸铵试剂(碳酸铵＋氨)，然后在60℃加热几分钟。在此条件下发生下列反应：

$$Ba^{2+} + HCO_3^- + NH_3 \cdot H_2O = BaCO_3\downarrow(\text{白色}) + NH_4^+ + H_2O$$

$$Ca^{2+} + HCO_3^- + NH_3 \cdot H_2O = CaCO_3\downarrow(\text{白色}) + NH_4^+ + H_2O$$

分离硫化铵组沉淀后的溶液应立即用HAc酸化、煮沸，以赶去残留在溶液中的H_2S：

$$(NH_4)_2S + 2HAc = 2NH_4Ac + H_2S\uparrow$$

否则，溶液中S^{2-}可逐渐被空气氧化成SO_4^{2-}，造成Ba^{2+}的损失。此外，由于溶液积累的NH_4^+很多，所以应将此试液蒸干、灼烧，以除去大量的NH_4^+，以免妨碍碳酸铵组的沉淀。经此处理后的残渣溶于少量HCl后，再按以上沉淀条件进行本组的分离。

(2) **Ba^{2+}、Ca^{2+}的检出**

首先把$BaCO_3$、$CaCO_3$沉淀与Mg^{2+}、Na^+、K^+、NH_4^+离子溶液分开，再用HAc处理沉淀，使Ba^{2+}、Ca^{2+}转入溶液。由于碳酸盐沉淀是弱酸难溶盐，故溶于强酸。又由于H_2CO_3是很弱的酸，$BaCO_3$的溶度积又不太小，所以可以溶于像HAc这样的弱酸。为了不影响以后Ba^{2+}、Ca^{2+}的检出，能用弱酸(如HAc)就尽量不用强酸(如HCl)，以便于控制溶液中H^+的浓度。

$$BaCO_3 + 2HAc = Ba^{2+} + 2Ac^- + CO_2\uparrow + H_2O$$

$$CaCO_3 + 2HAc = Ca^{2+} + 2Ac^- + CO_2\uparrow + H_2O$$

Ba^{2+}与Ca^{2+}的性质差别较大，由表Ⅰ.6可知，用铬酸盐分离它们并检出，比用硫酸盐、草酸盐为好。在沉淀溶解后的含有Ba^{2+}、Ca^{2+}的HAc溶液中，加入K_2CrO_4试剂，即

产生黄色 $BaCrO_4$ 沉淀。

$$Ba^{2+} + CrO_4^{2-} \longrightarrow BaCrO_4 \downarrow (黄色)$$

$BaCrO_4$ 是较弱的酸 H_2CrO_4 的难溶盐,能溶于强酸。为了保证沉淀完全,最好在溶液中加些 NH_4Ac(或 NaAc)以与 HAc 组成缓冲体系,控制 H^+ 浓度在适当范围内。

在分开 Ba^{2+} 的同时也就做了检出,因为生成黄色的 $BaCrO_4$ 沉淀就表示有 Ba^{2+} 存在。如果需要加以证实时,可以使 $BaCrO_4$ 溶于 HCl,利用焰色反应鉴定(钡盐在灼热的镍丝上产生黄绿色火焰)。

由表Ⅰ.6 可以看出,钙盐溶解度最小的是 CaC_2O_4,所以经常用 $(NH_4)_2C_2O_4$ 来作 Ca^{2+} 的检出试剂。但是 BaC_2O_4 的溶解度也较小,Ba^{2+} 的存在干扰 Ca^{2+} 的检出,一般都要先把 Ba^{2+} 分离掉以后再分析,而不能颠倒这个次序。

分离 Ba^{2+} 后的清液呈橘黄色,表明 Ba^{2+} 已沉淀完全。否则,需再加 K_2CrO_4 试剂使 Ba^{2+} 沉淀完全。

分离沉淀后的清液用氨水中和,加入 $(NH_4)_2C_2O_4$ 溶液,微热之,有明显白色沉淀产生,表示有 Ca^{2+}。

$$Ca^{2+} + C_2O_4^{2-} \longrightarrow CaC_2O_4 \downarrow (白色晶状)$$

若需加以证实,可把 CaC_2O_4 沉淀溶于 HCl 中做焰色反应,可观察到砖红色火焰。

(3) 易溶组离子的检出

● **Mg^{2+} 的检出** 本组所有离子都不干扰 Mg^{2+} 的检出,所以可取一部分本组溶液,加入氨水和 $(NH_4)_2HPO_4$ 溶液,如有 Mg^{2+} 存在,即生成白色结晶形的磷酸镁铵 ($NH_4MgPO_4 \cdot 6H_2O$)沉淀:

$$Mg^{2+} + HPO_4^{2-} + NH_3 \cdot H_2O + 5H_2O \longrightarrow NH_4MgPO_4 \cdot 6H_2O \downarrow (白色)$$

沉淀 $NH_4MgPO_4 \cdot 6H_2O$ 在水中的溶解度约为 1.5 mg/100 g H_2O,而且易于形成过饱和溶液。所以要使 Mg^{2+} 沉淀完全,需要溶液中有较高浓度的 NH_4^+ 和 PO_4^{3-},以保证使得 $[Mg^{2+}][NH_4^+][PO_4^{3-}] > K_{sp}$。

但是 $NH_3 \cdot H_2O$ 是弱碱($K_b = 1.8 \times 10^{-5}$),HPO_4^{2-} 是弱酸($K_{a_2} = 6.3 \times 10^{-8}$),$NH_4^+$ 在溶液中易水解,HPO_4^{2-} 在溶液中既水解也电离,主要倾向是水解:

$$NH_4^+ + H_2O \longrightarrow NH_3 \cdot H_2O + H^+$$

$$HPO_4^{2-} + H_2O \longrightarrow H_2PO_4^- + OH^-$$

$$HPO_4^{2-} \longrightarrow H^+ + PO_4^{3-}$$

NH_4^+ 和 HPO_4^{2-} 处在同一溶液中时,两者的水解作用互相促进:

$$NH_4^+ + HPO_4^{2-} + H_2O \longrightarrow NH_3 \cdot H_2O + H_2PO_4^-$$

由此可见,欲得到较高浓度的 NH_4^+ 和 PO_4^{3-},应该在溶液中加入氨水,以抑制 HPO_4^{2-} 的水解,促进 HPO_4^{2-} 的电离,从而提高 PO_4^{3-} 的浓度。在含 Mg^{2+} 的试液中加入 $NH_3 \cdot H_2O$、NH_4Cl 和 $(NH_4)_2HPO_4$,控制 pH 为 9~10,就可以得到较高浓度的 NH_4^+ 和 PO_4^{3-},使 Mg^{2+} 沉淀完全。铵盐不仅可以降低 $NH_4MgPO_4 \cdot 6H_2O$ 的溶解度,还可以防止生成 $Mg(OH)_2$ 沉淀。

沉淀时不断搅拌和摩擦内管壁，可以破坏过饱和现象，促使结晶生成。

Mg^{2+} 的检出也可以应用 $Mg(OH)_2$ 吸附染料对硝基偶氮间苯二酚，使后者从玫瑰红色变为蓝色，这个反应很灵敏，K^+、Na^+ 的存在不干扰 Mg^{2+} 的检出，但大量 NH_4^+ 妨碍 $Mg(OH)_2$ 的生成，对检出有影响，所以应事先除去。

● **NH_4^+ 的除去**　NH_4^+ 对 K^+、Na^+ 的检出都有妨碍。在系统分析中，到了易溶组分析时，溶液中已经积累了相当多的铵盐，所以检出前必须把它们除去。所有的铵盐在灼烧时都分解，分解的温度有所不同，越是弱酸的铵盐分解温度越低：

$$NH_4Cl \xlongequal{\triangle} NH_3\uparrow + HCl\uparrow$$

$$(NH_4)_2CO_3 \xlongequal{\triangle} 2NH_3\uparrow + CO_2\uparrow + H_2O$$

NH_4Cl 等虽在灼烧时可分解挥发，但产物冷凝时又可以重新结合成为铵盐，形成白烟，部分附着在坩埚壁上部以致不易除尽。最好将铵盐加浓硝酸，蒸发，硝酸根可把铵氧化，使之彻底破坏，分解为氮的氧化物和水：

$$NH_4NO_3 \xlongequal{\triangle} N_2O\uparrow + 2H_2O\uparrow$$

然后将残渣溶于水，用奈斯勒试剂检查确实无 NH_4^+ 后，再进行 K^+ 和 Na^+ 的检出。

● **K^+ 的检出**　先取一部分除去 NH_4^+ 后的溶液，然后加入 $Na_3[Co(NO_2)_6]$ 溶液，生成黄色沉淀，表示有 K^+ 存在，即

$$2K^+ + Na^+ + Co(NO_2)_6^{3-} \xlongequal{\quad} K_2Na[Co(NO_2)_6]\downarrow\text{（黄色）}$$

检出条件要求溶液酸、碱性都不能太强。因为酸度太高，会使弱酸根 NO_2^- 与 H^+ 结合成 HNO_2 而破坏 $Co(NO_2)_6^{3-}$ 配离子；碱性太强会使 $Co(OH)_3$ 沉淀，也破坏了试剂。另外，$Na_3[Co(NO_2)_6]$ 试剂不太稳定，其中 Co^{3+} 会慢慢被 NO_2^- 还原，如果试剂从棕黄色变为粉红色（Co^{2+} 的颜色），就必须弃去重配。

也可以用四苯硼化钠 $NaB(C_6H_5)_4$ 作 K^+ 的检出试剂，它与 K^+ 生成白色的四苯硼化钾 $KB(C_6H_5)_4$ 晶状沉淀。优点是 $KB(C_6H_5)_4$ 较稳定，并且检出反应不受溶液酸度的影响。

● **Na^+ 的检出**　Na^+ 的检出用 $KSb(OH)_6$，它们发生以下反应：

$$Na^+ + Sb(OH)_6^- \xlongequal{\quad} NaSb(OH)_6\downarrow\text{（白色）}$$

用 $KSb(OH)_6$ 检出 Na^+ 时，Mg^{2+} 会产生干扰，后者能够生成 $Mg[Sb(OH)_6]_2$ 沉淀或与试剂中的碱作用生成 $Mg(OH)_2$ 胶状沉淀，所以须在除去 NH_4^+ 后的溶液中加 KOH 溶液，使 Mg^{2+} 变成 $Mg(OH)_2$ 沉淀而除去。加 $KSb(OH)_6$ 试剂后，Na^+ 浓度大时，立刻生成白色的 $NaSb(OH)_6$ 沉淀；Na^+ 浓度小时，因为生成过饱和溶液，所以几小时以后才有透明而闪烁的结晶析出，在阳光下转动试管很容易看出它的特征。一定要与酸性物质分解试剂生成的白色无定形的偏锑酸沉淀区别开来，否则会导致错误的结论：

$$Sb(OH)_6^- + H^+ \xlongequal{\quad} HSb(OH)_6\downarrow\text{（白色）}$$

● **NH_4^+ 的检出**　由于在系统分析中要不断加入 $NH_3\cdot H_2O$ 和铵盐，所以试样中 NH_4^+ 的检出要取原始样品（溶液）进行。NH_4^+ 的检出经常采用与碱作用生成氨的反应：

$$NH_4^+ + OH^- \xlongequal{\quad} NH_3\uparrow + H_2O$$

氨气的出现可以用湿 pH 试纸来检测,浓度大时甚至可以嗅到氨臭。

NH_4^+ 的检出也可以用奈斯勒试剂,它是 K_2HgI_4 的 KOH 溶液,与 NH_3 生成红褐色沉淀:

$$HgI_4^{2-} + NH_3 + 3OH^- = O\langle^{Hg}_{Hg}\rangle NH_2I\downarrow(棕色) + 7I^- + 2H_2O$$

极少量 NH_4^+ 只生成棕黄色溶液,反应极灵敏,比氨法快速。但是该试剂中有 KOH,会与许多重金属离子生成各种颜色的氢氧化物沉淀,影响了检出反应的观察。在含有众多离子的原始试液中,须先加入 KOH 至碱性,分离掉产生的各种氢氧化物沉淀,再在清液中加1滴奈斯勒试剂,红褐色沉淀出现即表示 NH_4^+ 的存在。

以上18种阳离子的检出反应总结于表Ⅰ.7中。

表Ⅰ.7 18种阳离子的检出

离子		试剂	现象	条件
盐酸组	Ag^+	HCl, $NH_3 \cdot H_2O$, HNO_3	白色沉淀(AgCl)	酸性介质
	Pb^{2+}	K_2CrO_4	黄色沉淀($PbCrO_4$)	HAc 介质
硫化氢组	Hg^{2+}	$SnCl_2$	白色沉淀(Hg_2Cl_2)变黑(Hg)	酸性介质
	Cu^{2+}	$K_4[Fe(CN)_6]$	红褐色沉淀($Cu_2[Fe(CN)_6]$)	HAc 介质
	Bi^{3+}	$NaSn(OH)_3$	立即变黑(Bi)	强碱性介质
硫化铵组	Fe^{3+}	KSCN $K_4[Fe(CN)_6]$	血红色($FeNCS^{2+}$) 深蓝色沉淀($KFe[Fe(CN)_6]$)	酸性介质
	Co^{2+}	亚硝基R盐 饱和 NH_4SCN	红褐色 蓝色($Co(SCN)_4^{2-}$)	HAc-NH_4Ac 介质 NH_4F,丙酮
	Ni^{2+}	丁二酮肟	桃红色沉淀(丁二酮肟镍)	NH_3 介质
	Mn^{2+}	$NaBiO_3$	紫红色(MnO_4^-)	HNO_3 介质
	Cr^{3+}	$PbAc_2$	黄色沉淀($PbCrO_4$)	HAc 介质
	Al^{3+}	铝试剂	红色沉淀	HAc-NH_4Ac 介质,加热
	Zn^{2+}	Na_2S $(NH_4)_2Hg(SCN)_4$	白色沉淀(ZnS) 白色沉淀($ZnHg(SCN)_4$)	弱酸性介质
碳酸铵组	Ba^{2+}	K_2CrO_4	黄色沉淀($BaCrO_4$)	HAc-NH_4Ac 介质
	Ca^{2+}	$(NH_4)_2C_2O_4$	白色沉淀(CaC_2O_4)	$NH_3 \cdot H_2O$ 介质
易溶组	Mg^{2+}	$(NH_4)_2HPO_4$ 镁试剂	白色沉淀($NH_4MgPO_4 \cdot 6H_2O$) 蓝色沉淀	$NH_3 \cdot H_2O$-NH_4Cl 介质 强碱性介质
	K^+	$Na_3[Co(NO_2)_6]$ $NaB(C_6H_5)_4$	黄色沉淀($K_2Na[Co(NO_2)_6]$) 白色沉淀($KB(C_6H_5)_4$)	中性、弱酸性介质
	Na^+	$KSb(OH)_6$	白色沉淀($NaSb(OH)_6$)	中性、弱碱性介质
	NH_4^+	NaOH 奈斯勒试剂	湿 pH 试纸很快变蓝紫色(NH_3) 红褐色沉淀(Hg_2ONH_2I)	强碱性介质 碱性介质

(三) 常见阴离子的检出

在溶液中,非金属元素可以简单的阴离子形式存在(如 S^{2-}、Cl^-、I^- 等),也可以复杂的阴离子形式存在(如 NO_3^-、CO_3^{2-}、PO_4^{3-}、SO_4^{2-} 等),此外,有些金属元素在高氧化态时成阴离子(如 MnO_4^-、$Cr_2O_7^{2-}$ 等),两性元素在强碱性溶液中也可形成阴离子[如 $Al(OH)_4^-$、$Sn(OH)_3^-$ 等]。这里只选常见的、重要的 CO_3^{2-}、NO_2^-、NO_3^-、PO_4^{3-}、S^{2-}、SO_3^{2-}、SO_4^{2-}、$S_2O_3^{2-}$、Cl^-、Br^-、I^- 等 11 种阴离子,讨论它们的分离检出方法。

许多阴离子有自己的特效反应,如 NO_2^- 合成偶氮染料的反应是特效反应;S^{2-} 与酸作用生成具有恶臭的 H_2S 气体;SO_4^{2-} 与 $BaCl_2$ 生成的沉淀不溶于强酸等。这些检出反应不被共存的其他离子所干扰,可以用分别分析的方法检验出来,这是方便之处。但有些阴离子在空气中不稳定,例如 SO_3^{2-} 很容易被氧化成 SO_4^{2-},NO_2^- 在碱性溶液中稳定,酸化时分解破坏。如果分析时不当心,会将原来含有的 SO_3^{2-}、NO_2^- 组分报告为 SO_4^{2-}、NO_3^-,导致错误结论。还有些阴离子在碱性溶液中也可以共存,例如 S^{2-} 和 SO_3^{2-},酸化时立即相互作用。这种不相容性应在检出时给予注意,利用这种现象也可以判断某些离子的有无。

由于阴离子的分析中彼此干扰较少,实际样品中可能同时存在的阴离子又不多,所以阴离子大多是用分别分析的方法进行分析的。只有相互干扰的一些离子才需要做适当的系统分离,如 S^{2-}、SO_3^{2-} 和 $S_2O_3^{2-}$,Cl^-、Br^- 和 I^- 等。即使使用分别分析的方法,也不必将试样中全部的离子逐一检出,而是利用各种阴离子的沉淀性质、氧化还原性质、与酸的反应等,预先用试剂做"初步检验"(也叫"消除试验"),可以消除某些离子存在的可能性,从而简化了分析步骤。

1. 阴离子的初步检验

(1) **与稀硫酸的作用**　在试样中加稀硫酸并加热,产生气泡,表示可能有 CO_3^{2-}、SO_3^{2-}、$S_2O_3^{2-}$、S^{2-}、NO_2^- 等。如果试样中所含离子浓度不高时,就不一定观察到明显的气泡。

(2) **与 $BaCl_2$ 溶液的作用**　中性或弱碱性试液中滴加 $BaCl_2$ 溶液,生成白色沉淀,表示 SO_4^{2-}、SO_3^{2-}、CO_3^{2-}、PO_4^{3-}、$S_2O_3^{2-}$(当浓度大于 0.04 mol/L 时)可能存在。

若无沉淀生成,表示 SO_4^{2-}、SO_3^{2-}、CO_3^{2-}、PO_4^{3-} 不存在,$S_2O_3^{2-}$ 则不能肯定。

(3) **与 $AgNO_3$、HNO_3 的作用**　试液中加 $AgNO_3$ 溶液,生成沉淀,然后用稀 HNO_3 酸化,仍有沉淀,表示可能有 S^{2-}、Cl^-、Br^-、I^-、$S_2O_3^{2-}$。由沉淀的颜色还可初步判断:沉淀纯白色,为 Cl^-;淡黄色,为 Br^-、I^-;黑色,为 S^{2-}(黑色还会掩盖其他颜色);沉淀由白变黄、橙、褐,最后变黑,为 $S_2O_3^{2-}$。

如无沉淀生成,则以上离子都不存在。

(4) **还原性阴离子的检验**　强还原性阴离子 S^{2-}、SO_3^{2-}、$S_2O_3^{2-}$ 可以被 I_2 氧化,因此,当加入碘-淀粉试液后,如不褪色,可判断这些离子都不存在。

如碘-淀粉溶液褪色,则试液中S^{2-}、SO_3^{2-}、$S_2O_3^{2-}$等离子未必存在,因为只要试液呈明显的碱性(如PO_4^{3-}、CO_3^{2-}离子的存在),碘-淀粉溶液就可因为碘的歧化而褪色。

若用强氧化剂$KMnO_4$溶液试验,则一些弱的还原性阴离子Br^-、I^-、NO_2^-也可与之反应,因此,在硫酸酸化的试液中加1滴稀$KMnO_4$溶液,如红色褪去,表明S^{2-}、SO_3^{2-}、$S_2O_3^{2-}$、Br^-、I^-、NO_2^-可能存在;若红色不褪,则上述阴离子都不存在。

(5) **氧化性阴离子的检验** 在酸化的试液中加KI溶液和CCl_4,若振荡后CCl_4层显紫色,则有氧化性阴离子。在我们讨论的阴离子中,只有NO_2^-有此反应。

如加入KI溶液后,不出现I_2,则不能断定试液中不存在NO_2^-。因为除NO_2^-外,如试液中还存有S^{2-}、SO_3^{2-}等强还原性离子时,酸化后,NO_2^-会因氧化S^{2-}、SO_3^{2-}而消耗,就不能把I^-氧化成I_2。

阴离子一般做以上5个方面的初步检验,其内容汇于表Ⅰ.8中。

用$BaCl_2$能沉淀的SO_4^{2-}、SO_3^{2-}、$S_2O_3^{2-}$、CO_3^{2-}、PO_4^{3-}等阴离子可叫做钡组阴离子,用$AgNO_3$能沉淀的Cl^-、Br^-、I^-、S^{2-}、$S_2O_3^{2-}$等可叫做银组阴离子。$BaCl_2$、$AgNO_3$就是相应的组试剂,可以检验整组离子是否存在。

经过初步检验后,就可以判断哪些离子可能存在。不可能存在的离子不必检出。如果试样组成简单(实际情形常是如此),经初步检验后,可能存在的离子常常只剩下两三种。再进行必要的检出反应,就可以很快地得到结果。

表Ⅰ.8 阴离子的初步检验

	稀H_2SO_4	$BaCl_2$	$AgNO_3$(稀HNO_3)	碘-淀粉	$KMnO_4$(H_2SO_4)	KI(CCl_4)
SO_4^{2-}		+				
SO_3^{2-}	+[a]	+		+	+	
$S_2O_3^{2-}$	+	+[b]	+	+	+	
CO_3^{2-}	+	+				
PO_4^{3-}		+				
S^{2-}	+		+	+	+	
Cl^-			+			
Br^-			+		+	
I^-			+		+	
NO_3^-						
NO_2^-	+				+	+

[a] “+”表示能发生反应;

[b] $S_2O_3^{2-}$的浓度大时才能产生沉淀。

2. 阴离子的检验

(1) **SO_4^{2-}的检出** 溶液用HCl酸化,在所得清液里加$BaCl_2$溶液,生成白色$BaSO_4$

沉淀，表示有 SO_4^{2-} 存在。钡组其他阴离子都不干扰。

(2) **CO_3^{2-} 的检出**　一般用 $Ba(OH)_2$ 气瓶法检出 CO_3^{2-}。用此法时，SO_3^{2-}、$S_2O_3^{2-}$ 有干扰，因为酸化时产生的 SO_2 也会使 $Ba(OH)_2$ 溶液混浊：

$$SO_2 + Ba(OH)_2 = BaSO_3\downarrow + H_2O$$

如果在初步检验时检出了 SO_3^{2-}、$S_2O_3^{2-}$，则要在酸化前加入 3% H_2O_2 溶液，把这些干扰离子氧化除去：

$$SO_3^{2-} + H_2O_2 = SO_4^{2-} + H_2O$$

$$S_2O_3^{2-} + 4H_2O_2 + 2OH^- = 2SO_4^{2-} + 5H_2O$$

(3) **PO_4^{3-} 的检出**　一般用生成钼磷酸铵的反应来检出。但是 SO_3^{2-}、$S_2O_3^{2-}$、S^{2-} 等还原性阴离子，硅酸盐(由玻璃上溶下来的微量物质)及大量 Cl^- 都干扰此检出。还原性阴离子将钼还原成低氧化态而影响检出。硅酸盐能生成钼硅酸铵沉淀。大量的 Cl^- 会降低反应的灵敏度。所以，有这些干扰离子存在时，要先滴加浓 HNO_3，煮沸，以除去之(钼硅酸铵可溶于 HNO_3)。

$$SO_3^{2-} + 2NO_3^- + 2H^+ = SO_4^{2-} + 2NO_2\uparrow + H_2O$$

$$S_2O_3^{2-} + 2NO_3^- + 2H^+ = SO_4^{2-} + S\downarrow + 2NO_2\uparrow + H_2O$$

$$3S^{2-} + 2NO_3^- + 8H^+ = 3S\downarrow + 2NO\uparrow + 4H_2O$$

$$3Cl^- + NO_3^- + 4H^+ = Cl_2 + 2H_2O + NOCl$$

此外，钼磷酸铵能溶于磷酸盐，所以反应要加入过量的试剂。

(4) **S^{2-} 的检出**　试液中 S^{2-} 含量多时，可酸化试液，并用湿 $PbAc_2$ 试纸检查 H_2S；若 S^{2-} 含量少时，可以在碱性溶液中加入 $Na_2[Fe(CN)_5NO]$ 检验，溶液变为紫色。

(5) **S^{2-} 的除去**　S^{2-} 妨碍 SO_3^{2-} 和 $S_2O_3^{2-}$ 的检出，因此在检出 SO_3^{2-} 和 $S_2O_3^{2-}$ 前必须把 S^{2-} 除去。方法是在溶液中加入 $CdCO_3$ 固体，利用沉淀的转化除去 S^{2-}：

$$S^{2-} + CdCO_3(s) = CdS\downarrow(黄色) + CO_3^{2-}$$

SO_3^{2-} 和 $S_2O_3^{2-}$ 都不能被 $CdCO_3$ 转化，而留在溶液中。

(6) **$S_2O_3^{2-}$ 的检出**　在除去 S^{2-} 的溶液里加入稀盐酸并加热，溶液变浑浊，表示有 $S_2O_3^{2-}$：

$$S_2O_3^{2-} + 2H^+ = S\downarrow + SO_2\uparrow + H_2O$$

(7) **SO_3^{2-} 的检出**　$S_2O_3^{2-}$ 妨碍 SO_3^{2-} 的检出，在检出 SO_3^{2-} 前应把它分出。在除去 S^{2-} 的溶液中加 $Sr(NO_3)_2$ 溶液，溶解度很小的 $SrSO_3$ 和其他难溶于水的锶盐如 $SrCO_3$、$SrSO_4$ 等即生成沉淀，而溶解度大的 SrS_2O_3 留在溶液中。将含有 SO_3^{2-} 的沉淀溶于盐酸，加入 $BaCl_2$ 溶液，如果有 SO_4^{2-}，将产生 $BaSO_4$ 沉淀，应把它分离除去，然后在溶液中加入数滴 3% H_2O_2 溶液，此时 SO_3^{2-} 被氧化为 SO_4^{2-}，产生白色 $BaSO_4$ 沉淀。

(8) **Cl^-、Br^-、I^- 的检出**　由于强还原性阴离子妨碍 Br^-、I^- 的检出，所以一般将 Cl^-、Br^-、I^- 沉淀为银盐，再以 2 mol/L 氨水处理沉淀，在所得银氨溶液中检出 Cl^-。氨水处理后的残渣再用锌粉处理,在所得清液中加氯水,先检出I^-,再检出Br^-。这样连续检出Br^-、I^-的方法只适用于少量I^-和多量Br^-的溶液。如果I^-的浓度很大,I_2在CCl_4层的紫色就干扰溴的检出,加入很多氯水也难以使紫色褪去。这时,可在溶液中加入H_2SO_4和KNO_2并加热,使I^-氧化成I_2蒸发除去,然后再检出Br^-。

(9) **NO_2^- 的检出** 一种检出方法是酸性介质下加KI和CCl_4,在我们讨论的阴离子范围内,只有NO_2^-能把I^-氧化成I_2:

$$2NO_2^- + 2I^- + 4H^+ = I_2 + 2NO + 2H_2O$$

另一种检出方法是加入对氨基苯磺酸和α-萘胺,溶液变成粉红色。此法适宜检验少量NO_2^-。当NO_2^-浓度大时,粉红色很快褪去,生成黄色溶液或褐色沉淀。

(10) **NO_3^- 的检出** NO_2^-不存在时,可用二苯胺检出,形成蓝色环;NO_2^-存在时,因NO_2^-与二苯胺也能发生相似的反应,所以必须先除去NO_2^-。为此,可加入尿素并加热,使NO_2^-分解:

$$2NO_2^- + CO(NH_2)_2 + 2H^+ = CO_2\uparrow + 2N_2\uparrow + 3H_2O$$

通过检查确无NO_2^-时,再做NO_3^-的检出。

以上11种阴离子的检出列于表Ⅰ.9。

表Ⅰ.9 11种阴离子的检出

离子	试剂	现象	条件
SO_4^{2-}	$HCl+BaCl_2$	白色沉淀($BaSO_4$)	酸性介质
CO_3^{2-}	$Ba(OH)_2$	$Ba(OH)_2$液滴混浊($BaCO_3$)	酸化试液,气瓶法
PO_4^{3-}	$(NH_4)_2MoO_4$	黄色沉淀(钼磷酸铵)	HNO_3介质(过量钼酸铵试剂)
S^{2-}	HCl $Na_2[Fe(CN)_5NO]$	$PbAc_2$试纸变黑(PbS) 紫色($Na_4[Fe(CN)_5NOS]$)	酸性介质 碱性介质
$S_2O_3^{2-}$	HCl	溶液变混浊(S)	酸性,加热
SO_3^{2-}	$BaCl_2+H_2O_2$	白色沉淀($BaSO_4$)	酸性介质
Cl^-	银氨溶液中加HNO_3	白色沉淀(AgCl)	
Br^-	氯水+CCl_4	CCl_4层黄色或橙黄色(Br_2)	中性或弱酸性介质
I^-	氯水+CCl_4	CCl_4层紫色(I_2)	中性或弱酸性介质
NO_2^-	KI+CCl_4 对氨基苯磺酸+α-萘胺	CCl_4层紫色(I_2) 红色染料	酸性介质 HAc介质
NO_3^-	二苯胺浓硫酸溶液	蓝色环	H_2SO_4介质

(四) 固体试样的分析

前面介绍了溶液中阴、阳离子的分离检出方法。若是固体试样,就要进行初步检验,并要由固体试样制备成阴离子分析溶液和阳离子分析溶液，再分别检出阴、阳离子。固体试样是多种多样的，对分析的要求也各有不同，这里仅就常见的无机化合物的分析方法作一简要介绍。

1. 试样的初步检验

(1) **外形观察和试验溶液酸碱性**　如果试样溶于水，观察它的颜色，辨别其气味，并用 pH 试纸试验其酸碱性。溶液有色，可能含有 Cu^{2+}、Co^{2+}、Ni^{2+}、Fe^{3+}、Cr^{3+}、Mn^{2+} 等阳离子或有色的酸根阴离子；溶液有气味，可能含有可挥发性酸或氨，再从气味的类别加以判断；溶液呈碱性，可能含有碱、碱金属或碱土金属的氧化物、弱酸强碱形成的盐(如 K_2CO_3、Na_2S 等)；溶液呈酸性，则可能含有酸、某些酸式盐(如 $NaHSO_4$)、弱碱强酸形成的盐[如 NH_4Cl、$Fe(NO_3)_3 \cdot 6H_2O$、$KAl(SO_4)_2 \cdot 12H_2O$ 等]。

如果试样是固体，用放大镜观察，试样是均一的还是不均一的，大致有多少种晶体，必要时用针拨分开。各种晶体的大约比例、颜色、结晶形状、光泽等，对分析结果的判断都有帮助。常见无机化合物中有特征颜色的列于表Ⅰ.10 中。

表Ⅰ.10　常见无机化合物的特征颜色

特征颜色	无机化合物
黑色	CuO、NiO、FeO、Fe_3O_4、MnO_2、FeS、CuS、Ag_2S、NiS、CoS、PbS 等
褐色	Bi_2O_3、PbO_2 等
蓝色	许多水合铜盐，如 $CuSO_4 \cdot 5H_2O$、$Cu(NO_3)_2 \cdot 6H_2O$、无水 $CoCl_2$ 等
绿色	镍盐、亚铁盐、铬盐和某些铜盐，如 $CuCl_2 \cdot 6H_2O$ 等
黄色	CdS、PbO[a] 和一些碘化物(如 AgI)，铬酸盐(如 $BaCrO_4$、K_2CrO_4)等
红色	Fe_2O_3、Cu_2O、HgO、HgS[b]、Pb_3O_4 等
粉红色	锰(Ⅱ)的盐，如 $MnSO_4 \cdot 7H_2O$，水合钴盐 $CoCl_2 \cdot 6H_2O$ 等
紫色	一些铬(Ⅲ)盐，高锰酸钾

[a] PbO 有两种变体：红色四方晶体和黄色正交晶体，红色晶体于 488℃ 可转化为黄色晶体。

[b] 某些人工制成的和天然产的物质常有不同的颜色，如沉淀生成的 HgS 是黑色，天然产的朱砂则是朱红色。

有些化合物，如铵盐和汞盐，在灼热时可以挥发或升华，这在玻璃管中灼烧可以观察到。

(2) **试验试样溶解性**　这是最重要的初步检验。通过试验不仅可对试样的组成获得很多认识，而且还可以解决选用什么溶剂来制备分析溶液的问题。

最常用的溶剂是水。用水处理试样时，易溶于水的有：所有的钠盐、钾盐、铵盐(除一些特殊的盐外)，所有的硝酸盐、亚硝酸盐，所有的氯化物、溴化物、碘化物(除 AgX、PbX_2、CuX 及 HgI_2 外)；除钡、锶、铅的硫酸盐难溶，$CaSO_4$、Ag_2SO_4 微溶外，其他的硫酸盐可溶。

不溶于水的有：除碱金属的氢氧化物、$Ba(OH)_2$ 易溶于水，$Ca(OH)_2$ 稍溶于水外，其他的氢氧化物不溶;除碱金属盐和铵盐外,其他的碳酸盐、磷酸盐、亚硫酸盐不溶;除碱金属、碱土金属的硫化物外,其他的硫化物(Al^{3+}、Cr^{3+}的硫化物溶于水后,水解成氢氧化物沉淀)不溶。

如果不溶于冷水,加热后看是否溶解。如果观察不到显著的溶解,则可取出一些清液放在表面皿上蒸干,若得到固体残渣,说明有部分溶解。

如果试样不溶于水,再依次用稀盐酸、浓盐酸、稀硝酸、浓硝酸和王水,在冷时和热时处理,选用最先能够溶解它的作为溶剂,各种溶剂的作用列于表Ⅰ.11中。

外表观察和初步检验中所看到的现象,对以后的分析和结果的判断都很有参考价值,但不能从初步检验就作出有关试样组成的结论,还是要做阳离子及阴离子成分的分析。

表Ⅰ.11 各种溶剂的作用

溶剂	作用	溶解的物质
水	电离、水合	水溶性化合物
盐酸	H^+效应 ① 中和 ② 生成弱酸 ③ 氧化 $2H^+ + 2e = H_2$ Cl^-效应 ① 还原作用 $2Cl^- - 2e = Cl_2$ ② 形成配合物	 ① 氢氧化物、碱性氧化物、碱式盐 ② 弱酸的盐 ③ 活泼金属Fe、Zn等 ① 高价氧化物MnO_2;氧化性盐,如$K_2Cr_2O_7$ ② 如锡酸形成$SnCl_6^{2-}$
硝酸	H^+效应,同上 氧化作用: $NO_3^- + 4H^+ + 3e = NO + 2H_2O$	难溶硫化物,如CuS、Ag_2S; 不活泼金属及其化合物,如Cu、Ag等
王水	氧化性,配位作用	需要同时氧化和配位的物质,如HgS,贵金属Au、Pt等

2. 阳离子的分离检出

(1) **阳离子分析溶液的制备** 制备阳离子分析溶液时,参考初步检验里溶剂与试样的作用,选择适当的溶剂溶解试样。但要注意,如果试样是亚铁盐,就不应该用氧化性溶剂(如HNO_3)来处理,以免只得到Fe^{3+};为了避免组分被氧化,有时要用煮沸过的稀硫酸处理试样,同时加些$NaHCO_3$,使产生的CO_2驱逐容器内的氧气,作为保护气氛保持组分不变价,然后用相应的试剂来检验。

有些阴离子的存在干扰阳离子的分析,如NO_2^-、SO_3^{2-}能氧化S^{2-},使硫化物不易沉淀完全并产生硫磺;大量X^-有与阳离子生成配离子的能力,妨碍它们的完全沉淀;PO_4^{3-}等对碱土金属离子的分析也会有干扰。这些干扰离子要在制备溶液时予以消除,如让试样与硝酸共同煮沸,某些还原性干扰阴离子可被氧化除去。因此,有人主张先做阴离子分析，它的结果对进行阳离子的分析是有帮助的。

(2) **阳离子的分离检出**　取一小部分阳离子的分析溶液，用 HCl、H_2S、$(NH_4)_2S$、$(NH_4)_2CO_3$ 依次试验，确定含有哪一组或哪些组的阳离子，然后按前文中阳离子分离检出的系统分析程序进行阳离子的检出。

但当对分析对象的范围有所了解时，也可以根据可能存在的离子的化学性质，灵活地拟订分析方案，而不必受系统分析的约束。

3. 阴离子的分离检出

(1) **阴离子分析溶液的制备**　前面讨论的阴离子分析是指最简单的情况，即试样是易溶于水的、不含重金属的分析样品。实际上，待分析试样是多种多样的，有易溶的也有难溶的，更多的是含各种重金属离子，后者的存在妨碍阴离子的检出。因为不少阳离子有颜色，有的能表现氧化还原性质，有的能与阴离子生成沉淀，例如溶液中若有 Ag^+，当用 $BaCl_2$ 检出 SO_4^{2-} 时就会产生 $AgCl$ 沉淀。所以在进行阴离子分析前，一般都要进行试样的处理。

用来制备阴离子分析溶液的试剂，应能与大多数阳离子生成沉淀，又能使试样中的阴离子没有改变地转入溶液中。因此，不能选用氧化剂、还原剂或强酸，因为它们都会影响阴离子的鉴定；强碱虽然能使一些阳离子沉淀成氢氧化物，但会使两性元素如铝、铬等溶解而不能除去。通常除去重金属离子的方法是将试样(固体或液体)与 Na_2CO_3 溶液共同煮沸，使之发生复分解反应。物质中所含的阴离子形成对应的钠盐而溶解，阳离子则形成碳酸盐、氧化物、氢氧化物或碱式碳酸盐而留在沉淀中。例如：

$$BaSO_3 + CO_3^{2-} = BaCO_3 \downarrow + SO_3^{2-}$$

$$2CuSO_4 + 3CO_3^{2-} + 2H_2O = Cu_2(OH)_2CO_3 \downarrow + 2SO_4^{2-} + 2HCO_3^-$$

$$2AgNO_3 + 2CO_3^{2-} + H_2O = Ag_2O + 2NO_3^- + 2HCO_3^-$$

$$2FeCl_3 + 6CO_3^{2-} + 6H_2O = 2Fe(OH)_3 + 6Cl^- + 6HCO_3^-$$

如果反应产生氨味，则需要继续煮沸使 $NH_3 \cdot H_2O$ 完全挥发除去，否则那些与氨形成配离子的阳离子就会进入溶液。

经过 Na_2CO_3 溶液处理后所得的溶液，大多数情况下可以满足阴离子分析的要求，但也不是完美无缺的。具有两性性质的铝、铬可能被溶解一些，不能完全除去；或根本不能转化，例如一些硫化物、磷酸盐、卤化银等。因此，经 Na_2CO_3 处理后可能剩有残渣。

假如残渣不溶于 3 mol/L HAc 溶液，并且在制备好的溶液中没有检出 S^{2-}、PO_4^{3-}、卤离子，则应先设法使残渣分解，然后再分析这些阳离子。

不溶于 HAc 的残渣用 Zn 和稀 H_2SO_4 处理，可以使没有转化的硫化物与之作用，生成 H_2S，例如：

$$CuS + Zn + 2H^+ = Cu + Zn^{2+} + H_2S \uparrow$$

用醋酸铅试纸检查 H_2S。在此处理中卤化银也分解，生成金属银和卤离子：

$$2AgX + Zn = 2Ag + Zn^{2+} + 2X^-$$

赶去 H_2S 后,就可以按一般方法分析 X^-(卤离子)。

磷酸盐可以用硝酸溶解,用形成钼磷酸铵的反应检出 PO_4^{3-}。

由于制备溶液时引入了 CO_3^{2-},显然,试样中有否 CO_3^{2-} 要取原始样品来鉴定。

(2) **阴离子的分离检出** 从阳离子分析的结果和试样在各种溶剂中的溶解情况,就可以作出某些阴离子不存在的结论。例如,试样可溶于水,在阳离子分析中又检出了 Ba^{2+} 和 Ag^+,则可以判断 Cl^-、Br^-、I^-、S^{2-}、SO_4^{2-}、SO_3^{2-}、PO_4^{3-} 都是不存在的,这就简化了阴离子的分析。这也就是为什么有人主张先做阳离子分析的原因。在实际工作中,先进行哪类离子的分析并无一定之规。如前所述,各有所长,重要的是如何获得正确的分析结果。

如果分析的试样是金属或合金,自然没有阴离子。溶液中找不到与阳离子对应的阴离子时,说明试样可能是氧化物。一些不溶于酸的残渣,如天然矿石、$BaSO_4$、硅酸盐、高温煅制品等,需要用熔融等特殊手段处理,它们的鉴定较复杂,不在本课程范围之内,这里也就不再讨论了。

4. 分析结果的判断

我们讨论的对象只限于化合物及其混合物。一般来讲,有了阴、阳离子的分析结果,结合初步检验中的现象,就可以判断试样的组成。但是推论要合理,要既符合化学原理,又符合逻辑性。例如,阳离子检出了 Ca^{2+}、Na^+,阴离子检出了 CO_3^{2-}、Cl^-,那么结论是 $CaCO_3$、$NaCl$,还是 $CaCl_2$、Na_2CO_3 呢?结合初步检验的结果,若样品难溶于水,水浸取液呈中性,蒸干后留有残渣,因此结论应是前者而不是后者。此外,分析结果要符合初步检验,试样不溶于水,就不应检出 K^+、Na^+、NH_4^+(常见物质中);试样溶于水,就不能同时检出 Ba^{2+} 和 SO_4^{2-};试样灼烧不挥发,就不可能有铵盐组分存在;试样水溶液呈酸性,分析结果就不应是 K_2SO_4,而应是 $KHSO_4$,等等。

总之,在已取得阴、阳离子的分析结果后,结合试样初步检验所观察到的现象,并运用所学过的化学知识,可正确地判断所给试样不是何种物质或含有几种主要成分。不妨多做几次对照实验或空白实验,采用几种方法对怀疑的离子做重点检查。

假如只检出了阳离子,试样是氧化物或氢氧化物;只检出了阴离子,则试样可能是酸或酸性氧化物。

有时检出了某些组分,但量很小,应该怀疑所用试剂是否不纯。例如盐酸试剂中常含有少量 Fe^{3+},Na_2CO_3 试剂中常含有少量 SO_4^{2-} 等。在此情形下,可以做空白实验,以确定所检出的小量组分是试样中含有的杂质,还是所用试剂引入的杂质。

附录Ⅱ　特殊试剂的配制方法

在普通化学实验中，常用酸、碱、无机盐的溶液通常是用相应的分析纯试剂溶解于去离子水中，或是用去离子水稀释市售的分析纯试剂配制而成。一些特殊试剂的配制方法列于表Ⅱ.1中。

表Ⅱ.1　特殊试剂的配制

试　剂	配制方法
蛋白水溶液	4个鸡蛋的蛋白配成3 L水溶液
碘水	5 g碘晶体和15 g碘化钾先用少许水溶解，再冲稀至1 L
淀粉溶液(0.2%)	2 g淀粉用水调成糊状，倒入200 mL沸水中，再煮沸，冲稀至1 L
对氨基苯磺酸	0.5 g对氨基苯磺酸溶于150 mL 2 mol/L醋酸溶液中
对硝基偶氮间苯二酚(镁试剂)	0.001 g对硝基偶氮间苯二酚溶于100 mL 2 mol/L NaOH溶液中
二苯胺	1 g二苯胺溶于100 mL浓硫酸中
二苯碳酰二肼	25 g二苯碳酰二肼溶于1 L丙酮中
二乙酰二肟	12 g二乙酰二肟溶于1 L无水乙醇中
酚酞(0.2%)	1 g酚酞溶于500 mL无水乙醇中
铬酸洗液	1 L浓硫酸加入62.5 g $K_2Cr_2O_7$，加热煮沸，静置冷却
邻菲罗啉(5‰)	5 g邻菲罗啉溶于1 L无水乙醇中
硫代乙酰胺	5 g硫代乙酰胺溶于100 mL水中
硫化钠	480 g $Na_2S \cdot 9H_2O$和40 g NaOH溶于1 L水中
硫酸铵(饱和)	50 g $(NH_4)_2SO_4$溶于100 mL热水，冷却后过滤
硫酸氧钛	1 L 2 mol/L H_2SO_4溶液中加11 mL $TiCl_4$，在通风橱中操作
六硝基合钴酸钠(0.1 mol/L)	230 g $NaNO_2$溶于500 mL水，再加165 mL 6 mol/L HAc溶液和30 g $Co(NO_3)_2 \cdot 6H_2O$。静置过夜，过滤，将滤液稀释到1 L(该试剂应在需要时临时制备)
乙二胺(0.5 mol/L)	100 mL乙二胺(浓度15 mol/L)稀释至3 L
氯化亚锡(0.5 mol/L)	112.8 g $SnCl_2 \cdot 2H_2O$溶于500 mL浓HCl中(必要时需加热)，将所得溶液稀释到1 L，溶液储存在装有锡粒的瓶中
氯化氧钒	1 g NH_4VO_3固体溶于20 mL 6 mol/L HCl溶液和10 mL水中，加热
铝试剂	1 g铝试剂溶于1 L水中
钼酸铵	150 g $(NH_4)_6Mo_7O_{24} \cdot 4H_2O$溶于1 L水中，将所得溶液倾入1 L 6 mol/L HNO_3溶液中
α-萘胺	1 g α-萘胺溶于100 mL无水乙醇中

续表

试　剂	配制方法
奈斯勒试剂	115 g HgI_2 和 80 g KI 溶于足够的水中，使所得溶液的体积为 500 mL；加 500 mL 6 mol/L KOH 溶液。如果放置时生成沉淀，用倾析法将溶液分出(溶液保存在暗色瓶中)
四苯硼钠(3%)	3 g $(C_6H_5)_4BNa$ 溶于 100 mL 水中
硫氰酸汞铵	8 g $HgCl_2$ 和 9 g NH_4SCN 溶于 100 mL 水中
碳酸铵(1 mol/L)	96 g 研细的碳酸铵溶于 1 L 2mol/L 氨水中
锑酸钾(0.1 mol/L)	在 1 L 沸水中加 22 g $KSb(OH)_6$，煮沸几分钟至其完全溶解，将溶液迅速冷却，加 35 mL 6 mol/L KOH 溶液，放置过夜，过滤
亚硝基 R 盐	1 g 亚硝基 R 盐溶于 100 mL 水中
亚硝酰五氰合铁酸钠	3 g $Na_2[Fe(CN)_5(NO)]\cdot 2H_2O$ 溶于 100 mL 水中

盐桥的制作：将 2.71 g 琼脂倒入 50 mL 水中，水浴加热搅拌，待琼脂完全溶化后加入 15 g 硝酸钾搅拌至完全溶解，趁热用滴管吸取溶液灌入热的玻璃管中，垂直放置约 2 小时后保存在饱和硝酸钾溶液中。

附录Ⅲ　普通化学实验室常用数据表

表Ⅲ.1　不同温度下水的饱和蒸气压

t/℃	p/mmHg	p/kPa	t/℃	p/mmHg	p/kPa
0	4.579	0.61129	26	25.209	3.3629
1	4.926	0.65716	27	26.739	3.5670
2	5.294	0.70605	28	28.349	3.7818
3	5.685	0.75813	29	30.043	4.0078
4	6.101	0.81359	30	31.824	4.2455
5	6.543	0.87260	31	33.695	4.4953
6	7.013	0.93537	32	35.663	4.7578
7	7.513	1.0021	33	37.729	5.0335
8	8.045	1.0730	34	39.898	5.3229
9	8.609	1.1482	35	42.175	5.6267
10	9.209	1.2281	36	44.563	5.9453
11	9.844	1.3129	37	47.067	6.2795
12	10.518	1.4027	38	49.692	6.6298
13	11.231	1.4979	39	52.442	6.9969
14	11.987	1.5988	40	55.324	7.3814
15	12.788	1.7056	41	58.34	7.7840
16	13.634	1.8185	42	61.50	8.2054
17	14.530	1.9380	43	64.80	8.6463
18	15.477	2.0644	44	68.26	9.1075
19	16.477	2.1978	45	71.88	9.5898
20	17.535	2.3388	46	75.65	10.094
21	18.650	2.4877	47	79.60	10.620
22	19.827	2.6447	48	83.71	11.171
23	21.068	2.8104	49	88.02	11.745
24	22.387	2.9850	50	92.51	12.344
25	23.756	3.1690			

以“kPa”为单位的数据摘自 David R. Lide, *CRC Handbook of Chemistry and Physics*, 87th Ed., 6～9, 2006—2007.

以“mmHg”为单位的数据摘自 John A. Dean, *Lange's Handbook of Chemistry*, 15th Ed., 5.28～5.29, 1998.

表Ⅲ.2 常见无机化合物在水中的溶解度

化合物	0℃	20℃	40℃	60℃	80℃	100℃
$AgNO_3$	122	216	311	440	585	733
Ag_2SO_4	0.57	0.80	0.98	1.15	1.30	1.41
$Al(NO_3)_3$	60.0	73.9	88.7	106	132	160
$Al_2(SO_4)_3$	31.2	36.4	45.8	59.2	73.0	89.0
$BaCl_2 \cdot 2H_2O$	31.2	35.8	40.8	46.2	52.5	59.4
$Ba(NO_3)_2$	4.95	9.02	14.1	20.4	27.2	34.4
$Ba(OH)_2$	1.67	3.89	8.22	20.94	101.4	
$CaCl_2 \cdot 6H_2O$	59.5	74.5	128	137	147	159
$Ca(NO_3)_2 \cdot 4H_2O$	102	129	191		358	363
$Ca(OH)_2$	0.189	0.173	0.141	0.121		0.076
$CoCl_2$	43.5	52.9	69.5	93.8	97.6	106
$Co(NO_3)_2$	84.0	97.4	125	174	204	
$CuCl_2$	68.6	73.0	87.6	96.5	104	120
$Cu(NO_3)_2$	83.5	125	163	182	208	247
$CuSO_4 \cdot 5H_2O$	23.1	32.0	44.6	61.8	83.8	114
$CuSO_4 \cdot (NH_4)_2SO_4$	11.5	19.4	30.5	46.3	69.7	107
$FeCl_3 \cdot 6H_2O$	74.4	91.8				
$Fe(NO_3)_3 \cdot 9H_2O$	112.0	137.7	175.0			
$FeSO_4 \cdot 7H_2O$	28.8	48.0	73.3	100.7	79.9	57.8
H_3BO_3	2.67	5.04	8.72	14.81	23.62	40.25
$H_2C_2O_4 \cdot 2H_2O$	3.54	9.52				
HCl	82.3	72.1	63.3	56.1		
$HgCl_2$	3.63	6.57	10.2	16.3	30.0	61.3
$KAl(SO_4)_2$	3.00	5.90	11.7	24.8	71.0	
KBr	53.6	65.3	75.4	85.5	94.9	104
KCl	28.0	34.2	40.1	45.8	51.3	56.3
$KClO_3$	3.3	7.3	13.9	23.8	37.6	56.3
K_2CrO_4	56.3	63.7	67.8	70.1		
$K_2Cr_2O_7$	4.7	12.3	26.3	45.6	73.0	
$K_3[Fe(CN)_6]$	30.2	46	59.3	70		91
$K_4[Fe(CN)_6]$	14.3	28.2	41.4	54.8	66.9	74.2
KI	128	144	162	176	192	206
$KMnO_4$	2.83	6.34	12.6	22.1		
KNO_3	13.9	31.6	61.3	106	167	245
KOH	95.7	112	134	154		178
KSCN	177	224	289	372	492	675

续表

化合物	0℃	20℃	40℃	60℃	80℃	100℃
$K_2S_2O_3$	96	155	205	238	293	
$MgCl_2$	52.9	54.6	57.5	61.0	66.1	73.3
$Mg(NO_3)_2$	62.1	69.5	78.9	78.9	91.6	
$MnCl_2$	63.4	73.9	88.5	109	113	115
$Mn(NO_3)_2$	102	139				
$MnSO_4$	52.9	62.9	60.0	53.6	45.6	35.3
NaAc	36.2	46.4	65.6	139	153	170
$Na_2B_4O_7$	1.11	2.56	6.67	19.0	31.4	52.5
NaCl	35.7	35.9	36.4	37.1	38.0	39.2
Na_2CO_3	7.00	21.5	49.0	46.0	43.9	
$NaHCO_3$	7.0	9.6	12.7	16.0		
$NaNO_3$	73.0	87.6	102	122	148	180
$NaNO_2$	71.2	80.8	94.9	111	133	160
NaOH		109	129	174		
Na_2S	9.6	15.7	26.6	39.1	55.0	
Na_2SO_4	4.9	19.5	48.8	45.3	43.7	42.5
Na_2SO_3	14.4	26.3	37.2	32.6	29.4	
$Na_2S_2O_3 \cdot 5H_2O$	50.2	70.1	104			
NH_4Cl	29.4	37.2	45.8	55.3	65.6	77.3
$(NH_4)_2C_2O_4$	2.2	4.45	8.18	14.0	22.4	34.7
$(NH_4)_2Fe(SO_4)_2 \cdot 6H_2O$	17.23	36.47				
$(NH_4)_2Mg(SO_4)_2$	11.8	18.0	25.8	35.1	48.3	65.7
NH_4NO_3	118	192	297	421	580	871
NH_4SCN	120	170	234	346		
$(NH_4)_2SO_4$	70.6	75.4	81	88	95	103
$Ni(NO_3)_2$	79.2	94.2	119	158	187	
$NiSO_4 \cdot 7H_2O$	26.2	37.7	50.4			
$Pb(Ac)_2$	19.8	44.3	116			
$Pb(NO_3)_2$	37.5	54.3	72.1	91.6	111	133
$Sr(NO_3)_2$	39.5	69.5	89.4	93.4	96.9	
$ZnCl_2$	342	395	452	488	541	614
$ZnSO_4$	41.6	53.8	70.5	75.4	71.1	60.5

溶解度：表示在一定温度(℃)下，给定化学式的物质溶解在 100 g H_2O 中成饱和溶液时，该物质的克数，单位为 g/100 g H_2O。

摘自 John A. Dean, *Lange's Handbook of Chemistry*, 15th Ed., 5.9～5.23, 1998.

表Ⅲ.3 气体在水中的溶解度

气 体	0℃	10℃	20℃	30℃	40℃	60℃
Br_2	42.9	24.8	14.9	9.5	6.3	2.9
Cl_2	—	0.9972	0.7293	0.5723	0.4590	0.3295
CO	0.004397	0.003479	0.002838	0.002405	0.002075	0.001522
CO_2	0.3346	0.2318	0.1688	0.1257	0.0973	0.0576
H_2	0.0001922	0.0001740	0.0001603	0.0001474	0.0001384	0.0001178
H_2S	0.7066	0.5112	0.3846	0.2983	0.2361	0.1480
N_2	0.002942	0.002312	0.001901	0.001624	0.001391	0.001052
NH_3	89.5	68.4	52.9	41.0	31.6	16.8
NO	0.009833	0.007560	0.006173	0.005165	0.004394	0.003237
O_2	0.006945	0.005368	0.004339	0.003588	0.003082	0.002274
SO_2	22.83	16.21	11.28	7.80	5.41	

气体在水中的溶解度：表示在一定温度(℃)下，当给定化学式的气体压力加水的蒸气压为 101.3 kPa 时，该气体在 100 g H_2O 中溶解的克数，单位为 g/100 g H_2O。

摘自 John A. Dean, *Lange's Handbook of Chemistry*, 15th Ed., 5.3～5.8, 1998.

表Ⅲ.4 普通有机溶剂的性质

溶 剂	化 学 式	沸点/℃	密度/($g\cdot mL^{-1}$)
四氯化碳	CCl_4	76.7	1.5867
苯	C_6H_6	80.0	0.8737^{25}
丙酮	CH_3COCH_3	56	0.7908_4^{20}
氯仿	$CHCl_3$	61.1	1.4985^{15}
甲醇	CH_3OH	64.7	0.7913_4^{20}
乙醇	C_2H_5OH	78.3	0.7894_4^{20}
乙醚	$C_2H_5OC_2H_5$	34.6	0.7134_4^{20}
二硫化碳	CS_2	46.5	1.261^{22}

摘自 John A. Dean, *Lange's Handbook of Chemistry*, 15th Ed., 1.76～1.343, 1998.

表Ⅲ.5 实验室常用酸、碱的浓度

试剂名称	密度(20℃)/($g\cdot mL^{-1}$)	浓度/($mol\cdot L^{-1}$)	质量分数/(%)
浓硫酸	1.84	18.0	96.0
浓盐酸	1.19	12.1	37.2
浓硝酸	1.42	15.9	70.4
磷酸	1.70	14.8	85.5
冰醋酸	1.05	17.45	99.8
浓氨水	0.90	14.53	56.6
浓氢氧化钠	1.54	19.4	50.5

摘自 John A. Dean, *Lange's Handbook of Chemistry*, 15th Ed., 11.106, 1998.

表Ⅲ.6　实验室常用酸、碱指示剂

指示剂名称	变色范围(pH)	配制方法
甲基橙	3.0～4.4 红　黄	0.1%水溶液
石蕊	4.5～8.3 红　蓝	2%水溶液
甲基红	4.4～6.2 红　黄	0.1g 溶于 60 mL 酒精和 40 mL 水中
酚酞	8.2～10.0 无色　粉红	1g 溶于 60 mL 酒精和 40 mL 水中

摘自 John A. Dean, *Lange's Handbook of Chemistry*, 15th Ed., 11.115～11.117, 1998.

表Ⅲ.7　弱酸电离常数(25℃)

弱　酸	电离常数	弱　酸	电离常数
Al^{3+}(aq)	1.05×10^{-5}	HF	6.3×10^{-4}
$Bi^{3+}(aq) = Bi(OH)^{2+} + H^+$	2.6×10^{-2}	HNO_2	7.2×10^{-4}
CH_3COOH	1.75×10^{-5}	H_2O_2	$K_1=7.9\times10^{-2}$
Cr^{3+}(aq)水解	1.1×10^{-4}		$K_2=3.2\times10^{-6}$
$Cu^{2+}(aq) + H_2O = Cu(OH)^+ + H^+$	4.6×10^{-8}	H_3PO_4	$K_1=7.1\times10^{-3}$
Fe^{2+}(aq)水解	1.6×10^{-7}		$K_2=6.3\times10^{-8}$
Fe^{3+}(aq)水解	6.5×10^{-3}		$K_3=4.8\times10^{-13}$
H_3AsO_4	$K_1=6.0\times10^{-3}$	H_2S	$K_1=1.1\times10^{-7}$
	$K_2=1.7\times10^{-7}$		$K_2=1.3\times10^{-13}$
$HAsO_2$	$K_1=5.2\times10^{-10}$	H_4SiO_4	$K_1=2.5\times10^{-10}$
H_3BO_3	$K_1=5.8\times10^{-10}$		$K_2=1.6\times10^{-12}$
HClO	2.9×10^{-8}	H_2SO_3	$K_1=1.3\times10^{-2}$
HCN	6.2×10^{-10}	(不包括 SO_2 的水合常数)	$K_2=6.2\times10^{-8}$
H_2CO_3	$K_1=4.4\times10^{-7}$	HSO_4^-	1.0×10^{-2}
(包括 CO_2 的水合常数)	$K_2=6.7\times10^{-11}$	H_3VO_4	$K_1=1.7\times10^{-4}$
$H_2C_2O_4$	$K_1=5.36\times10^{-2}$		$K_2=1.7\times10^{-8}$
	$K_2=5.35\times10^{-5}$	NH_4^+	5.7×10^{-10}
HCOOH	1.77×10^{-4}	Pb^{2+}(aq)分步水解	$K_1=1.6\times10^{-8}$
H_2CrO_4	$K_1=0.18$	Sn^{2+}(aq)水解	1.55×10^{-4}
	$K_2=3.3\times10^{-7}$	$Ti^{3+} + H_2O = Ti(OH)^{2+} + H^+$	2.8×10^{-3}

摘自 John A. Dean, *Lange's Handbook of Chemistry*, 15th Ed., 8.18～8.22, 8.24, 8.48, 8.63, 1998.

表Ⅲ.8 难溶化合物的溶度积常数 K_{sp}(室温)

难溶物	溶度积	难溶物	溶度积
$AgBr$	5.35×10^{-13}	α-CoS	4.0×10^{-21}
$AgCl$	1.77×10^{-10}	β-CoS	2.0×10^{-25}
Ag_2CrO_4	1.12×10^{-12}	$Cr(OH)_3$	6.3×10^{-31}
AgI	8.52×10^{-17}	$CuBr$	6.27×10^{-9}
$AgOH$	2.0×10^{-8}	$CuCl$	1.72×10^{-7}
Ag_3PO_4	8.89×10^{-17}	$CuCrO_4$	3.6×10^{-6}
Ag_2S	6.3×10^{-50}	$Cu_2[Fe(CN)_4]$	1.3×10^{-16}
Ag_2SO_4	1.2×10^{-5}	CuI	1.27×10^{-12}
$Al(OH)_3$(非晶形)	1.3×10^{-33}	$CuOH$	1.0×10^{-14}
$BaCO_3$	2.58×10^{-9}	$Cu(OH)_2$	2.2×10^{-20}
BaC_2O_4	2.3×10^{-8}	Cu_2S	2.5×10^{-48}
$BaCrO_4$	1.17×10^{-10}	CuS	6.3×10^{-36}
$Ba_3(PO_4)_2$	3.4×10^{-23}	$FeC_2O_4\cdot2H_2O$	3.2×10^{-7}
$BaSO_4$	1.08×10^{-10}	$Fe(OH)_2$	4.87×10^{-17}
$BaSO_3$	5.0×10^{-10}	$Fe(OH)_3$	2.79×10^{-39}
BaS_2O_3	1.6×10^{-5}	FeS	6.3×10^{-18}
$BiOCl$	1.8×10^{-31}	Hg_2Cl_2	1.43×10^{-18}
$Bi(OH)_3$	6.0×10^{-31}	Hg_2I_2	5.2×10^{-29}
$BiONO_3$	2.82×10^{-3}	$Hg(OH)_2$	3.2×10^{-26}
BiS_3	1.0×10^{-97}	HgS(红)	4.0×10^{-53}
$CaCO_3$	2.8×10^{-9}	HgS(黑)	1.6×10^{-52}
$CaC_2O_4\cdot H_2O$	2.32×10^{-9}	Hg_2S	1.0×10^{-47}
$CaCrO_4$	7.1×10^{-4}	$K[B(C_6H_5)_4]$	2.2×10^{-8}
CaF_2	5.3×10^{-9}	$K_2Na[Co(NO_2)_6]\cdot H_2O$	2.2×10^{-11}
$CaHPO_4$	1.0×10^{-7}	Li_2CO_3	2.5×10^{-2}
$Ca(OH)_2$	5.5×10^{-6}	LiF	1.84×10^{-3}
$Ca_3(PO_4)_2$	2.07×10^{-29}	Li_3PO_4	2.37×10^{-11}
$CaSO_4$	4.93×10^{-5}	$MgCO_3\cdot3H_2O$	2.38×10^{-5}
$CdCO_3$	5.2×10^{-12}	MgF_2	5.16×10^{-11}
$Cd(OH)_2$(新制)	7.2×10^{-15}	$Mg(OH)_2$	5.61×10^{-12}
CdS	8.0×10^{-27}	$Mg_3(PO_4)_2$	1.04×10^{-24}
$Co[Hg(SCN)_4]$	1.5×10^{-6}	$Mn(OH)_2$	1.9×10^{-13}
$Co(OH)_2$(新制)	5.92×10^{-15}	MnS(非晶形)	2.5×10^{-10}
$Co(OH)_3$	1.6×10^{-44}	MnS(晶形)	2.5×10^{-13}

续表

难溶物	溶度积	难溶物	溶度积
$Na[Sb(OH)_6]$	4.0×10^{-8}	$PbSO_4$	1.6×10^{-8}
NH_4MgPO_4	2.5×10^{-13}	$Sn(OH)_2$	5.45×10^{-28}
$(NH_4)_2Na[Co(NO_2)_6]$	2.2×10^{-11}	$Sn(OH)_4$	1.0×10^{-56}
$Ni(OH)_2$(新制)	5.48×10^{-16}	SnS	1.0×10^{-25}
α-NiS	3.2×10^{-19}	$SrCrO_4$	2.2×10^{-5}
β-NiS	1.0×10^{-24}	$SrSO_4$	3.44×10^{-7}
γ-NiS	2.0×10^{-26}	$Ti(OH)_3$	1.0×10^{-40}
$PbCO_3$	7.4×10^{-14}	$TiO(OH)_2$	1.0×10^{-29}
$PbCl_2$	1.7×10^{-5}	$VO(OH)_2$	5.9×10^{-23}
$PbCrO_4$	2.8×10^{-13}	$Zn_2[Fe(CN)_6]$	4.0×10^{-16}
PbI_2	9.8×10^{-9}	$Zn[Hg(SCN)_4]$	2.2×10^{-7}
$Pb(OH)_2$	1.43×10^{-15}	$Zn(OH)_2$	3.0×10^{-17}
$Pb(OH)_4$	3.2×10^{-66}	α-ZnS	1.6×10^{-24}
PbS	8.0×10^{-28}	β-ZnS	2.5×10^{-22}

摘自 John A. Dean, *Lange's Handbook of Chemistry*, 15th Ed., 8.6～8.17, 1998.

表Ⅲ.9a　酸性溶液中的标准电极电势(25℃)

	电极反应	$\varphi^{\ominus}$/V
Ag	$Ag^{+}+e = Ag$	+0.7991
	$AgBr+e = Ag+Br^{-}$	+0.071
	$AgCl+e = Ag+Cl^{-}$	+0.2223
	$Ag_2CrO_4+2e = 2Ag+CrO_4^{2-}$	+0.447
Al	$Al^{3+}+3e = Al$	−1.676
Bi	$Bi_2O_5+6H^{+}+4e = 2BiO^{+}+3H_2O$	+1.59
	$BiOCl+2H^{+}+3e = Bi+H_2O+Cl^{-}$	+0.170
Br	$Br_2+2e = 2Br^{-}$	+1.087
	$BrO_3^{-}+6H^{+}+5e = \frac{1}{2}Br_2+3H_2O$	+1.5
Ca	$Ca^{2+}+2e = Ca$	−2.84
Cl	$Cl_2+2e = 2Cl^{-}$	+1.396
	$ClO_3^{-}+6H^{+}+6e = Cl^{-}+3H_2O$	+1.45
	$ClO_3^{-}+6H^{+}+5e = \frac{1}{2}Cl_2+3H_2O$	+1.468
	$HClO+2H^{+}+e = \frac{1}{2}Cl_2+H_2O$	+1.63
	$HClO_2+2H^{+}+2e = HClO+H_2O$	+1.6

续表

	电极反应	$\varphi^{\ominus}/V$
Co	$Co^{3+}+e \rightleftharpoons Co^{2+}$	+1.82
Cr	$Cr_2O_7^{2-}+14H^++6e \rightleftharpoons 2Cr^{3+}+7H_2O$	+1.36
Cu	$CuI+e \rightleftharpoons Cu+I^-$	−0.185
	$CuCl+e \rightleftharpoons Cu+Cl^-$	+0.137
	$Cu^{2+}+e \rightleftharpoons Cu^+$	+0.159
	$Cu^{2+}+2e \rightleftharpoons Cu$	+0.340
	$Cu^++e \rightleftharpoons Cu$	+0.520
	$Cu^{2+}+Cl^-+e \rightleftharpoons CuCl$	+0.559
	$Cu^{2+}+I^-+e \rightleftharpoons CuI$	+0.86
Fe	$Fe^{2+}+2e \rightleftharpoons Fe$	−0.44
	$Fe^{3+}+e \rightleftharpoons Fe^{2+}$	+0.771
	$Fe(CN)_6^{3-}+e \rightleftharpoons Fe(CN)_6^{4-}$	+0.361
H	$2H^++e \rightleftharpoons H_2$	0.00
Hg	$Hg_2^{2+}+2e \rightleftharpoons 2Hg$	+0.7960
	$Hg^{2+}+2e \rightleftharpoons Hg$	+0.8535
	$2Hg^{2+}+2e \rightleftharpoons Hg_2^{2+}$	+0.911
	$Hg_2Cl_2+2e \rightleftharpoons 2Hg+2Cl^-$	+0.2682
I	$I_2+2e \rightleftharpoons 2I^-$	+0.5355
	$I_3^-+2e \rightleftharpoons 3I^-$	+0.536
	$IO_3^-+6H^++5e \rightleftharpoons \frac{1}{2}I_2+3H_2O$	+1.195
	$HIO+H^++e \rightleftharpoons \frac{1}{2}I_2+H_2O$	+1.45
K	$K^++e \rightleftharpoons K$	−2.924
Mg	$Mg^{2+}+2e \rightleftharpoons Mg$	−2.375
Mn	$Mn^{2+}+3e \rightleftharpoons Mn$	−1.17
	$MnO_4^-+e \rightleftharpoons MnO_4^{2-}$	+0.56
	$MnO_2+4H^++2e \rightleftharpoons Mn^{2+}+2H_2O$	+1.23
	$MnO_4^-+8H^++5e \rightleftharpoons Mn^{2+}+4H_2O$	+1.51
	$MnO_4^-+4H^++3e \rightleftharpoons MnO_2+2H_2O$	+1.70
N	$NO_3^-+4H^++3e \rightleftharpoons NO+2H_2O$	+0.96
	$HNO_2+H^++e \rightleftharpoons NO+H_2O$	+0.996
	$NO_3^-+3H^++2e \rightleftharpoons HNO_2+H_2O$	+0.94
Na	$Na^++e \rightleftharpoons Na$	−2.713
O	$O_2+2H^++2e \rightleftharpoons H_2O_2$	+0.682
	$O_2+4H^++4e \rightleftharpoons 2H_2O$	+1.229

续表

	电极反应	$\varphi^\ominus$/V
	$H_2O_2+2H^++2e \longrightarrow 2H_2O$	+1.763
Pb	$Pb^{2+}+2e \longrightarrow Pb$	−0.126
	$PbO_2+4H^++2e \longrightarrow Pb^{2+}+2H_2O$	+1.46
	$PbO_2+SO_4^{2-}+4H^++2e \longrightarrow PbSO_4+2H_2O$	+1.690
	$PbCl_2+2e \longrightarrow Pb+2Cl^-$	−0.268
S	$S+2H^++2e \longrightarrow H_2S$	+0.144
	$SO_4^{2-}+4H^++2e \longrightarrow H_2SO_3+H_2O$	+0.158
	$S_4O_6^{2-}+2e \longrightarrow 2S_2O_3^{2-}$	+0.08
	$2H_2SO_3+2H^++4e \longrightarrow S_2O_3^{2-}+3H_2O$	+0.40
	$S_2O_8^{2-}+2e \longrightarrow 2SO_4^{2-}$	+1.96
Sb	$Sb_2O_5+6H^++4e \longrightarrow 2SbO+3H_2O$	+0.605
Sn	$Sn^{4+}+2e \longrightarrow Sn^{2+}$	+0.154
Ti	$TiO^{2+}+2H^++4e \longrightarrow Ti+H_2O$	−0.89
	$TiO^{2+}+2H^++e \longrightarrow Ti^{3+}+H_2O$	+0.1
V	$V(OH)_4^++4H^++5e \longrightarrow V+4H_2O$	−0.236
	$VO^{2+}+2H^++e \longrightarrow V^{3+}+H_2O$	0.337
	$V(OH)_4^++2H^++e \longrightarrow VO^{2+}+3H_2O$	+1.00
Zn	$Zn^{2+}+2e \longrightarrow Zn$	−0.7626

摘自 John A. Dean, *Lange's Handbook of Chemistry*, 15th Ed., 8.124～8.137, 1998.

表Ⅲ.9b　碱性溶液中的标准电极电势(25℃)

	电极反应	$\varphi^\ominus$/V
Ag	$Ag_2S+2e \longrightarrow 2Ag+S^{2-}$	−0.71
	$Ag_2O+H_2O+2e \longrightarrow 2Ag+2OH^-$	+0.344
	$Ag(NH_3)_2^++e \longrightarrow Ag+2NH_3$	+0.373
Al	$Al(OH)_4^-+3e \longrightarrow Al+4OH^-$	−2.310
As	$AsO_4^{3-}+2H_2O+2e \longrightarrow AsO_2^-+4OH^-$	−0.67
Br	$BrO^-+H_2O+2e \longrightarrow Br^-+2OH^-$	+0.76
Cl	$ClO_4^-+H_2O+2e \longrightarrow ClO_3^-+2OH^-$	+0.36
	$ClO_3^-+H_2O+2e \longrightarrow ClO_2^-+2OH^-$	+0.35
	$ClO_2^-+H_2O+2e \longrightarrow ClO^-+2OH^-$	+0.59
	$ClO^-+H_2O+2e \longrightarrow Cl^-+2OH^-$	+0.890
	$2ClO^-+2H_2O+2e \longrightarrow Cl_2\uparrow+4OH^-$	+0.421
Co	$Co(NH_3)_6^{3+}+e \longrightarrow Co(NH_3)_6^{2+}$	+0.058
	$Co(NH_3)_6^{3+}+3e \longrightarrow Co+6NH_3$	−0.422

续表

	电极反应	$\varphi^{\ominus}$/V
	$Co(OH)_3 + e = Co(OH)_2 + OH^-$	+0.17
	$Co(OH)_2 + 2e = Co + 2OH^-$	−0.73
Cr	$Cr(OH)_3 + 3e = Cr + 3OH^-$	−1.48
	$CrO_2^- + 2H_2O + 3e = Cr + 4OH^-$	−1.2
	$CrO_4^{2-} + 4H_2O + 3e = Cr(OH)_4^- + 4OH^-$	−0.13
Cu	$Cu_2O + H_2O + 2e = 2Cu + 2OH^-$	−0.360
	$Cu(NH_3)_4^{2+} + e = Cu(NH_3)_2^+ + 2NH_3$	+0.10
	$Cu(NH_3)_2^+ + e = Cu + 2NH_3$	−0.100
Fe	$Fe(OH)_3 + e = Fe(OH)_2 + OH^-$	−0.56
	$Fe(OH)_4^- + e = Fe(OH)_4^{2-}$	−0.73
H	$2H_2O + 2e = H_2 + 2OH^-$	−0.828
I	$IO_3^- + 3H_2O + 6e = I^- + 6OH^-$	+0.257
	$IO^- + H_2O + 2e = I^- + 2OH^-$	+0.49
Mg	$Mg(OH)_2 + 2e = Mg + 2OH^-$	−2.687
Mn	$MnO_2 + 2H_2O + 2e = Mn(OH)_2 + 2OH^-$	−0.05
	$MnO_4^- + 2H_2O + 3e = MnO_2 + 4OH^-$	+0.60
	$MnO_4^{2-} + 2H_2O + 2e = MnO_2 + 4OH^-$	+0.62
N	$NO_3^- + H_2O + 2e = NO_2^- + 2OH^-$	+0.01
O	$O_2 + 2H_2O + 4e = 4OH^-$	+0.401
S	$S + 2e = S^{2-}$	−0.407
	$SO_4^{2-} + H_2O + 2e = SO_3^{2-} + 2OH^-$	−0.936
	$2SO_3^{2-} + 3H_2O + 4e = S_2O_3^{2-} + 6OH^-$	−1.13
	$S_4O_6^{2-} + 2e = 2S_2O_3^{2-}$	+0.080
Sb	$Sb(OH)_6^- + 2e = SbO_2^- + 2OH^- + 2H_2O$	−0.465
	$SbO_2^- + 2H_2O + 3e = Sb + 4OH^-$	+0.639
Sn	$Sn(OH)_6^{2-} + 2e = HSnO_2^- + H_2O + 3OH^-$	−0.96
	$HSnO_2^- + H_2O + 2e = Sn + 3OH^-$	−0.91

摘自 John A. Dean, *Lange's Handbook of Chemistry*, 15th Ed., 8.124～8.137, 1998.

表Ⅲ.10　配离子稳定常数 $K_稳$(室温)

配离子	稳定常数	配离子	稳定常数
$AgCl_2^-$	1.1×10^5	$Cu(NH_3)_4^{2+}$	2.1×10^{13}
$Ag(CN)_2^-$	1.3×10^{21}	$Cu(OH)_4^{2-}$	3.2×10^{18}
$Ag(en)_2^+$	5.0×10^7	$FeCl_3$	98
$Ag(NH_3)_2^+$	1.1×10^7	$Fe(CN)_6^{4-}$	1.0×10^{35}
$Ag(S_2O_3)_2^{3-}$	2.9×10^{13}	$Fe(CN)_6^{3-}$	1.0×10^{42}
$Al(C_2O_4)_3^{3-}$	2.0×10^{16}	$Fe(C_2O_4)_3^{4-}$	1.7×10^5
AlF_6^{3-}	6.9×10^{19}	$Fe(C_2O_4)_3^{3-}$	1.6×10^{20}
$Al(OH)_4^-$	1.1×10^{33}	FeF_3	1.1×10^{12}
$BiCl_4^-$	4.0×10^5	$Fe(NCS)_2^+$	2.3×10^3
$CdCl_4^{2-}$	6.3×10^2	$HgCl_4^{2-}$	1.2×10^{15}
$Cd(NH_3)_4^{2+}$	1.3×10^7	HgI_4^{2-}	6.8×10^{29}
$Cd(OH)_4^{2-}$	4.2×10^8	$Hg(NH_3)_4^{2+}$	1.9×10^{19}
$Co(NH_3)_6^{2+}$	1.3×10^5	$Hg(SCN)_4^{2-}$	1.7×10^{21}
$Co(NH_3)_6^{3+}$	1.6×10^{35}	$Ni(NH_3)_6^{2+}$	5.5×10^8
$Co(SCN)_4^{2-}$	1.0×10^3	$Pb(C_2H_3O_2)_4^{2-}$	3.2×10^8
$Cr(OH)_4^{2-}$	7.9×10^{29}	$PbCl_2$	2.8×10^2
$CuCl_2^-$	3.2×10^5	$Pb(NO_3)^+$	15
$CuCl_3^{2-}$	5.0×10^5	$Pb(OH)_6^{4-}$	1.0×10^{61}
$Cu(en)_2^+$	6.3×10^{10}	$SnCl_2$	1.7×10^2
$Cu(en)_2^{2+}$	1.0×10^{20}	$Zn(NH_3)_4^{2+}$	2.9×10^9
$Cu(NH_3)_2^+$	7.2×10^{10}	$Zn(OH)_4^{2-}$	4.6×10^{17}

摘自 John A. Dean, *Lange's Handbook of Chemistry*, 15th Ed., 8.83～8.104, 1998.

参 考 书 目

1. 华彤文,陈景祖,等编著.普通化学原理.第三版.北京:北京大学出版社,2005.
2. 严宣申,王长富,编著.普通无机化学.第二版.北京:北京大学出版社,1999.
3. 张青莲,主编.无机化学丛书(1～18卷).北京:科学出版社,1984—1998.
4. Zvi Szafran, Ronald M. Pike, and Mono M. Singh. Microscale Inorganic Chemistry. New York: John Wiley & Sons, Inc., 1991.
5. James M. Postma, Julian L. Roberts, Jr., J. Leland Hollenberg. Chemistry in the Laboratory. 7th Ed. New York: W. H. Freeman and Company, 2010.

元素周期表

原子序数 → 19；元素符号 → K；元素名称 → 钾（注*的是人造元素）；价电子组态 → $4s^1$（括号指可能的组态）；相对原子质量 → 39.0983(1)（†为半衰期最长的同位素相对质量）

族 周期	1	2	3	4	5	6	7	8	9	10	11	12	13	14	15	16	17	18
	IA	IIA	IIIB	IVB	VB	VIB	VIIB	VIIIB			IB	IIB	IIIA	IVA	VA	VIA	VIIA	VIIIA
1	1 **H** 氢 $1s^1$ 1.00794(7)																	2 **He** 氦 $1s^2$ 4.002602(2)
2	3 **Li** 锂 $2s^1$ 6.941(2)	4 **Be** 铍 $2s^2$ 9.012182(3)											5 **B** 硼 $2s^22p^1$ 10.811(7)	6 **C** 碳 $2s^22p^2$ 12.0107(8)	7 **N** 氮 $2s^22p^3$ 14.0067(2)	8 **O** 氧 $2s^22p^4$ 15.9994(3)	9 **F** 氟 $2s^22p^5$ 18.9984032(5)	10 **Ne** 氖 $2s^22p^6$ 20.1797(6)
3	11 **Na** 钠 $3s^1$ 22.989770(2)	12 **Mg** 镁 $3s^2$ 24.3050(6)											13 **Al** 铝 $3s^23p^1$ 26.981538(2)	14 **Si** 硅 $3s^23p^2$ 28.0855(3)	15 **P** 磷 $3s^23p^3$ 30.973761(2)	16 **S** 硫 $3s^23p^4$ 32.065(5)	17 **Cl** 氯 $3s^23p^5$ 35.453(2)	18 **Ar** 氩 $3s^23p^6$ 39.948(1)
4	19 **K** 钾 $4s^1$ 39.0983(1)	20 **Ca** 钙 $4s^2$ 40.078(4)	21 **Sc** 钪 $3d^14s^2$ 44.955910(8)	22 **Ti** 钛 $3d^24s^2$ 47.867(1)	23 **V** 钒 $3d^34s^2$ 50.9415(1)	24 **Cr** 铬 $3d^54s^1$ 51.9961(6)	25 **Mn** 锰 $3d^54s^2$ 54.938049(9)	26 **Fe** 铁 $3d^64s^2$ 55.845(2)	27 **Co** 钴 $3d^74s^2$ 58.933200(9)	28 **Ni** 镍 $3d^84s^2$ 58.6934(2)	29 **Cu** 铜 $3d^{10}4s^1$ 63.546(3)	30 **Zn** 锌 $3d^{10}4s^2$ 65.409(4)	31 **Ga** 镓 $4s^24p^1$ 69.723(1)	32 **Ge** 锗 $4s^24p^2$ 72.64(1)	33 **As** 砷 $4s^24p^3$ 74.92160(2)	34 **Se** 硒 $4s^24p^4$ 78.96(3)	35 **Br** 溴 $4s^24p^5$ 79.904(1)	36 **Kr** 氪 $4s^24p^6$ 83.798(2)
5	37 **Rb** 铷 $5s^1$ 85.4678(3)	38 **Sr** 锶 $5s^2$ 87.62(1)	39 **Y** 钇 $4d^15s^2$ 88.90585(2)	40 **Zr** 锆 $4d^25s^2$ 91.224(2)	41 **Nb** 铌 $4d^45s^1$ 92.90638(2)	42 **Mo** 钼 $4d^55s^1$ 95.94(2)	43 **Tc** 锝 $4d^55s^2$ 97.907†	44 **Ru** 钌 $4d^75s^1$ 101.07(2)	45 **Rh** 铑 $4d^85s^1$ 102.90550(2)	46 **Pd** 钯 $4d^{10}$ 106.42(1)	47 **Ag** 银 $4d^{10}5s^1$ 107.8682(2)	48 **Cd** 镉 $4d^{10}5s^2$ 112.411(8)	49 **In** 铟 $5s^25p^1$ 114.818(3)	50 **Sn** 锡 $5s^25p^2$ 118.710(7)	51 **Sb** 锑 $5s^25p^3$ 121.760(1)	52 **Te** 碲 $5s^25p^4$ 127.60(3)	53 **I** 碘 $5s^25p^5$ 126.90447(3)	54 **Xe** 氙 $5s^25p^6$ 131.293(6)
6	55 **Cs** 铯 $6s^1$ 132.90545(2)	56 **Ba** 钡 $6s^2$ 137.327(7)	57~71 **La~Lu** 镧系	72 **Hf** 铪 $5d^26s^2$ 178.49(2)	73 **Ta** 钽 $5d^36s^2$ 180.9479(1)	74 **W** 钨 $5d^46s^2$ 183.84(1)	75 **Re** 铼 $5d^56s^2$ 186.207(1)	76 **Os** 锇 $5d^66s^2$ 190.23(3)	77 **Ir** 铱 $5d^76s^2$ 192.217(3)	78 **Pt** 铂 $5d^96s^1$ 195.078(2)	79 **Au** 金 $5d^{10}6s^1$ 196.96655(2)	80 **Hg** 汞 $5d^{10}6s^2$ 200.59(2)	81 **Tl** 铊 $6s^26p^1$ 204.3833(2)	82 **Pb** 铅 $6s^26p^2$ 207.2(1)	83 **Bi** 铋 $6s^26p^3$ 208.98038(2)	84 **Po** 钋 $6s^26p^4$ 208.98†	85 **At** 砹 $6s^26p^5$ 209.99†	86 **Rn** 氡 $6s^26p^6$ 222.02†
7	87 **Fr** 钫 $7s^1$ 223.02†	88 **Ra** 镭 $7s^2$ 226.03†	89~103 **Ac~Lr** 锕系	104 **Rf** 𬬻* $(6d^27s^2)$ 261.11†	105 **Db** 𬭊* $(6d^37s^2)$ 262.11†	106 **Sg** 𬭳* 263.12†	107 **Bh** 𬭛* 264.12†	108 **Hs** 𬭶* 265.13†	109 **Mt** 鿏* 266.13†	110 **Ds** 𫟼* (281)	111 **Rg** 𬬭* (280)	112 **Cn**(鎶) (285)	113 **Uut*** (284)	114 **Uuq*** (289)	115 **Uup*** (288)	116 **Uuh*** (293)		118 **Uuo*** (294)

镧系	57 **La** 镧 $5d^16s^2$ 138.9055(2)	58 **Ce** 铈 $4f^15d^16s^2$ 140.116(1)	59 **Pr** 镨 $4f^36s^2$ 140.90765(2)	60 **Nd** 钕 $4f^46s^2$ 144.24(3)	61 **Pm** 钷 $4f^56s^2$ 144.91†	62 **Sm** 钐 $4f^66s^2$ 150.363(8)	63 **Eu** 铕 $4f^76s^2$ 151.964(1)	64 **Gd** 钆 $4f^75d^16s^2$ 157.25(3)	65 **Tb** 铽 $4f^96s^2$ 158.92534(2)	66 **Dy** 镝 $4f^{10}6s^2$ 162.500(1)	67 **Ho** 钬 $4f^{11}6s^2$ 164.93032(2)	68 **Er** 铒 $4f^{12}6s^2$ 167.259(3)	69 **Tm** 铥 $4f^{13}6s^2$ 168.93421(2)	70 **Yb** 镱 $4f^{14}6s^2$ 173.04(3)	71 **Lu** 镥 $4f^{14}5d^16s^2$ 174.967(1)
锕系	89 **Ac** 锕 $6d^17s^2$ 227.03†	90 **Th** 钍 $6d^27s^2$ 232.0381(1)	91 **Pa** 镤 $5f^26d^17s^2$ 231.03588(2)	92 **U** 铀 $5f^36d^17s^2$ 238.02891(3)	93 **Np** 镎 $5f^46d^17s^2$ 237.05†	94 **Pu** 钚 $5f^67s^2$ 244.07†	95 **Am** 镅* $5f^77s^2$ 243.06†	96 **Cm** 锔* $5f^76d^17s^2$ 247.07†	97 **Bk** 锫* $5f^97s^2$ 247.07†	98 **Cf** 锎* $5f^{10}7s^2$ 251.08†	99 **Es** 锿* $5f^{11}7s^2$ 252.08†	100 **Fm** 镄* $5f^{12}7s^2$ 257.10†	101 **Md** 钔* $(5f^{13}7s^2)$ 258.10†	102 **No** 锘* $(5f^{14}7s^2)$ 259.10†	103 **Lr** 铹* $(5f^{14}6d^17s^2)$ 260.11†

注：相对原子质量末位数的准确度加注在其后括号内。